Udo Gansloßer
Kate Kitchenham

Forschung trifft Hund

Udo Gansloßer
Kate Kitchenham

Forschung trifft Hund

KOSMOS

11 Zu diesem Buch

So kam der Mensch auf den Hund
Wie wurde aus dem Wolf ein Hund? Wie sind die ersten Rassen entstanden? Und war das Zähmen der Wölfe vielleicht der erste Schritt in Richtung Zivilisation?

Kate Kitchenham

30
Genetische Einflüsse auf das Verhalten
Wie beeinflussen Gene das Verhalten der Hunde, gibt es einen Zusammenhang zwischen Fellfarbe, Nasenlänge und dem Benehmen auf der Hundewiese?

Udo Gansloßer

49
Ressourcenzugang und Sozialstruktur
Wie wichtig sind für Hunde Ressourcen wie das Futter im Napf, wir als ihre Bezugspersonen oder der Garten als Territorium?

Udo Gansloßer

69
Markierverhalten bei Hunden
Ist es immer Chefgehabe, wenn ein Hund sein Bein hebt und anschließend wild mit den Hinterbeinen scharrt? Und was genau teilen sich Hunde eigentlich über ihre Duftnote mit?

Udo Gansloßer

89
Stress beim Hund
Woran können wir Stress bei Hunden erkennen und wie verarbeiten sie die tagtägliche Reizüberflutung?

Udo Gansloßer

111
Persönlichkeit des Hundes
Welche Persönlichkeitstypen gibt es bei Hunden und wie stark werden sie durch Erfahrungen, die Beziehung zu uns Menschen und Rasseeigenschaften beeinflusst?

Udo Gansloßer

131 Die soziale Intelligenz des Hundes

Kein Tier ist in der Lage, sich in unsere Welt so hineinzudenken und mit uns zu kommunizieren wie der Hund. Doch wie gut kennt uns der Hund wirklich? Was weiß er alles und wie konnte es dazu kommen?

Kate Kitchenham

149 Können Hunde Physik?

Was versteht der Hund von den unbelebten Dingen seiner Umwelt? Kennt er die Erdanziehungskraft und weiß er, dass Dinge, die aus seinem Blickfeld verschwinden, trotzdem noch existieren?

Kate Kitchenham

159 Spielzeit

Hunde sind Weltmeister im Spielen – doch warum eigentlich? Was lernen sie beim Toben und Rangeln, wie wichtig ist das Spiel mit dem Menschen und müssen dabei bestimmte Regeln beachtet werden?

Kate Kitchenham

177 Konfliktmanagement und Beziehungspflege

Wie entwickeln Hunde soziale Beziehungen, wie lösen sie Interessenskonflikte und können Dritte dabei helfen?

Udo Gansloßer

197 Eine einzigartige Verbindung

Warum machen Hunde Menschen gesund und fröhlich? Welche Faktoren sorgen für eine gute Bindung zum Halter und warum werden manche Hunde zur Gefahr?

Kate Kitchenham

215 Service

Quellen, Zum Weiterlesen, Nützliche Adressen, Dank, Autoren, Register, Impressum

Zu diesem Buch

Pawlows Hunde waren die ersten und hatten es nicht leicht: am Kopf wurde ihnen chirurgisch ein Speichelauffangbehälter implantiert. Dann ließ man ein Glöckchen klingeln, hielt ihnen leckeres Futter vor die Nase und ließ das Schüsselchen aufsammeln, was ihnen dabei im Maul an Wasser zusammenlief. Diese berühmte Premiere für Hunde als Versuchstiere hat den Tieren damals sicherlich wenig Freude bereitet. Den russischen Wissenschaftler Iwan Pawlow aber machten seine „Pawlowschen Hunde" unsterblich und beschenkten Psychologie und Verhaltensforschung mit den ersten Erkenntnissen zur klassischen Konditionierung.

Forschung heute

Zum Glück hat sich der Hundealltag im Forschungslabor heute stark verändert: Rund 100 Jahre später haben Bello und Fifi bei Versuchen im Namen der Forschung deutlich mehr Spaß. In Massen strömen sie weltweit mit ihren Herrchen und Frauchen in Universitäten und warten dort auf ihren Einsatz. Getestet werden ihre Fähigkeiten, andere Menschen oder Hunde zu beobachten und zu manipulieren, ihre Kommunikationsfähigkeit wird mit der von Schimpansen und Wölfen verglichen oder sie zeigen, welche Kenntnis sie von physikalischen Vorgängen haben, wenn sie versuchen, an leckeres Futter zu kommen. Doch diese weltweite Begeisterung für Hunde als Versuchskaninchen ist relativ neu: Seit Pawlow und später Konrad Lorenz haben Wissenschaftler um *Canis lupus f. familiaris* lange Zeit einen großen Bogen gemacht. Der Grund: Für viele Wissenschaftler sind sie „unechte Tiere", sie teilen schon seit der Steinzeit unseren wachsenden Lebensstandard und liegen heute gemütlich und satt neben uns auf dem Sofa anstatt sich dem Überlebenskampf in freier Natur zu stellen und selber für ihr Futter zu sorgen. Dazu kommt, dass ihre Begabungen nicht nur durch unterschiedliche Persönlichkeit und Rasseeigenschaften, sondern auch durch das erzieherische Talent ihrer Herrchen oder Frauchen stark beeinflusst werden. Eine allgemeingültige Erforschung der Spezies „Hund" scheint da fast unmöglich.

Sehen, riechen, schmecken, verstehen: Immer mehr Forscher fragen sich, wie Hunde ihre Umwelt wahrnehmen und Probleme lösen.

Forschung – Definition und Bedeutung

Die Einstellung zu wissenschaftlichen Untersuchungen ist häufig von unklaren Vorstellungen, bisweilen auch Vorurteilen geprägt. Udo Gansloßer erklärt, was sich hinter den Labortüren der Universitäten tatsächlich abspielt.

Was ist Forschung?
Forschung ist der Prozess, durch den Wissenschaft entsteht. Gute Forschung verschafft uns ein bewährtes System von Kenntnissen, die auf international akzeptierten Prinzipien basieren und die wir auch mit unseren Kollegen und Partnern teilen können. Letztlich können Forschungsergebnisse dabei helfen, im Zusammenhang mit dem Erkennen, Beschreiben und Lösen von Problemen sowie bei der Bildung von Prioritäten und Entscheidungsfindungen in Naturschutz, Tierschutz und anderen Bereichen, einschließlich der Ausbildung und Weiterbildung bei der Öffentlichkeitsarbeit, zu helfen.

Wozu braucht man Forschungsmethoden?
Forschungsmethoden zeichnen sich unter anderem aus durch logisches und rationales Denken, Objektivität, die Etablierung und Erkennung allgemeiner Muster, den Test von Hypothesen (meistens als informierte Schätzungen über Ursache und Wirkung bestimmter Zusammenhänge), die Notwendigkeit zur Beweisführung, enge und kritische Beobachtung, Quantifizierung, präzise Messungen, Test- und Kontrollvergleiche, vorsichtige Analysen, statistische Bewertung, Korrelationen, exakte Vorhersagen und Wiederholbarkeit der Ergebnisse. Diese „ernste" Herangehensweise an Hypothesen ist wichtig, denn gute Wissenschaft beruht nicht auf Folklore, Anekdoten, Intuitionen, persönlichem Glauben oder einzelnen und statistisch unbedeutenden Vorfällen. Stattdessen hängt sie ab von der Beschaffung und kritischen Bewertung der Belege für ihre Hypothesen und von der Fähigkeit, sinnvolle und tragfähige Verallgemeinerungen zu tätigen. Dies wird durch die Verwendung solider, schlüssiger und zuverlässiger Fakten durch wiederholte Beobachtung und dort, wo notwendig, durch rigorose, systematische, experimentelle Arbeit in wiederholten Versuchsansätzen geschaffen."

Diese Auszüge aus der Forschungsstrategie der Europäischen Zooassoziation erklären in kaum besserbarer Weise, was wissenschaftliche Arbeit mit Tieren bedeutet. Sinn ist es also, verallgemeinerbare Erkenntnisse zu gewinnen, die von den getesteten Tieren auf gleichartige (seien es vergleichbare Rassen, vergleichbare Haltungssituationen, oder andere vergleichbare Lebensumstände) verallgemeinert werden können. Sowohl durch systematische, auf vorher gefassten Hypothesen und Annahmen beruhende Datensammlung, wie auch durch gezielte Beeinflussung von Umweltsituationen in Versuchs- und Testsituationen können Daten gewonnen werden. Zur wissenschaftlichen Arbeit gehört also nicht notwendigerweise ein Versuch, solange auch auf andere Art die Randbedingungen konstant gehalten und nur eine, die zu untersuchende Bedingung verändert werden können.

Was sagt die Diskussion der Ergebnisse konkret aus?
Die Erklärung der gewonnenen Beobachtungen und Daten in einer möglichst widerspruchsfreien und mit möglichst wenig nicht belegbaren Zusatzannahmen unterstützten, zusammenhängenden Weise wird dann als Theorie bezeichnet. Eine Theorie

ist also in einer wissenschaftlichen Untersuchung das „höchste Gut", das man anstrebt. Der negative und abfällige Ton, mit denen viele Theorien im allgemeinen Sprachgebrauch abgetan werden („nur eine Theorie"), bezieht sich nicht auf den wissenschaftstheoretischen Begriff der Theorie. Vielmehr bezieht sich diese Bezeichnung auf das, was in wissenschaftlichen Untersuchungen als Hypothesen bezeichnet wird, nämlich eine noch nicht belegte und weitgehend nicht überprüfte Grundannahme. Leider hat auch unser großer Dichterfürst mit seiner abfälligen Bemerkung über die graue Theorie und den grünen Baum des Lebens nicht gerade dazu beigetragen, dies zurechtzurücken.

Gute wissenschaftliche Forschung beruht also auf wiederholbaren, verallgemeinerbaren, und mit nachvollziehbaren Methoden und in geplanter Art und Weise gesammelter Datenfülle. Zur Auswertung dieser Daten bedarf es der Statistik. Jedoch ist auch Statistik nur so gut wie die zu Grunde liegenden Daten, und daher ist es bei einer wissenschaftlichen Untersuchung unumgänglich, die statistischen Auswertemethoden bereits vor dem Beginn der Datensammlung, unmittelbar im Anschluss an die Formulierung der zu testenden Hypothesen auszuwerten. Wer Statistik benutzt wie ein Betrunkener den Laternenpfahl, nämlich zum Festhalten anstatt zur Erleuchtung, hat das Wesen der wissenschaftlichen Arbeit allgemein, und keineswegs nur das Wesen der Statistik, gründlich missverstanden.

Wer finanziert die Forschung?

Wie nicht anders zu erwarten, sind solche Vorgehensweisen zeitaufwändig und kosten auch sehr viel Mühe und oftmals Geld. Leider finden sich nur wenige Sponsoren, die allgemeingültige Untersuchungen beispielsweise über das Verhalten des Haushundes als solchen unterstützen würden. Daher sind viele der in den folgenden Kapiteln gemachten Untersuchungen in anderen Zusammenhängen begonnen worden, sei es der Hund als Modell für menschliche Verhaltens- oder auch medizinische Prozesse (z. B. in der Altersforschung), sei es im Zusammenhang mit allgemeinen Fragestellungen der Stressforschung oder im Zusammenhang mit naturschutzökologischen Untersuchungen über Gruppenstrukturen und Futterversorgung bei wild lebenden Raubtieren. Eine Zusammenschau der genannten Ergebnisse unter dem Aspekt, was können wir dadurch für unseren Haushund lernen, ist nichtsdestotrotz sehr aufschlussreich.

Alles andere als graue Theorie: Hundestudien sind lebendig und stecken oft voller Überraschungen.

Der Hund im Fokus der Wissenschaft

Heute sind die jahrzehntelangen Bedenken der Neugier und Faszination von Evolutionsbiologen und Verhaltensforschern gewichen: Zum einen sind Hunde als Forschungsobjekte reizvoll, weil Hundehalter den Gassigang gerne mit einem Abstecher an die Uni verbinden. Versuchshunde in großer Anzahl sind deshalb in der Regel leicht zu bekommen und günstig in der Haltung. Gleichzeitig erhoffen sich immer mehr Forscher vom Hund große Erkenntnisse auch über unsere eigene Geschichte: Immerhin sind sie unsere ersten gezähmten Haustiere und haben uns bei unserer Ausbreitung über die Weltkugel und zunehmenden Zivilisierung begleitet. Dabei hat sich aber nicht nur der Hund, sondern parallel mit ihm auch der Mensch in seinen Fähigkeiten und Vorlieben in einem ähnlich schnellen Tempo verändert. Besonders der Vergleich dieser kognitiven Talente weckt zurzeit das Interesse von Wissenschaftlern auf der ganzen Welt. Ihr Ziel: Verstehen, wie Hunde denken – und dadurch nachvollziehen, wie die Entwicklung geistiger Fähigkeiten funktioniert.

Neues Wissen über Hunde

Dank dieser Forschungen wissen wir heute, dass Hunde in ihrem Hundeleben viel mehr lernen als nur die Bedeutung von „Sitz" und „Platz": Sie sind z. B. ähnlich wie Kleinkinder in der Lage, Wörter zu lernen – 1.022 Begriffe konnte sich Border Collie Hündin „Chaser" merken (S. 135). Außerdem können sie feinste Zeichen deuten, die ihnen ihre Besitzer signalisieren – z. B. wenn wir nur über Augenbewegung andeuten, wo sich ein Leckerbissen versteckt hat (S. 140). In der Beziehung mit Menschen verhalten sich Hunde bei Mann und Frau unterschiedlich, wie Forscher um den Wiener Ethologen Prof. Dr. Kurt Kotrschal herausgefunden haben (S. 211), oder haben ansatzweise ein Grundverständnis von der unbelebten Natur (S. 152 ff.). Doch nicht nur die Kognitionsforschung ist auf den Hund gekommen: Feldforscher und Ethologen auf der ganzen Welt haben sich in den letzten Jahrzehnten darauf konzentriert, welche ursprünglichen Verhaltensweisen bei Hunden verloren gegangen sind und welche die Domestikation durch den Menschen überstehen konnten (S. 18 ff.), welchen Einfluss Gene auf Verhalten haben können (S. 31 ff.), wie Hunde über Gerüche miteinander kommunizieren (S. 70 ff.) und Konflikte vermeiden (S. 183 f.).

In diesem Buch haben wir versucht, einen wenn auch lange nicht vollständigen, so doch möglichst umfassenden Überblick über den Forschungsstand zum Thema „Hund" zu bieten. Alle Studien haben unter kontrollierten wissenschaftlichen Bedingungen stattgefunden und wurden immer im Rahmen der Ländergesetze und deren Ethikverpflichtungen durchgeführt. Wir möchten die spannenden Ergebnisse dieser Arbeiten so bündeln, dass sie für jeden eine Bereicherung sind, der Hunde liebt und ihre Einzigartigkeit besser begreifen möchte.

In diesem Sinne wünschen wir viel Spaß beim Lesen!

PD Dr. Udo Gansloßer
und Kate Kitchenham

So kam der Mensch auf den Hund

Wann kam der Mensch auf den Hund?

Es trabt keine andere Spezies über unsere Erde, die in so großer Formenvielfalt auftritt wie der Hund. Doch wie konnte sich der Wolf zum chinesischen Nackthund entwickeln? Und wo auf der Welt hat das alles angefangen?

Was haben ein zwei Kilo schwerer Chihuahua, ein 90 Kilogramm schwerer Mastiff, der kurzbeinige Dackel oder der windschnittige Saluki gemeinsam? Sie alle gehören zur *Canis*-Form „Haushund" und gehen zurück auf Wölfe, die sich, wie aktuell kontrovers diskutiert wird, eventuell schon vor rund 130.000 Jahren unseren Vorfahren angeschlossen haben (Vila, 2007, S. 45). Aus diesem „Wolfshund" wurde im Zuge einer langen Zeit des Zusammenlebens nach und nach der Haushund (*Canis lupus f. familiaris*), wie wir ihn heute kennen. Er ist ein Kulturprodukt des Menschen und sein erstes Haustier. Doch wann ist das erste Mal der Funke zwischen Mensch und Wolf übergesprungen? Wo hat diese Annäherung stattgefunden und warum wurde der Wolf plötzlich nützlich für Menschen? Archäologen, Kulturwissenschaftler, Verhaltensforscher und Molekularbiologen haben sich der Beantwortung dieser Fragen in den letzten 20 Jahren intensiv gewidmet. Durch die Zusammenfassung der Ergebnisse der aktuellsten Studien möchten wir in diesem Kapitel Licht in die Entstehung der einzigartigen Freundschaft zwischen Mensch und Hund bringen.

Archäologische Funde

Die ersten modernen Menschen (*Homo sapiens sapiens*) lebten vor etwa 150.000 Jahren in Afrika (Niemitz, 2004), von hier aus eroberten sie den ganzen Kontinent. Vor ungefähr 100.000 Jahren besiedelten sie den Nahen Osten und breiteten sich von dort vor 50.000 Jahren über den Rest der Welt aus (Finlayson, 2005). Ausgrabungen aus allen Erdteilen zeigen, dass sich Wölfe schon immer in der Nähe der Lager von *Homo sapiens* aufgehalten und dort wahrscheinlich nach fressbaren Überresten gesucht haben (Olsen, 1985). Der bislang älteste Knochenfund eines Hundes ist ein Schädel, der 2011 in Südsibirien in einer Höhle im Altai Gebirge gefunden wurde. Mittels Radiokarbonmethode wurde er vom Forscherteam um den russischen Archäologen Nikolai Ovodov vom Institut für Archäologie und Ethnographie in Novosibirsk auf rund 33.000 Jahre datiert. Der Schädel ist vollständig inklusive Kiefer und Zähnen erhalten und in einem sehr guten Zustand. Durch diese Vollständigkeit konnten die Forscher bestimmen, wie der Hund ausgesehen haben muss: Sie verglichen seine Schädelform und Zahnstellung mit der von Wolfsschädeln der damaligen Zeit, anderen prähistorischen Hundeschädeln und modernen Wolfsschädeln. Das Ergebnis der Vergleichsstudie:

Datierung von Knochenfunden

Wenn Forscher Knochen finden, können sie das Alter mit Hilfe der Radiokarbonmethode ziemlich genau datieren. Dabei wird gemessen, wie viele Kohlenstoffatome der Knochenmaterie bereits zerfallen sind – eine recht genaue Möglichkeit, um auf den Todeszeitpunkt des Tieres zu schließen.

Der Hund aus Südsibirien hatte wahrscheinlich große Ähnlichkeit mit Hunden aus Grönland, die dort vor 1.000 Jahren zusammen mit Wikingern gelebt haben. Gut dokumentiert sind ansonsten archäologische Hundefunde hauptsächlich aus der Phase der letzten großen Eiszeit und der frühen Holozän-Periode, vor ungefähr 14.000 – 9.000 Jahren (Clutton-Brock, 1995). Deutlich wird die gehobene Stellung des Hundes für Kulturwissenschaftler und Archäologen durch Knochenfunde, die auf eine Zeit um 12.000 v. Chr. datiert wurden. Menschen ließen sich hier gemeinsam mit ihren Hunden bestatten (Benecke, 2000). Gleichzeitig konnten an prähistorischen Lagerstätten vollständige Hundeknochen gefunden werden, die nicht durch Schabmesser bearbeitet wurden. Solche Skelettteile ohne Gebrauchsspuren sind ein wichtiger Hinweis für Archäozoologen, dass Hunde nicht mehr hauptsächlich als Nahrungsmittel angesehen wurden, sondern wahrscheinlich bereits eine gehobene soziale Stellung innehatten.

Die Molekularbiologische Uhr

Genforscher nutzen für die Bestimmung des Alters einer Art ebenfalls eine rückwärts gewandte Zeitmessung. Die sogenannte „Molekularbiologische Uhr" (siehe Kasten, S. 15) zeigt ihnen, wie viele Veränderungen im Erbgut im Laufe der Zeit stattgefunden haben. Durch diese Vielfalt lässt sich ermitteln, vor wie langer Zeit sich der Hund aus dem Wolf entwickelt hat. Dieser Zeitabstand wurde als Letztes vom kalifornischen Genetiker Robert Wayne mit ungefähr 130.000 Jahren angegeben (Wayne et al, 2010).

Die Bestätigung dieser Ergebnisse durch weitere genetische Studien steht noch aus, aber selbst wenn Wölfe vor 100.000 Jahren die Nähe der menschlichen Lager suchten und die Domestikation dort irgendwann ihren Anfang genommen hat, dann ist der Hund wahrscheinlich bereits an unserer Seite getrabt, als wir die Erde noch mit Mammuts, Säbelzahntigern, Neanderthalern und dem *Homo erectus* geteilt haben.

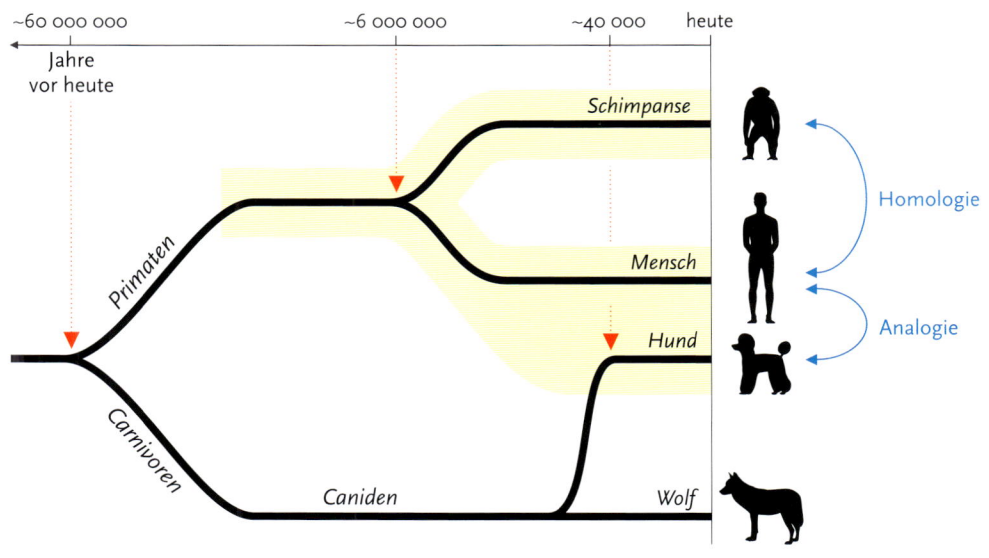

Wo kam der Mensch auf den Hund?

Besonders um den Ort der ersten Freundschaftsschließung zwischen Wolf und Mensch ist in den letzten Jahren viel diskutiert und geforscht worden. Molekularbiologen nutzen zur Klärung von Verwandtschaftsverhältnissen den Vergleich des Genmaterials von Hunden und Wölfen, um daraus eine Art Stammbaum zu entwickeln. Diese Abstammungslinien, so die Hoffnung, werden sie zum Geburtsort des ersten Hundes führen.

Asiatische Mischlinge im Fokus der Forscher

Bereits im Jahr 2002 hat der schwedische Molekularbiologe Peter Savolainen China als möglichen Ausgangspunkt für die Domestikation des Hundes vorgeschlagen.

Im Jahr 2004 entschlüsselten Genetiker das Genmaterial einer Boxerhündin.

In seiner Studie konzentrierten sich Forscher zum ersten Mal auf eine genaue Untersuchung der Vielfalt der DNA, die sich in den Mitochondrien finden lässt. Diese mitochondriale DNA (mtDNA) ist eine Erbsubstanz, die in jeder Körperzelle innerhalb der Mitochondrien nur über das Eizellplasma der Mutter an die Nachkommen vererbt wird. Dadurch wird diese mtDNA von Genetikern besonders für Analysen von Herkunftslinien eingesetzt. Savolainen untersuchte diese mtDNA von insgesamt 654 Hunden, die mehrheitlich aus dem asiatischen Raum stammten und als Beispiel für die weltweite Population gelten sollten. Seine Daten legten nahe, dass der Hund von drei Urstämmen abstammt, was durch einige einheitliche Sequenzen deutlich wurde (siehe Kasten „Was verrät die Molekularbiologische Uhr?"). Gleichzeitig konnte er eine besonders große genetische Variation der Hunde im Osten Asiens ausmachen. Dadurch schloss er auf eine ostasiatische Herkunft des Haushundes, die ungefähr 15.000 Jahre zurückliegt. Dass es bis zu dem Zeitpunkt kaum einen archäologischen Hinweis auf diese Gegend als Ausgangspunkt der Freundschaft zwischen Hund und Mensch gab, begründete er mit der mangelhaften Anzahl von Ausgrabungsprojekten in dieser Region.

Entschlüsselung des Hunde-Genoms

Einen Meilenstein auf dem Weg zur Aufklärung der Herkunft des ersten Hundes bildete mit Sicherheit die Entschlüsselung des menschlichen Genoms durch das „Human Genome Projekt" im Jahre 2004. Nach dem Mensch geriet unter anderem der Hund in den Fokus der Genomforscher: Ein Team um die Molekularbiologin Kerstin Lindblad-Toh aus Cambridge, Massachusetts wurde mit dem „Canine genome Projekt" beauftragt. Sie dekodierte bereits im Juli 2004 das gesamte Genmaterial einer Boxer-Hündin namens Tasha. Tasha wurde aus 60 verschiedenen Rassen ausgesucht, weil Analysen ergeben hatten, dass Boxer die geringste genetische Variation zeigen und dadurch am besten als „Vergleichs-Genommodell" für alle anderen Rassen dienen können. Tashas Genentschlüsselung sorgte besonders bei Forschern, die sich für die Abstammung des Hundes interessieren, für viel Freude: Denn mit der Möglichkeit, schon kleinste Genveränderungen innerhalb der Rassen feststellen zu können, wurde ein ganz neues Fenster in die Vergangenheit der Hunde aufgestoßen. Durch den Vergleich wurde es möglich, Unterschiede und damit Verwandtschaftsgrade zu verschiedenen Wolfspopulationen aber auch von Hunden untereinander noch genauer zu analysieren (siehe Kasten „So kamen Locken und Punkte auf den Hund", S. 16). Jetzt konnten Genetiker Gensequenzen effektiv entschlüsseln und direkt vergleichen. Optimale Voraussetzungen, um daraus endlich ein Bild über die Verbreitungsgeschichte des Hundes und die Entstehung der Rassen gewinnen zu können.

Afrikanische Mischlinge im Fokus der Forscher

Als Nächstes nahm sich ein internationales Forscherteam um Adam Boyko von der Cornell University in Ithaca der Frage nach der Herkunft des Hundes an. Hierzu wählten die Wissenschaftler Genproben von Dorfhunden aus verschiedenen Erdteilen aus, der Fokus lag dabei aber auf halbwilden Hunden aus Afrika. Der Grund: Nur „eingeborene Hunde", also Tiere, die sich

Was verrät die Molekularbiologische Uhr?

Je länger eine Tierart über die Erde läuft, kriecht oder schwimmt, desto häufiger musste sie im Laufe der Zeit den veränderten Umweltbedingungen angepasst werden. Diese Anpassung wird durch Veränderungen im Genmaterial deutlich. Solche Abweichungen können Forscher also nutzen, um Zeitdimensionen einzuschätzen:
Eine Art ist besonders alt, wenn sie sehr viele Veränderungen im Erbgut gegenüber einer verwandten Art vorzuweisen hat oder wenn – wie im Fall der Hunderassen – der Mensch sehr viele extreme Veränderungen im Aussehen und Verhalten durch Zucht gefördert hat. Noch mehr Informationen verrät der exakte Vergleich der veränderten Gene: Darüber können wir viel über Herkunft und Verwandtschaft der Rassen untereinander aber auch zum Wolf erfahren. Auf diese Weise wurde z. B. deutlich, dass der asiatische Grauwolf am engsten mit allen heute lebenden Hunderassen verwandt ist (Wayne, 2010). Einfacher zu analysieren ist die Abstammungsgeschichte für Forscher, wenn sie sich nur auf die Veränderungen in der mütterlichen oder der väterlichen Linie konzentrieren können. Das gelingt für die mütterliche Seite, indem das Erbgut der Mitochondrien untersucht wird, väterliche Abstammungsverhältnisse können über das Genmaterial der Y-Chromosomen analysiert werden.

So kamen Locken und Punkte auf den Hund

Die Desoxyribonucleinsäure (DNA) ist ein langer Strang, der aus den vier verschiedenen Nucleotiden Adenin (A), Guanin (G), Cytosin (C) und Thymin (T) besteht. Diese Nucleotid-Moleküle heften in unterschiedlicher Abfolge in Form einer gewundenen Strickleiter aneinander. Eine komplette Kette wird als Chromosom bezeichnet und kodiert mit einer bestimmten Anzahl anderer Chromosomen im Innern des Zellkerns bestimmte allgemeine Eigenschaften, wie z. B. das Laufen auf zwei Beinen – oder individuelle Eigenschaften des Organismus, wie z. B. die Augenfarbe. Kojote, Wolf, Schakal oder Hund sehen sich also nicht aus Zufall sehr ähnlich, sondern sie teilen bestimmte DNA-Abschnitte und gehören deshalb genetisch allesamt zur Caniden-Familie. Doch da sich im Laufe der Evolution in der Caniden-Familie neue Arten abgespalten haben, gibt es charakteristische Abschnitte in der DNA der Chromosomen, die jeweils nur die Artangehörigen teilen. So können Genetiker heute Schakale, Wölfe oder Haushunde auch anhand bestimmter DNA-Abschnitte unterscheiden. Doch es geht noch weiter: Innerhalb der Spezies wiederum gibt es weitere Unterarten, die sehr unterschiedlich aussehen und deshalb wieder über eigene DNA-Besonderheiten verfügen. Das weiße Fell unterscheidet auf diese Weise den weißen Polarwolf *(Canis lupus arctos)* aus Grönland deutlich von seinem Europäischen Vertreter, dem Eurasischen Wolf *(Canis lupus lupus)*, der in Europa, Russland und Teilen Asiens Zuhause ist. Noch mehr feine Unterschiede in den Genen sorgen unter Hunden für das getupfte Fell der Dalmatiner, den quadratischen Körperbau einer englischen Bulldogge oder die Größe einer Dänischen Dogge. All diese gewaltigen Unterschiede innerhalb der fast 400 Hunderassen werden letztlich also durch kleine Änderungen in der Abfolge der Nucleotide G, A, T, und C kodiert. Wenn Forscher sich für den Ort der Wiege des Hundes oder den Ursprung der Rassehundzucht interessieren, dann müssen sie sich ganz genau diese Unterschiede in der Abfolge der Nucleotide ansehen. Durch diese genaue Studie konnte die Verwandtschaft zwischen Wolf und Hund genauso festgestellt werden wie die Entwicklung der einzelnen Arten während der Evolution.

Für den Hund bedeutet dies konkret: wann er an welchem Ort zum ersten Mal mit Menschen zusammengelebt hat und zu welchem Zeitpunkt sich die ersten Rassenunterschiede herausgebildet haben (siehe auch Kasten „Was verrät die Molekularbiologische Uhr?", auf S. 15).

möglichst ohne den Einfluss europäischer Rassehunde vermehrt haben, bieten eine genetische Variationsbreite, die bei den streng nach Merkmalen gezüchteten Rassehunden und deren Mischlingen nicht mehr zu finden ist. Die Gene eingeborner Hunde haben sich nahezu isoliert vom Rest der Welt seit der ersten Domestizierung erhalten. Die Genetiker aus Ithaka achteten bei der Untersuchung der Hunde deshalb penibel darauf, ortsansässige Dorfhunde von Mischlingen zu unterscheiden, die durch jüngere Einmischung europäischer Rassen entstanden waren. Insgesamt verglichen sie mehrere Genabschnitte von 318 Dorfhunden aus sieben Regionen in Ägypten, Uganda und Namibia, von 16 halbwild lebenden Straßenhunden aus Puerto Rico sowie 102 Dorfmischungen aus den USA.

Durch die hohe Anzahl an untersuchten Genorten konnte gezeigt werden, dass die genetische Diversität aller Dorfhunde von verschiedenen Erdteilen besonders vielfältig, aber einheitlich groß ist. Mit diesem Ergebnis wurde also deutlich, dass Peter Savolainens Vorschlag, aufgrund der genetischen Vielfalt asiatischer Mischlinge den Ursprung des Hundes in Asien zu orten, angezweifelt werden muss, denn die genetische Vielfalt gilt für Mischlingshunde aller Erdteile. Die Schlussfolgerung dieser Studie aus dem Jahr 2009 musste deshalb etwas ernüchternd lauten, dass es unter Berücksichtigung dieses Ergebnisses sehr schwierig ist, die Zeit und den Ort der Domestikation des Haushundes zu rekonstruieren.

Afrikas Osten als Wiege der Menschheit und der Hunde?

Doch ein weiteres Forscherteam ließ sich von diesem Ergebnis nicht entmutigen und hat sich auf Spurensuche nach der Herkunft des Hundes begeben: Im Jahr 2010 wurde eine große Studie unter Leitung des Biologen Robert Wayne der Universität von Kalifornien, Los Angeles (UCLA) angestoßen. Es beteiligten sich Forscher aus der ganzen Welt und unternahmen eine genaue Erbgutanalyse der Haushunde und Wölfe im jeweiligen Land, um die Abstammung und Herkunft unserer Hunde in einem erneuten Anlauf doch noch klären zu können, ohne sich dabei auf die Hunde eines bestimmten Landes zu fokussieren. Dabei wurden mit Hilfe einer modernen Spezialsequenziertechnik 48.000 Stellen im Erbgut von über 1.000 Hunden und Wölfen untersucht, die dem internationalen Team dabei halfen, in der Erbgut-Vielfalt der rund 400 Rassen den Überblick zu behalten. Insgesamt wurden Gensequenzen von mehr als 200 Wölfen sowie 900 Hunden, die 85 Rassen angehörten, untersucht und miteinander verglichen. Das Ergebnis dieser Studien zeigt deutlich, dass Hunde am engsten mit den Grauwölfen des Jordanlandes verwandt sind. Das gilt sogar für Hunde, die in Asien oder Europa leben. Für die Forscher ist dies ein wichtiges Indiz für einen Ursprung des Hundes im mittleren Osten. Die Region zwischen dem Irak, Israel und Saudi Arabien gilt Archäologen schon lange als „Wiege der Menschheit". Viele bedeutende Funde zeugen von der Entstehung der ersten Hochkulturen in dieser Erdregion. Aus dieser Gegend im Tal des Jordans, „Ein al-laha", Israel wurde z. B. das berühmte 12.000 Jahre alte Grab einer Frau entdeckt, die sich mit einem Welpen bestatten ließ. Für Kulturwissenschaftler ist die gemeinsame Bestattung ein eindeutiger Hinweis für die gehobene Stellung des Hundes im Zusammenleben mit Menschen. Dass sich an dieser Stelle die ersten Wölfe den Menschen angeschlossen und von hier aus über die Welt ausgebreitet haben sollen, scheint angesichts dieser Funde also als schlüssig. Da in der Studie von Wayne erneut deutlich wurde, dass auch alle Hunde aus Amerika mit den Hunden Europas eng verwandt sind, scheint auch die Theorie weiter gefestigt, dass Hunde den Menschen bereits beim Gang über die Beringstraße vor 10.000 bis 15.000 Jahren und der Besiedlung des neuen Kontinentes begleitet haben (Leonard, 2002). Doch selbst wenn der Ort der ersten Domestikation damit vorerst ermittelt scheint, bleibt die Frage offen, warum Wolf und Mensch zueinander gefunden haben?

Warum kam der Mensch auf den Hund?

Verhaltensforscher diskutierten in den letzten Jahren viel über die Frage, wer die Initiative ergriffen und den ersten Schritt auf dem Weg zur Freundschaft gemacht hat – der Mensch oder der Wolf?

Tatsächlich wird vermutet, dass es der Wolf war, der sich, wie schon Knochenfunde an menschlichen Lagerstädten von vor über 100.000 Jahren zeigen (Clutton-Brock, 1995), gezielt in der Nähe der Menschen als „Säuberungstrupp" aufhielt, indem er die Abfälle des Lagers fraß. Wahrscheinlich wurde er dadurch von den Menschen mehr und mehr geduldet. Schließlich wurden weitere Fähigkeiten der wilden Tiere wie das Warnen vor Gefahren aus der Umwelt von unseren Vorfahren als vorteilhaft erkannt. Doch welcher Grund auch letztendlich für den Zusammenschluss von Wolf und Mensch vorlag, sicher ist, dass die Kooperation von Anfang an eine Beziehung zum gegenseitigen Vorteil war. Durch die Symbiose mit dem Wolfsrudel ergaben sich wichtige positive Impulse für den Überlebenserfolg der Menschen: Die Lager wurden sauberer, denn die Urvorfahren der Hunde interessierten sich mit Sicherheit genau wie unsere heutigen edlen Rassehunde für eklige Exkremente und sonstige Abfälle aus dem menschlichen Alltag. Eine Idee, die besonders dem amerikanischen Biologen Raymond Coppinger und seine Frau Lorna (Coppinger & Coppinger, 2001) sowie Erik Zimen anhängen: Der 2003 verstorbene Verhaltensbiologe schlägt die Vorliebe der Hunde für unsere Hinterlassenschaften als einen wichtigen Grund für den Zusammenschluss der beiden Arten vor (Zimen, 1992). Diese Theorie entwickelte er unter anderem nach seinen Studien in Ostafrika: In Kenia studierte er das enge Zusammenleben der Turkana mit ihren Hunden. Dort sind es vor allen Dingen die Frauen, die sich Hunde halten. Diese Tiere haben klar definierte Aufgaben: Sie halten das Lager sauber, ersetzen Windeln und spielen mit den Kindern. Dieses Beispiel könnte laut Zimen ein Beispiel für den Ursprung der Beziehung zwischen Mensch und Hund sein. Eine Theorie, die einleuchtet, da sich der Hund vor allen Dingen als Allesfresser auszeichnet (Zimen, 1992). Dadurch wurden die Bande viel enger, der Wolf durfte nicht mehr nur in der Nähe des Lagers, sondern bald schon zwischen den frühen Menschen leben.

Teamwork macht erfolgreich

Die weiteren Schritte auf dem Weg zur innigen Freundschaft unterliegen natürlich der Spekulation, könnten sich aber so abgespielt haben: Wahrscheinlich haben unsere Vorfahren die Talente der ersten wolfsartigen Hunde im Aufspüren und Stellen von Beute mit der Zeit als hilfreich erkannt. Fortan durften Hunde mit zum Jagen kommen, die sich besonders kooperativ zeigten. Eine weitere Erfahrung der Menschen war vielleicht, dass die intensive Beschäftigung im Welpenalter die spätere Zusammenarbeit entscheidend verbessern kann. Deshalb konnte die Beziehung zwischen Urhund und Mensch durch die gezielte Zähmung von Welpen noch inniger werden, so wie es die Verhaltensforscher Zimen und Savishinsky (Zimen, 1992; Savishinsky, 1983) vermuteten. Ihrer Theorie nach haben sich hier besonders die Frauen hervorgetan, indem sie

Welpen noch vor dem Öffnen der Augen an ihre eigene Brust legten und säugten. Erst durch diese frühe Prägung meinen Biologen, könne es gelingen, scheue Wolfsnachfahren dauerhaft an sich zu binden. Tatsächlich kann man dieses Phänomen der Aufzucht von Tieren durch Menschenmütter z. B. bei den Aborigines beobachten (Savishinsky, 1983: 114). Doch diese Theorie ist nur stimmig, wenn der Hund schon ein Hund und kein Wolf mehr war, hat Ádám Miklósi von der Universität Budapest herausgefunden. Denn die Aufzucht durch Menschen macht aus einem Wolf noch lange keinen Hund: Ádám Miklósi hat mit seinem Forscherteam in den Jahren 2001 bis 2003 13 Wolfs- und 11 Hundewelpen ab dem sechsten Lebenstag von Studenten mit der Hand aufziehen lassen. Sie wurden über 24 Stunden am Tag intensiv von ihren Bezugspersonen betreut, bis sie neun bis 16 Wochen alt waren. In dieser Zeit lebten die Studenten mit den Wölfen wie mit Hunden, gingen zur Hundeschule, nutzten öffentliche Verkehrsmittel, ließen sie an der Leine laufen. Ab der dritten Lebenswoche wurden die Hunde- und Wolfswelpen regelmäßig besonders auf die Art der Kommunikation mit den Menschen getestet; diese Ähnlichkeiten und Abweichungen im Zusammenleben mit Menschen wurden genau protokolliert. Die Ergebnisse: Es gibt deutliche Unterschiede in der Bindung und Bereitschaft zur Zusammenarbeit mit dem Menschen. Wölfe orientieren sich sehr früh viel weniger am Menschen und suchen den Artgenossen als Bezugsperson, während Hunde schon als Welpen den Menschen anderen Hunden als Bindungspartner vorziehen (Miklósi, 2003). Anders als die Vergleichsgruppe der Hunde ließen sich die Wölfe kaum trainieren und zeigten wenig Kooperationsbereitschaft bei der Lösung von Aufgaben.

Viel Zeit mit Welpen zu verbringen, erhöht die Bindung und sorgt später für eine gute Zusammenarbeit. Das wussten wahrscheinlich auch schon unsere Vorfahren.

Domestikationsbedingte Verhaltensänderungen

Auch Dorit Feddersen-Petersen hat in ihren 35 Jahre andauernden Studien im Tiergarten der Universität Kiel die unterschiedliche Entwicklung von Wölfen und Hunden unter gleichen Bedingungen beobachtet. Die Tiere lebten in gleich großen Gruppen für sich in Gehegen, der Kontakt zu Menschen beschränkte sich auf die Gewöhnung an die Anwesenheit, es kam aber nicht zur Etablierung einer Bindung. In dieser Situation waren die Hunde den Wölfen unterlegen: Es gelang ihnen nicht, den Wölfen vergleichbare soziale Mechanismen auszubilden. Die domestikationsbedingten Verhaltensänderungen der Hunde zeigten sich beim Leben in der Gruppe eher als Hindernis; so beobachtete Feddersen-Petersen, dass z. B. die Schäferhunde anders als die Wölfe nicht in der Lage waren, ihr Drohverhalten situativ durch Lernprozesse zu verbessern. Nach harten körperlichen Auseinandersetzungen begannen Wölfe damit, länger und differenzierter zu drohen – eine Anpassung an das Leben mit Artgenossen, die Schäferhunden so nicht mehr gelang. Feddersen-Petersen schließt daraus, dass die domestikationsbedingten Anpassungen an die Kommunikation mit Menschen eine Verschlechterung der strategischen Kommunikationsfähigkeit mit Artgenossen zur Folge hatte. Deutlich wird die Menschenbezogenheit auch durch die Beobachtung der Forscherin, dass die Hunde sofort Interaktionen mit Artgenossen unterbrachen, sobald ein Mensch am Gehege zu sehen war, und sich diesem zuwandten (Feddersen-Petersen, 2006). Die Domestikation des Hundes hat also dazu geführt, dass der Mensch als Bindungspartner für den Hund wichtiger wurde als Artgenossen. Dadurch hat er Verhaltensweisen des innerartlichen Ausdrucks- und Kommunikationsverhaltens verloren, doch diese durch neue Fähigkeiten zur Kommunikation und Kooperation mit Menschen ersetzt (siehe „Die soziale Intelligenz des Hundes", S. 131 ff.; „Können Hunde Physik?", S. 149 ff.).

Warum Hunde bellen, Wölfe aber fast nie

Problemstellung
Über Jahrzehnte hat die Forscherwelt behauptet, beim Bellen des Hundes handele es sich um eine Lautäußerung, die keinerlei kommunikative Aussage hätte. Dagegen positionierten sich in den letzten Jahren immer mehr Wissenschaftler, die verschiedene Formen zu bellen ausmachten und dadurch dieser „Sprache" der Haushunde durchaus einen Informationsgehalt in der innerartlichen Kommunikation aber auch in der Kommunikation mit dem Menschen zuschrieben. Dorit Feddersen-Petersen hat mit ihrem Team am Institut für Haustierkunde der Universität Kiel in vielen Studien das Lautäußerungsverhalten von Hunden und Wölfen untersucht. In dieser Studie fasst sie die Methoden und Ergebnisse zusammen.

Methoden
Die Kategorisierung der Geräusche wurde auf der Basis der akustischen Analyse, des sozialen Kontextes (also der Beobachtung der Situation, in der die Laute entstanden waren) erstellt. Berücksichtigt wurden auch die verschiedenen Entwicklungsstadien der

Hunde, in denen die Belllaute entstanden waren. Zusätzlich wurden die Laute durch Sonagramme analysiert. Ein Sonagramm macht die unterschiedlichen Schalleigenschaften der einzelnen Laute im Zeitverlauf erkennbar und erleichtert damit die objektive Identifikation von Lauten. So kann die subjektive Einteilung von Lauten überprüft werden. Untersucht wurde die Jugendentwicklung der akustischen Kommunikation von insgesamt 84 Hunden neun verschiedener Rassen und 11 Europäischen Wölfen vom Zeitpunkt der Geburt bis zum Alter von vier Monaten. Neben der sonagrammatischen, akustischen und kontextspezifischen Auswertung erfolgte eine statistische Analyse.

Ergebnisse
Während Wölfe nur in abwehrenden Kontexten ein kurzes, lautes Bellen von sich geben, konnten innerhalb der Hunderassen für die verschiedenen Rassen 12 Untergruppen der Lautgruppe „Bellen" klassifiziert werden. Die Kategorien schlossen z. B. Sozialspiel, Spielaufforderung, erkundendes Verhalten, Fürsorgeverhalten, soziale Begrüßung, soziale Kontaktaufnahme, Isolation und abwehrende Situationen ein. 56 Prozent aller Verhaltensweisen mit Bellen wurden im Zuge einer spielerischen Interaktion gezeigt. Insbesondere im Nahbereich wurde anspruchsvoll über das Bellen kommuniziert. Das Bellen zeigte sich als sehr anpassungsfähig an die soziale Situation und in der Struktur. Deutlich wurden auch rassetypische Besonderheiten im Bellverhalten. Generell kann festgehalten werden, dass es innerhalb der akustischen Kommunikation viele Belluntergruppen gibt, die besondere Informationen, Ausdrücke von Gefühlslagen oder Motivationen des Hundes unterstreichen sollen. So konnte z. B. gezeigt werden, dass der Play Bow (siehe S. 162) sehr häufig von einem Bellen begleitet wurde, das im Sonagramm das Bild eines Tannenbaums ergab und deshalb von den Forschern als „Christmas-tree-bark" bezeichnet wurde.

Diskussion
Die in dieser Studie gefundene, sehr differenzierte Form der Kommunikation von Haushunden könnte mit den Einschränkungen erklärt werden, die viele Hunde durch züchterische Veränderung in Mimik und Körpersprache erfahren haben. Zusätzlich müssen Hunde in der Lage sein, nicht nur mit Artgenossen, sondern auch mit Menschen zu kommunizieren. Deshalb könnte sich eine Veränderung in der Kommunikation durch die Domestikation ergeben und die Kommunikation über Belllaute die aktuelle Bedeutung gewonnen haben. Zusätzlich wurde während des Prozesses der Domestikation das Bellen durch gezielte Zucht wahrscheinlich sehr variabel in Qualität und Quantität selektiert und verändert. Dadurch konnten Menschen z. B. auf der Jagd am Bellen des Hundes erkennen, welche Situation der Hund gerade erlebt. Auf diese Weise konnte Bellen zu einer neuen, sehr wichtigen Kommunikationsform für Haushunde werden.

Quelle: Dorit Urd Feddersen-Petersen, 2000: Vocalization of European wolves (Canis lupus L.) and various dog breeds (Canis lupus f. fam.). In: Archiv Tierzucht, Dummerstorf 43, 387–397.

Diese erste Selektion auf Zahmheit und Kooperationsbereitschaft mit dem Menschen verlief dabei mit Sicherheit nicht zielgerichtet, sondern war sehr oft auch den bestimmt stimmungsabhängigen und spontanen Ansichten unserer Vorfahren unterworfen. Doch der Effekt war über eine lange Zeitspanne dann doch eine Selektion auf Zahmheit, die eine Verstärkung der Kooperationsbereitschaft des Wolfes zur Folge hatte. Ein Prozess, der in einer jüngeren Forschungsarbeit des amerikanischen Verhaltensbiologen Brian Hare tatsächlich nachgezeichnet werden konnte.

Wer zahm ist wird schlau?

Russische Winter sind lang und zum Leid vieler Tiere lieben die vornehmen Damen Pelze – besonders das schimmernde Fell des Silberfuchses ist sehr begehrt. Deshalb gibt es in Russland viele Farmen, in denen diese kleinen Canidenvertreter gezüchtet werden. Die dort arbeitenden Tierpfleger machten bei der Auswahl der Zuchttiere bereits vor rund fünfzig Jahren eine entscheidende Entdeckung: Verpaarten sie gezielt Tiere miteinander, die sich im Umgang freundlicher und weniger aggressiv zeigten, waren ihre Nachkommen vom Wesen noch viel freundlicher und zahmer. Doch diese Selektion nach einem sanften Wesen hatte einen weiteren Nebeneffekt: es veränderte sich nämlich zusätzlich das Äußere der kleinen Füchse. Plötzlich lockte und fleckte sich das Fell, der Schwanz kringelte sich über den Rücken und Ohren standen nicht mehr spitz nach oben, sondern hingen zuweilen neckisch geknickt nach vorne. Zusätzlich zeigten die Welpen der domestizierten Füchse zwei Tage früher als die Babys ihrer wild gebliebenen Artgenossen eine Reaktion auf Geräusche und öffneten auch durchschnittlich einen Tag früher ihre Augen. Fiepen, um Aufmerksamkeit zu bekommen, und Schwanzwedeln behielten die zahmen Füchschen genauso lebenslang bei, wie eine hundeähnlich leicht verkürzte Schnauze. Diese Beobachtung sprach sich herum bis zum russischen Wissenschaftler Dmitry Belyaev und weckte sofort sein Interesse als Evolutionsbiologe: Er wollte an den Farmfüchsen nachvollziehen, wie die Domestikation des Hundes vonstattengegangen sein könnte. Bereits im Jahr 1959 startete das Institut für Zytologie und Genetik die berühmte Silberfuchsstudie mit dem Ziel, die genetischen Hintergründe der Domestikation des Hundes zu ergründen. Hierzu wurde jeder Fuchs mit sieben Monaten einem Wesenstest unterzogen und einer von zwei Gruppen zugeteilt: Es wurde geschaut, ob ein Jungfuchs eher geneigt war, sich Menschen freundlich zu nähern oder nach der ausgestreckten Hand zu beißen. 35 Fuchsgenerationen später sind viele freundliche Füchse ihrem Schicksal als Pelzmantel entgangen, stattdessen sind aus ihnen im Namen der Forschung kleine hundeartige, liebenswerte und sehr unterschiedlich aussehende Familientiere geworden. Zum Vergleich züchteten die sibirischen Forscher eine Kontrollgruppe mit Füchsen, die ihr ängstliches Verhalten gegenüber Menschen beibehielten – und erzielten keinerlei Veränderungen im Verhalten und Aussehen (Trut, 1999).

Soziale Fähigkeiten zahmer Füchse

Der amerikanische Verhaltensforscher Brian Hare hat sich in seinen Arbeiten mit den Verhaltensänderungen der Füchse beschäftigt. Dabei interessierte ihn besonders die Frage, warum diese Tiere, die nicht auf Intelligenz sondern auf Zahmheit selektiert worden waren, trotzdem

Forscherportrait: Dr. Brian Hare

Brian Hare hat als 19jähriger Student in der Garage seiner Eltern den mittlerweile berühmten Becherversuch (siehe S. 140) zum ersten Mal durchgeführt – um seinem Professor Michael Tomasello zu beweisen, dass Hunde besser darin sind, menschliche Zeigegesten zu interpretieren als Schimpansen. Mit diesem Versuch, der später unter wissenschaftlichen Bedingungen von verschiedenen Forschern wiederholt wurde, hat er die Studien um die sozial-kognitiven Fähigkeiten des Hundes beflügelt. Brian Hare studierte an der Emory Universität Psychologie und Anthropologie, in Harvard schloss er 2003 mit dem Doktor in Anthropologie ab. Seine erste Anstellung führte ihn 2004 ans Max Planck Institut für Evolutionäre Anthropologie in Leipzig. 2005 wurde er dort zum Direktor der Forschungsgruppe „Hominoide Psychologie". Besonders interessiert ihn, wie sich die sozial-kognitiven Fähigkeiten des Menschen seit der stammesgeschichtlichen Trennung von Schimpansen und Bonobos entwickelt haben. In Akademgorodok in der Nähe von Novosibirsk in Russland untersuchte Hare im Institute für Psychologie und Genetik, wie gezielte

Zucht auf Zahmheit die soziale Intelligenz der Silberfüchse beeinflusst. Aktuell forscht und unterrichtet Hare an der Duke University in North Carolina/ USA, der auch eine eigene Hundeforschungsabteilung angeschlossen ist (dukedogs.com). Hier untersucht Hare besonders die sozialen und mentalen Fähigkeiten von Hunden und Schimpansen.

besondere soziale Fähigkeiten entwickelt haben, die sie deutlich von ihren „aggressiv gebliebenen", wilden Artgenossen unterschieden. So schnitten Füchse im Zeigetest, bei dem die Tiere durch den Fingerzeig des Menschen erraten sollen, unter welchem Becher ein Stück Futter versteckt ist, genauso gut ab wie Hunde. Brian Hare stellte deshalb die Hypothese auf, dass die enormen sozialen Fähigkeiten der Hunde (siehe auch Kapitel „Die soziale Intelligenz der Hunde", S. 131 ff.) ein direktes Ergebnis der Selektion unserer Vorfahren nach Zahmheit sind. Um diese Hypothese zu überprüfen, zog er zwei Gruppen von Füchsen unter gleichen Bedingungen groß: Eine Gruppe hatte „zahme" Eltern, die Kontrollgruppe stammte von ursprünglichen Silberfüchsen ab, die nicht nach Wesensmerkmalen gezüchtet worden waren. Der Kontakt zu Menschen beschränkte sich auf die Anwesenheit in der Nähe der Gehege. Nun unterzog der Forscher beide Gruppen zwei Arten von Tests:
In der ersten Runde wurde der Zeigetest durchgeführt, in der zweiten wurde die Be-

reitschaft überprüft, mit einem Spielzeug zu spielen, das von einem Menschen angeboten worden war. Beim Spieltest hatten die Füchse die Wahl zwischen einem Spielzeug, das der Mensch berührt, und einem, das er ignoriert hatte.

Die Ergebnisse: Die zahme Fuchsgruppe konnte die Signale im Zeigetest besser umsetzen und zog auch das vom Menschen berührte Spielzeug dem vom Menschen ignorierten Spielzeug vor, während die „wilde" Gruppe die Zeigegesten des Menschen nicht gut umsetzen konnte und das unberührte Spielzeug auswählte. Damit zeigten die Ergebnisse der Fuchs-Versuche deutlich, dass die Bereitschaft, Signale zu entschlüsseln, gekoppelt auftritt mit einer Zahmheit Menschen gegenüber. Die besonderen Fähigkeiten der Hunde, menschliches sozial-kommunikatives Verhalten zu verstehen, hat sich für Hare deshalb nicht nur während der Domestikation entwickelt, sondern ist eine Folge der Selektion durch den Menschen auf Zahmheit (Hare et al, 2005). Brian Hare zieht aus seinen Studien deshalb die Schlussfolgerung, dass Zahmheit und Bereitschaft für Kooperation mit anderen Arten anscheinend in Genen gekoppelt auftreten müssen. Doch diese Studie wirft auch zwangsläufig die Frage auf: Warum waren es nicht Silberfüchse sondern Wölfe, die sich Menschen anschlossen?

Der Wolf war Schuld

Wenn es im Tierreich einen Integrationsspezialisten gibt, dann ist es der Wolf: Er hat sich nicht nur die Nähe der Lagerstätten unserer Vorfahren gesucht und spielt hin und wieder mit Bären (siehe S. 172), sondern geht sogar mit Federvieh enge Verbindungen ein. Das meinen zumindest der Verhaltensforscher Bernd Heinrich und der Feldforscher Günther Bloch in Kanada beobachtet zu haben. Die neuesten Feldbeobachtungen der beiden haben gezeigt, dass Wölfe häufig mit Raben kooperieren (Heinrich 1999; Bloch 2010). Günther Bloch hat bei seiner Feldforschung im Banff Nationalpark in Kanada beobachtet, dass in ungefähr 100 Metern vom Wolfsbau entfernt häufig Raben nisten, zu denen enge soziale Beziehungen gepflegt werden (Bloch, 2010). Eine Gemeinschaft, die über das gemeinsame Jagen weit hinausgeht: So genießt der schwarze Vogel beim Wolf eine Art „Narrenfreiheit", er stolziert zwischen den ruhenden Rudelmitgliedern umher und zwickt diese zuweilen sogar neckisch in die Ruten. Eine Freundschaft, die Indianern schon lange bekannt war, ein Grund, warum sie Raben als „Wolf-Bird" bezeichneten. Liegt in dieser Fähigkeit des Wolfes, über Artgrenzen hinweg Beziehungen zu anderen Tieren eingehen zu können, eventuell die Wurzel für seine Domestikationsfähigkeit?

Hier schließt sich der Kreis zum Silberfuchs: Wenn eine Domestikation auf Zahmheit bereits mit dieser Canidenart möglich ist, muss sie mit dem Wolf noch besser möglich gewesen sein. Die Wandlung des Wolfes zum Hund könnte also tatsächlich mit dem gemeinsamen Nutzen eines Territoriums begonnen haben. Wie bereits beschrieben, wurde durch dieses zunehmende Vertrauen zueinander noch viel mehr möglich: Die ersten Welpen wurden von Menschenhand aufgezogen und weiter nach Zahmheit selektiert. Diese ersten hundeartigen Wölfe zeigten sich dann wachsam, kooperierten beim Beuteverfolgen und begleiteten fortan ihre menschlichen Jäger und Sammler zur Jagd. Bemerkenswert ist, dass der kulturelle Entwicklungsstand unserer Vorfahren jahrtausendelang nahezu stagnierte. Erst vor ungefähr 40.000 Jahren kam es plötzlich zu einer kleinen Explosion kultureller Erfindungen, z. B. die Jagd mit Bogen und Pfeil. Dies könnte ein Hinweis auf eine veränderte Jagdstrategie sein, die sich eventuell durch das gemeinsame Jagen mit den Urhunden ergeben haben könnte. Stimmen diese Theorien, dann hat zwischen Hund und Mensch eine „Koevolution" stattgefunden: Beide Arten konnten durch das Zusammenleben neue Fähigkeiten entwickeln.

Die Hypothese der Koevolution von Hund und Mensch

In Forscherkreisen gewinnt die These von der gemeinsamen Evolution von Hund und Mensch immer mehr Anhänger. Einer der ersten, die diese Theorie formulierten, war der britische Verhaltensbiologe Joel Savishinsky. Für ihn nimmt die Beziehung zum ersten Haustier eine Schlüsselrolle in der Zivilisierung der Menschheit ein: Savishinsky erschien es gut möglich, dass Menschen die hoch empfindlichen Sinne der Wölfe schnell zu schätzen wussten.

Forscherportrait: Dr. Joel Savishinsky

Der Kulturanthropologe studierte Anthropologie am City College of New York (1964), seinen Doktor machte er 1979 an der Cornell University in Ithaka. In den sechziger Jahren arbeitete Joel Savishinsky auf archäologischen Ausgrabungen in der Türkei und als Feldforscher in der Kanadischen Arktis. In seiner Forschungs- und Lehrzeit hat er sich häufig mit Persönlichkeits- und Familienforschung beschäftigt. Besonders interessieren ihn dringende soziale Probleme und ihre Lösung in der Gegenwart, z. B. der Umgang der Gesellschaft mit dem Älterwerden. Als einer der Ersten hat er sich bereits in den 80er Jahren der Erforschung der Tier-Mensch-Beziehung gewidmet und die Theorie einer Koevolution von Hund und Mensch beschrieben, wie sie sich heute in aktuellen Forschungen zu bestätigen scheint. Diese Gedanken finden sich in seinem 1983 erschienenen Text „Pet Ideas: The Domestication of Animals, Human Behaviour, Human Emotions". In den letzten Jahren hat er besonders die Rolle von tiergestützter Therapie vielfach untersucht, z. B.

wie das Leben in Geriatrieabteilungen von Krankenhäusern in den USA durch den Einsatz tierischer Therapeuten menschlicher gestaltet werden könnte.

Deshalb begannen sie damit, das Verhalten der Tiere zu beobachten und zu interpretieren. Für diese erste Verhaltensanalyse eines Tieres war aber eine Selbstbezähmung notwendig. Für Savishinsky ein wichtiger Schritt, damit die Fremdbezähmung – also die Zähmung des Wolfes und später weiterer Haustiere – gelingen kann (Savishinsky, 1983). Damit begründete der Verhaltensforscher in den achtziger Jahren die Theorien zur Koevolution von Mensch und Hund: Für ihn ist Domestikation von Haustieren eine bedeutende kulturelle Leistung des Menschen, denn eine erfolgreiche Züchtung und Zähmung erfordert vom Menschen die Unterdrückung primärer Wünsche wie Töten und Verspeisen. Wenn sich die ersten Wölfe tatsächlich wie Wayne vermutet bereits vor über 100.000 Jahren den Menschen anschlossen, dann hat sich der Mensch durch die Kooperation mit dem Wolf sozusagen selbst gezähmt – der Startschuss für die Domestizierung weiterer Haustiere und den ersten Siedlungsbau der Weltgeschichte. Eine Annahme, die durch Brian Hares Theorie der gekoppelten Merkmale Zahmheit und Fähigkeit zur Kooperation gestützt wird: Auch der Mensch konnte durch seine zunehmende Zivilisierung immer besser kooperieren. Durch diese erste Domestizierung wurde auch der Wolf zahm und hat im Zuge seiner Hundwerdung seine Fähigkeiten entwickelt, menschliches Sozial- und Kommunikationsverhalten zu verstehen. Dass diese Talente sogar schon von neun Wochen alten Hundewelpen gezeigt werden, hat der Becherversuch von Brian Hare (siehe Portrait „Brian Hare" S. 23 und S. 140 ff.) und Michael Tomasello aus Leipzig gezeigt: Die Hundekinder waren Wölfen und sogar Schimpansen darin überlegen, die Zeigegeste des Menschen richtig zu interpretieren (Tomasello, 2002). Menschen und Hunde haben also in ihrer gemeinsamen Entwicklungsgeschichte zwar nicht gleiche, aber ähnliche sozial-kommunikative Fähigkeiten entwickelt. Die These der Forscher lautet: Durch die Wesensänderung des Menschen und des Hundes wurde eine sozial-kognitive Evolution angestoßen, die zum modernen Menschen und Hund mit all seinen intelligenten Fähigkeiten führte.

Entstehung der Rassen

Konrad Lorenz hat sich bei seiner Theorie zur Abstammung des Hundes leider geirrt: für ihn war der Schakal der Stammvater unserer fast 400 Rassen, diese Urform soll sich dann Lorenz zufolge später in manchen Regionen mit Wölfen durchmischt haben (Lorenz, 1965). Die Hypothese, dass der Hund aus mehreren Canidenarten entstanden ist, war für den Begründer der vergleichenden Verhaltensforschung eine mögliche Erklärung für die beeindruckende Erscheinungs- und Wesensvielfalt der Hunde. Tatsächlich ist es schwer vorstellbar, dass aus dem Urtyp „Wolf" solch unterschiedlich geformten Rassen entstehen konnten. Archäologische Knochenfunde zeigen bereits ab der Steinzeit unterschiedliche Formen bei wolfsähnlichen Hunden. Eine zielgerichtete Zucht vermutet Juliet Clutton-Brock erst ab einem Zeitraum von vor 3.000 – 4.000 Jahren. Erst ab diesem Zeitpunkt finden sich Hinweise auf bestimmte Rasseschläge, die wiederholt auftreten, wie z. B. der Typ „Greyhound", der auf antiken Vasen aus Ägypten oder Asien abgebildet wurde. Ebenfalls in dieser Zeit soll es bereits Hunde vom Typ „Mastiff" sowie Hunde mit sehr kurzen Beinen gegeben haben (Clutton Brock, 1995).

Die Gruppeneinteilung

Bei einer weiteren Studie unter Leitung der Kalifornier zur genetischen Diversität und Abstammung der Hunderassen (Byoto et al, 2010) stießen die Forscher um Robert Wayne noch auf weitere interessante Details in den Hundegenen: Die Evolutionsbiologen entdeckten beim Blick auf den durch die Genanalysen gewonnenen genetischen Stammbaum der Hunderassen, dass dieser mit der Klassifikation der Hunde durch Züchter in Hütehunde, Apportierhunde, Sichthunde, kleine Terrier und andere kleine Hunde tatsächlich oft übereinstimmen. Die funktionale Einteilung von Hunden findet sich tatsächlich in der genetischen Struktur wieder.

Die Genforscher erklären sich diesen Zusammenhang so, dass die ersten Hundezüchter wahrscheinlich bestimmte Eigenschaften immer weiter optimiert haben, indem sie z. B. Hunde, die gut apportiert haben, immer wieder miteinander kreuzten. Auf diese Weise konnte die klare Aufteilung in Gruppen entstehen.

Eine Ausnahme bilden dabei allerdings Gesellschaftshunde wie Mops oder Chihuahua: In dieser Gruppe tauchen viele verschiedene Gene auf, inklusive Spuren von

Quelle: von Holdt, B.M., Pollinger, J.P., Lohmueller, K.E., Han, E., Parker, H.G. et al. (2010). Genome-wide SNP and haplotype analyses reveal a rich history underlying dog domestication. Nature, 464 (7290), 898-902.

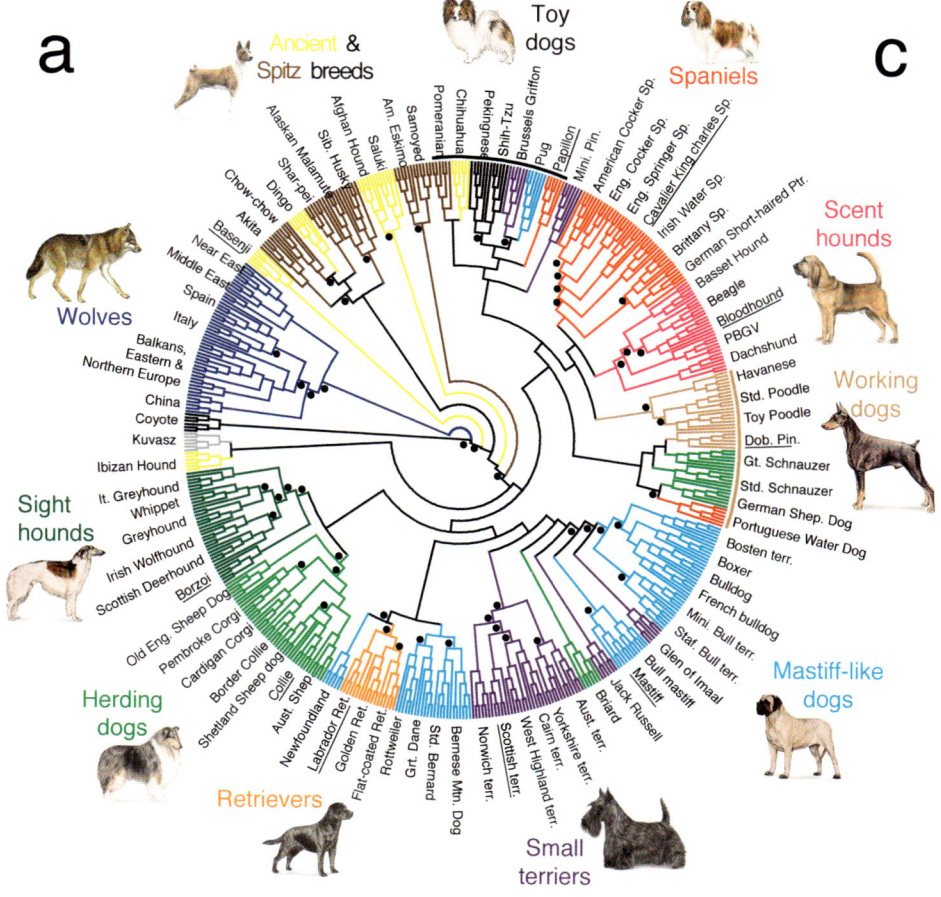

Hütehunden und Apportierhunden. Die Forscher erklären sich dieses Ergebnis mit der Verkleinerung: Die ersten Züchter haben wahrscheinlich einfach alle kleinen Hunden miteinander gekreuzt, um noch kleinere Hunde zu bekommen. In anderen Fällen wurde bei der Erschaffung einer neuen Rasse auf die Fähigkeiten der anderen Rassen gesetzt, damit eine neue Kombination an Eigenschaften entstehen konnte.

Wenige Gene – viele Formen

Bei den Erbgutanalysen wurde auch deutlich, dass die genetische Basis all dieser Unterschiede ziemlich dünn ist: Es gibt z. B. nur ein einziges Gen, das für die kurzen Beine von Rassen wie Corgi oder Dackel verantwortlich ist. Das Gleiche gilt für Gene, die Miniaturgröße, Fellart, -tupfer oder -farbe bestimmen. Die erstaunliche Formenvielfalt bei Hunden wird also nur durch wenige Gene verursacht.

Beim Vergleich von Wolf- und Hundegenen wurde wiederum nochmals deutlich, dass sich die Unterschiede auf eine überschaubare Region von veränderten Erbgutabschnitten beschränkten. Dieses deutliche Orten zeigt die entscheidende Veränderung zwischen Wolf und Hund und bietet Evolutionsbiologen eine gute Basis für neue Forschungen in der Zukunft. Eine gezielte Züchtung nach Merkmalen wurde den ersten Hundezüchtern der Menschheitsgeschichte also sehr leicht gemacht. Die ersten Zuchtversuche durch den Menschen nach bestimmten Körper- und Wesensmerkmalen datiert Peter Savolainen auf die Zeit um 7.500 v.Chr. (Savolainen, 2002). Diese Annahme wird durch Knochenfunde aus Dänemark bestätigt (Kaiser, 1994): Sie zeigen, dass es damals bereits alle heute bekannten Formen und Größen unserer modernen Hunderassen gab.

Vom Karrenköter zum Luxusgut

Zur Explosion der heutigen Rassevielfalt kam es jedoch erst durch die kontrollierte Rassehundezucht. Sie legt schriftlich detaillierte Rassestandards wie Körpergröße, Behaarung und Fellfarbe fest, die auf Zuchtschauen bewertet werden. Diese Zusammenschlüsse von Züchtern vor ungefähr 150 Jahren bilden den Startpunkt für die Entstehung der heute etwa 400 verschiedenen, von der Fédération Cynologique Internationale (FCI) anerkannten Hunderassen. Das Züchten und Halten von Hunden in allen Gesellschaftsschichten rein aus Freude am Hund macht besonders für Kulturwissenschaftler den einzigartigen kulturhistorischen Bedeutungswandel des Hundes deutlich. Denn auch wenn über die Wertschätzung des Hundes in prähistorischen Zeiten wenig bekannt ist, kann darüber spekuliert werden, dass er zu damaligen Zeiten noch häufig als Nahrungsquelle genutzt wurde. Erst durch Grabfunde, in denen Hund und Mensch gemeinsam bestattet wurden, wird von Kulturwissenschaftlern wie Herrmann Kaiser vermutet, dass der Hund bereits eine gewisse emotionale Bedeutung für die Menschen hatte. Auf der Suche nach Informationen zur Qualität der Beziehung zwischen Mensch und Hund hat Kaiser unter anderem Annoncen in Zeitungen aus dem 19. Jahrhundert analysiert. Darin wurden Hunde meistens aufgrund ihrer Funktion angepriesen, was den Autoren zu der Vermutung veranlasst, dass die emotionale Bindung an einen Hund zumindest in der Arbeiterklasse noch nicht stark ausgeprägt war. Ganz anders sieht die Situation bei Angehörigen der oberen städtischen Bevölkerung dieser Zeit aus: Ab der zweiten Hälfte des 19. Jahrhunderts ist deutlich zu merken, dass diese Schicht sich darum bemühte, eigene, besondere Merkmale zu züchten oder die Hunde durch Kupieren des Schwanzes und der Ohren entsprechend optisch zu manipulieren. Gleichzeitig wird bei der Analyse alter Familienportraits der damaligen Zeit deutlich, dass es ein Bemühen des Bürgertums um Abgrenzung zur Arbeiterklasse gab, indem Tiere ganz bewusst in den Familienkreis mit einbezogen und auf den Gemälden mit abgebildet wurden.

Hunde im Industriezeitalter

Eine wesentliche Veränderung im Umgang mit Hunden bemerken Kulturwissenschaftler mit Beginn der Industrialisierung. Zu dieser Zeit wurde der klassische Arbeiterhund, der Höfe bewachen oder Karren ziehen sollte, plötzlich „arbeitslos". Durch diese Freisetzung von ökonomischen Zwängen schien es erst möglich zu sein, ihn als ein Gesellschaftswesen wahrzunehmen. Die Verbreitung der Hundehaltung in alle Lebensbereiche des Menschen ist in Anbetracht der Mensch-Hund-Historie also eine relativ neue Entwicklung. Möglich wurde dieser Siegeszug des Hundes in viele Wohnzimmer dieser Welt durch eine Wesensveränderung Richtung Zahmheit und die daraus immer weiter selektierte Fähigkeit, menschliches Verhalten richtig zu interpretieren und mit uns zu kooperieren. Wenn auch dieses Talent in den verschiedenen Rassen unterschiedlich stark gefördert wurde, die Affinität zum Menschen als Bindungspartner und die Begabung als „Menschenversteher" besitzen alle Hunde, ganz egal, wie groß, klein, kurz- oder langhaarig sie sind. Dadurch sind wir in der Lage, gemeinsam eine innige Beziehung zueinander aufzubauen, die dem Hund seine Sonderstellung im Tierreich verschafft und ihn für viele Menschen dieser Erde zu einem geliebten und geachteten Familienmitglied macht. Was für eine Erfolgsgeschichte!

Hunde vom Typ Windhund wurden bereits vor 3-4.000 Jahren auf antike Gefäße gezeichnet.

Genetische Einflüsse auf das Verhalten

Welche Rolle spielen Hunderassen?

Sind manche Rassen aggressiver, freundlicher oder kooperativer als andere? Ob Gene tatsächlich das Verhalten unserer Hunde beeinflussen, haben in den letzten 10 Jahren viele internationale Forschungsstudien zum Untersuchungsthema gehabt.

Wenn über genetische Aspekte zur Beeinflussung des Hundeverhaltens gesprochen wird, werden häufig ein paar wichtige genetische Grundannahmen vergessen. Das Allerwichtigste ist, dass der Zusammenhang zwischen Genetik und Verhalten beim Hund sehr kompliziert ist und auch durch Umweltaspekte beeinflusst wird. Diese verschiedenen Faktoren wurden in mehreren Studien untersucht. Dabei konnten bemerkenswerte Erkenntnisse gewonnen werden, die in diesem Kapitel vorgestellt werden sollen.

Einfluss der Hunderasse

Ein weiterer, häufig umstrittener Aspekt im Zusammenhang mit der Genetik des Verhaltens betrifft die Rassen. Es ist unbe-

---

Wie aus einem Gen ein Verhalten wird

Leider herrscht häufig immer noch viel Unwissen darüber, was genau ein Gen leisten kann – und was nicht. Grundsätzlich gilt: Es gibt kein einzelnes Gen, das ein bestimmtes Verhalten bestimmt. Gene beeinflussen die Bildung von Proteinen, die wiederum Verhalten beeinflussen können.

Generell gilt: Gene verwandeln Information in eine Struktur. Das bedeutet, dass ein Gen immer ein Abschnitt des Erbguts (die sogenannte Desoxyribonukleinsäure) ist, der die Informationen für die Bildung eines ganz bestimmten Eiweißmoleküls beinhaltet. Die Abfolge von Aminosäuren in diesem Eiweißmolekül bedingt dann dessen räumliche Struktur, und ein fertiges Eiweißmolekül kann wiederum vielfältige Funktionen im Körper übernehmen.

Im Zusammenhang mit der Steuerung von Verhalten sind diese Eiweißmoleküle zumeist entweder Hormone, Bindungsstellen für Botenstoffe, sie können auch Botenstoffe selbst sein oder die Aktivität anderer Bindungsstellen beeinflussen. Durch dieses komplizierte Miteinander unterschiedlicher chemischer Substanzen im Gehirn, Nervensystem und auch im Hormonsystem werden dann Bewegungen des Körpers ausgelöst, erleichtert oder erschwert. Und das Ergebnis dieser Bewegungen sehen wir dann als Verhalten. Auch Aspekte wie Bindung, Beziehung oder Dominanz sind letztlich nur dadurch in ihrer Auswirkung auf das Gehirn eines Hundes erklärlich, dass eben beispielsweise beim Erkennen eines vertrauten Beziehungspartners bestimmte Bindungsstellen im Gehirn aktiviert und dadurch Hormone ausgeschüttet werden, die dann wiederum die nachfolgende Verhaltensreaktion steuern. Dies erscheint sehr einfach, ist aber in Wirklichkeit hoch kompliziert. Unbestreitbar der Tatsache, dass Hunde wie auch andere Lebewesen aus höher organisierten Gruppen des Tierreichs Emotionen und Gefühle empfinden können, sind diese Emotionen und Gefühle ebenfalls teilweise von Eiweißen gesteuert und durch elektrische Aktivitäten des Gehirns abgebildet.

Ob und wie stark Verhalten durch Gene und die Umwelt beeinflusst wird, ist in einigen Studien untersucht worden.

Was Rassen unterscheidet – und was nicht

Im Zusammenhang mit den Rasseunterschieden wurden ebenfalls in den letzten Jahren einige aufschlussreiche Untersuchungen veröffentlicht. So hat der schwedische Forscher Kenth Svartberg im Jahre 2006 auch eine Auswertung des im Kapitel „Persönlichkeit" (siehe S. 115) ausführlicher beschriebenen schwedischen Verhaltenstests im Bezug auf Rassenunterschiede veröffentlicht. Weit über 13.000 schwedische Hunde aus 31 Rassen wurden in diesem Test untersucht, und man hat u.a. versucht herauszufinden, ob die ursprünglichen Aufgaben der Rassen und die daraus entstehenden Verhaltensweisen oder die in den letzten Jahrzehnten deutlich geänderten Nutzungsformen der Hunderassen in der Zivilisationsgesellschaft Auswirkungen auf ihr Verhalten haben.

Familienhunde werden geselliger, Ausstellungshunde nicht

Die im Kapitel „Persönlichkeit" genannten Eigenschaften wie Verspieltheit, Neugier und Furchtlosigkeit oder Geselligkeit wurden auch hier zur Bewertung herangezogen. Die Studie ergab eine große Zahl von Rasseunterschieden innerhalb der Persönlichkeitsfaktoren, jedoch waren diese kaum mit der früheren Nutzung oder mit der Herkunft der Rasse zur Deckung zu bringen. Stattdessen war die derzeitige Nutzung als Ausstellungs-, Zucht- oder Familienhund häufig der Einflussfaktor Nummer 1. Bzgl. der Eigenschaften Verspieltheit, Neugier, Furchtlosigkeit, Geselligkeit sowie Aggressivität zeigte sich (siehe Kapitel „Persönlichkeit" S. 111 ff.), dass sich alle Eigenschaften mit Ausnahme des

streitbar, dass verschiedene Hunderassen sich in ihrem Verhalten ebenso unterscheiden wie in ihrem Aussehen. Im Kapitel „So kam der Mensch auf den Hund" wurde darauf bereits eingegangen (siehe S. 11 ff.). Sonst wären ja auch die 15 – 100.000 Jahre Domestikationsgeschichte des Haushundes für die Katz gewesen. Wenn im Folgenden also über genetische Variabilität und über Erblichkeit gesprochen wird, so muss unterschieden werden, ob die genannten Untersuchungen Angehörige einer Rasse oder mehrerer Rassen beinhalten.

Faktors Aggressivität unter dem Scheu-Wagemutig-Persönlichkeitstyp zusammenfassen ließ. Bedenklich ist, dass die Präsentation auf Ausstellungen, die ja die Hauptverwendung eines Rassehundes ist, mit allen genannten Persönlichkeitseigenschaften bei beiden Geschlechtern negativ korreliert, d.h. je mehr ein Hund auf Ausstellungen gezeigt wird, desto weniger gesellig, weniger verspielt, weniger neugierig und furchtlos ist er. Demgegenüber korreliert die Nutzung in verschiedenen Formen von Arbeitshundebeschäftigungswettbewerben positiv mit Verspieltheit und Aggressivität bei den Rüden. Die Präsentation auf Hundeausstellungen korreliert offensichtlich positiv mit sozialer und nicht sozialer Furcht und negativ mit den anderen Eigenschaften. Auch die Zahl der getesteten Hunde wurde in Beziehung mit den Eigenschaften gesetzt, nach der Annahme, dass eine populäre Rasse auch mit einer größeren Stückzahl von Hunden im Test auftauchen würde.

Forscherportrait: Dr. Hellmuth Wachtel

Hellmuth Wachtel, geboren 1925 in Wien, studierte Landwirtschaft an der Universität für Bodenkultur in Wien und setzte seine Schwerpunkte in den Bereichen Tierzucht und Genetik. Heute ist er vor allem durch seine Arbeiten in der Kynologie und als Autor bekannt.

Als langjähriger Hundehalter setzt er sich auch für die Verbesserung der genetischen Gesunderhaltung der Hunde und ihrer Rassenpopulationen ein, was ihn dazu veranlasste, ein populationsgenetisches Computerprogramm für die Kynologie zu entwickeln, das durch die Zucht „heterozygoter Rassehunde" versucht, Erbkrankheiten bei Rassehunden zu vermeiden, und sich gegen Inzucht und den übermäßigen Einsatz weniger Zuchtrüden einsetzt.

Seit seiner Pensionierung 1985 ist er ehrenamtlicher Mitarbeiter des Wissenschaftlichen Beirates für Tiergartenbiologie, Zoologie und Ökologie des Wiener Tiergartens Schönbrunn sowie beim Österreichischen Kynologenverband und ständiger Mitarbeiter der Zeitschrift *Unsere Hunde*. Nicht nur hier, sondern auch in anderen in- und ausländischen Hundezeitschriften veröffentlicht er regelmäßig wissenschaftliche Artikel über den Hund. Des Weiteren übersetzt er nicht nur ausländische Fachliteratur in der Kynologie, sondern beschäftigt sich auch sonst in zahlreichen internationalen Vorträgen und Seminaren mit den Themen Zucht, Genetik und Verhalten des Hundes.

Dabei zeigte sich, dass populärere Rassen insgesamt geselliger und verspielter sind, offensichtlich wurde hier durchaus auf eine gewisse Umgänglichkeit selektiert. Etwas detailliertere Untersuchungen zu Rasseunterschieden wurden auch im Zusammenhang mit der Hund-Mensch-Kommunikation von verschiedenen Arbeitsgruppen durchgeführt.

Kooperatives oder eigenständiges Problemlöseverhalten

In einer kürzlich veröffentlichten Studie von Chiara Passalacqua und ihren Co-Autoren von der Universität Mailand wurden Hundewelpen im Alter von 2 Monaten, 4,5 Monaten sowie als Erwachsene aus drei verschiedenen Rassegruppen einem Test unterzogen. Die Rassegruppen waren sogenannte Primitivhunde (u.a. Akita Inu, Malamut, Samojede und Sibirischer Husky), Jagd- und Hütehunde sowie Molosser, zu denen aus genetischen Gründen auch die Deutschen Schäferhunde und Rottweiler gezählt wurden. Der Test bestand darin, dass die Hunde zunächst eine Versuchsapparatur durch eigenes Zutun öffnen und die darin befindlichen Leckerbissen entnehmen konnten. Nachdem sie diese Aufgabe dreimal erfolgreich gelöst hatten, wurde beim vierten Versuch die Apparatur blockiert, so dass die Hunde die Aufgabe nicht bewältigen konnten. Dann wurde beobachtet, in welcher Art und Weise die Hunde mit dem dahinterstehenden Menschen Kontakt aufnahmen.

In Bezug auf Rasseunterschiede ist nun bemerkenswert, dass die Angehörigen der Jagd- und Hütehunderassen schon als 4,5 monatige, noch mehr aber als Erwachsene viel stärker den Blick hilfesuchend zum Menschen zurückwarfen als die Angehörigen der Gruppe der Molosser oder der Nordischen Primitivgruppe. Während in der ersten Phase, als die Hunde noch die Möglichkeit hatten, das Problem selber zu lösen, keine Unterschiede in der Erfolgsquote festzustellen waren, sind die Rasseunterschiede nach der Konfrontation mit der unlösbaren Aufgabe erheblich. Die Untersuchungen zeigen, dass neben der allgemeinen Domestikationsgeschichte auch die spezifische Rassegeschichte und die Tätigkeit in bestimmten, besonders mit dem Menschen kooperierenden Arbeitsbereichen offensichtlich die Fähigkeit zur Hilfeanforderung und intensiven optischen Kommunikation beeinflusst haben.

Reaktion auf Zeigegesten

In einer ähnlichen Fragestellung hat ein Autorenteam rund um Márta Gácsi, Erstere aus der bereits wiederholt genannten Arbeitsgruppe von Ádám Miklósi in Budapest, die Fähigkeit zur Kooperation und zur Aufmerksamkeit des Hundes auf den Menschen untersucht. Es geht hier um die

Rassen unterscheiden sich in der Kooperationsfähigkeit mit Menschen, wenn sie vor Probleme gestellt werden.

bekannten Zeigetests, bei denen der Mensch einem Hund durch Fingerzeig versteckte Leckereien in einer Zweierwahlapparatur anzeigt (siehe S. 140). Hier wurden drei Gruppen von Hunden verglichen, nämlich eine Gruppe von Hunderassen, die in ihrer Rassegeschichte unabhängig vom Menschen arbeiten mussten (z. B. Herdenschutzhunde, Terrier, Dackel und auch Windhunde), eine zweite Gruppe von Hunden, die in ihrer Rassegeschichte mit dem Menschen kooperieren sollten, (z. B. Schäferhunde, Treib- und Hütehunde, Apportierhunde) und eine Gruppe von Mischlingen. In diesem Fall ergab sich deutlich, dass Hunde aus der Rassegruppe der Kooperativen sich wesentlich erfolgreicher beim Nutzen der menschlichen Zeigegesten zeigten als sowohl die Unabhängigen als auch die Mischlinge.

Einfluss der Schädelform

Eine zweite Fragestellung der gleichen Arbeit bezieht sich auf die Schädelform. Es wird vermutet, dass die selektive Zucht auf abnormal verkürzte Schädel gleichzeitig mit einer Verbreiterung der Hirnregion für das scharfe Sehvermögen verknüpft ist. Daher wurden Hunde mit einer verkürzten Schädelform und frontal stehenden Augen mit solchen eines langen schlanken Schädels und seitlich stehenden Augen verglichen. Es zeigte sich, dass sich die kurzschädeligen Hunde in der Verfolgung und Auswertung der menschlichen Zeigegesten wesentlich besser erwiesen, als die mit den langen, schmalen Schädeln und der seitlich gerichteten Augenstellung.

Persönlichkeitsaspekte

Eine weitere, bereits in anderem Zusammenhang (siehe Kapitel Persönlichkeit) zitierte Studie aus der Budapester Arbeitsgruppe wurde unter Federführung von Borbala Turcsan veröffentlicht. Die bereits im genannten Kapitel untersuchten Persönlichkeitsaspekte Gelassenheit, Trainierbarkeit, Geselligkeit mit Hunden und Extrovertiertheit wurden auch in Rassegruppen aufgeteilt. Hier zeigte sich, dass die Persönlichkeitseigenschaft Trainierbarkeit und Lernbereitschaft bei sogenannten „Koppelgebrauchshunden", zu denen Hirten- und Hütehunde gehören, wesentlich stärker ausgeprägt ist als bei Jagdhunden und Hunden, die Menschen als Dienst- und Behindertenbegleithunde assistieren, sowie Gesellschafts- und Familienbegleithunden. Auch Sporthunde waren trainierbarer als solche, die nicht im Hundesport eingesetzt wurden. Im Bezug auf die Persönlichkeitseigenschaft Extrovertiert (in dieser Studie etwas missverständlich als Kühnheit bezeichnet) waren, wie erwartet Terrier wesentlich höher angesiedelt als Meutejagd- und Hütehunde. Wurden anstatt der Arbeitsgeschichte der Rassen die wirklichen genetischen Verwandtschaftsverhältnisse zwischen den Rassegruppen untersucht, so ergaben sich ebenfalls Unterschiede in Bezug auf Trainierbarkeit und Extrovertiertheit. Die altertümlichen Rassen wurden als weniger trainierbar eingestuft als die Gruppe der Mastiff und Terrier, der Hüte- und Sichthundjäger sowie der eigentlichen Jagdhunde. Bezüglich des Merkmals Extrovertiertheit (siehe S. 124, dort wird Kühnheit/Extrovertiertheit näher beschrieben) sind Mastiff und Terriergruppe wesentlich aktiver als die Altertümlichen und die Hüte- und Sichthundgruppe.

Auch dies zeigt, dass sowohl die Arbeitsgeschichte der Hunde als auch die nicht immer mit der Arbeitsgeschichte konform gehende genetische Gruppierung der Rassen einen wichtigen Einfluss auf deren spätere Eigenschaften haben.

Sind die Verhaltensmerkmale der Wesensprüfung erblich?

Problemstellung

In Bezug auf „gefährliche Hunde" werden immer wieder Wesensprüfungen und Verhaltenstest ins Gespräch gebracht.
Da jedoch eine große Anzahl solcher Tests besteht und die Ziele der Prüfungen sehr unterschiedlich sind, da sie von Rasse, Verwendungszweck, Land und Beurteiler abhängen, lassen sich Vergleiche schwer anstreben. Eins haben sie jedoch gemeinsam: Sie sollen verschiedene Verhaltenseigenschaften eines Tieres überprüfen, um damit auf den „Gefährlichkeitsgrad" eines solchen Tieres zu verweisen. Allerdings werden solche Tests ebenfalls durchgeführt, um festzustellen, ob Hunde rassetypisch-erwünschte Eigenschaften vertreten und damit zur Zucht geeignet sind. Folgende Hypothese bezieht sich deshalb nur auf das Datenmaterial ab 1978 des Schweizerischen Schäferhund-Clubs, der diese Wesensprüfungen im Rahmen der Körung seit mehr als 50 Jahren durchführt.

Methoden

In diesem Wesenstest werden Junghunde im Alter von 12–24 Monaten geprüft. Im Verlauf der Prüfung wird das Wesen des Hundes in verschiedenen, gestellten alltäglichen Situationen anhand von bestimmten Verhaltensmerkmalen von einem Wesensrichter kritisch beurteilt. Die verschiedenen Verhaltensmerkmale lauten: Wesenssicherheit, Nervenfestigkeit, Schusssicherheit, Temperament, Härte, Schärfe und Schutztrieb. In den Kategorien Wesenssicherheit, Nervenfestigkeit, Schusssicherheit und Härte sollten die Hunde gelassen und entspannt reagieren. Beim Temperament wird dagegen wenigstens die Stufe „mittel" erwartet. Schärfe bzw. Schutztrieb ist nur in wirklich ernsthaften Situationen äußerst erwünscht.

Weicht das Verhalten stark von den vorgegebenen Normen ab, hat der Hund die Wesensprüfung nicht bestanden und wird damit nicht zur Zucht zugelassen. Eine Wiederholung ist ausgeschlossen.
Um auf die Erblichkeit der Verhaltensmerkmale zu schließen, muss bedacht werden, dass diese sowohl durch genetische als auch umweltbedingte Faktoren definiert ist. Für die Zucht ist dabei der Anteil der genetischen Komponente für ein bestimmtes Merkmal in der Hundepopulation wichtig. Dieser Anteil wird mit dem Erblichkeitsgrad bzw. der Heritabilität gemessen und nimmt Werte zwischen 0 (Eigenschaft durch Umwelt beeinflusst) und 1 (Eigenschaft durch genetische Faktoren beeinflusst) an.
Die ausgewerteten Daten beziehen sich auf 3.497 Hunde, von denen 51,6% weiblich und 48,4% männlich waren. 8,2% der Hunde haben den Wesenstest nicht bestanden.

Ergebnisse

Es konnte festgestellt werden, dass etwa ein Drittel der Unterschiede in den Bewertungsnoten durch Faktoren wie Geschlecht, Alter, Geburtsort und Richter in unterschiedlichem Maß geklärt werden kann.
In Bezug auf das Geschlecht konnte ermittelt werden, dass Rüden eine signifikant bessere Beurteilung erreichten als Hündinnen. So wurden Rüden häufiger als wesenssicherer und schärfer eingeteilt. Auch bestanden insgesamt mehr Rüden die Prüfung als Hündinnen.
Das Alter spielt ebenfalls eine wichtige Rolle. Nicht, wie eigentlich erwartet, festigt sich der Charakter eines Hundes in den unterschiedlichen Verhaltensmerkmalen, sondern der Hund wird mit zunehmendem Alter eher „schlechter". Am größten sind die

altersabhängigen Unterschiede in der Schärfe und am kleinsten in der Schussfestigkeit. Allerdings lassen sich diese Altersunterschiede wenigstens teilweise durch die strengere Bewertung der Richter bei älteren Hunden erklären.

Unterschiede treten auch beim Geburtsort, dem Zwinger, auf. Es wird vermutet, dass die Unterschiede durch die Umwelt bedingt sind und deshalb stark variieren können. Gemeint ist z. B. die Prägung des Hundes bis zum Abgabealter, der Kontakt zu Menschen und anderen Hunden, aber auch unterschiedliche Umgebung und Käufergruppen.

Ein weiterer Grund ist die Beurteilung der Verhaltensmerkmale durch die vielen verschiedenen Wesensrichter. Zwar erhalten alle Richter dieselbe Grundausbildung, aber wenn es sich um subjektive Beurteilung handelt, wird es nie möglich sein, eine vollkommene Ausgeglichenheit zwischen den Richtern zu erreichen.

Durch ein spezielles Verfahren wurde anschließend geprüft, ob Beziehungen zwischen Verhaltensmerkmalen genetisch bedingt sein könnten. Es wurde entdeckt, dass eine sehr hohe genetische Beziehung zwischen der Wesenssicherheit und der Nervenfestigkeit besteht, beide also durch die gleichen Gene beeinflusst werden.

In Bezug auf die restlichen Eigenschaften Schusssicherheit, Temperament, Härte und Schutztrieb wurden ebenfalls enge genetische Beziehungen ermittelt. Untereinander ist die genetische Beziehung aller einzelnen Verhaltensweisen ebenfalls als recht hoch einzustufen, lediglich bei der Eigenschaft Schärfe wird vermutet, dass sie noch durch andere, unabhängige Gene gesteuert wird, was bei einem so wenig greifbaren Begriff kein Wunder ist.

Beim Untersuchen der Heritabilitätswerte konnten verschieden hohe Werte ermittelt werden: Für Wesenssicherheit, Nervenfestigkeit, Schusssicherheit und Temperament variieren die Werte zwischen 0,17–0,23. Härte, Schutztrieb und Schärfe liegen mit 0,09–0,14 noch tiefer.

Folgerungen

Alle erhobenen Verhaltensmerkmale werden mehr oder weniger durch gemeinsame Gene beeinflusst, was zur Folge hat, dass bei der starken Förderung eines Merkmals, die anderen auch verbessert würden, nur nicht im gleichen Umfang.

Die Heritabilitätswerte sind für alle Verhaltensmerkmale sehr gering, was darauf schließen lässt, dass bei der unterschiedlichen Ausprägung der Verhaltensmerkmale umweltbedingte Faktoren eine große Rolle spielen.

Die Frage, sind die Verhaltensmerkmale der Wesensprüfung erblich, kann für den Test des Schweizerischen Schäferhund-Clubs bejaht werden, obwohl der Einfluss der Erbanlagen an der Ausprägung der getesteten Verhaltensmerkmale nicht gerade groß ist. Um nun eine Verbesserung des Verhaltens zu erreichen, müssen verschiedene Bedingungen erfüllt werden. Es muss jedoch festgelegt werden, welche der Bedingungen höchste Priorität hat, da kein maximaler Zuchterfolg in einer Eigenschaft erreicht werden kann, wenn gleichzeitig auf mehrere Merkmale selektiert wird.

Quelle: Silvia Rüfenacht, Sabine Gebhardt-Henrich, Claude Gailard (2004). Sind die Verhaltensmerkmale der Wesensprüfung erblich? HUNDE 7.

Unterschiede innerhalb der Rassen

Erblichkeit von Verhaltensmerkmalen

In einigen Übersichtsartikeln (Brade 2003, Willis 1995) sowie einer Reihe von Einzelstudien wurde die Erblichkeit verschiedenster Verhaltensmerkmale zusammengefasst. Die Tendenzen sind bereits in den genannten Übersichtsarbeiten zu erkennen: Wenn es sich um allgemeine Persönlichkeitsmerkmale handelt, etwa „Nervosität", „Temperament" oder Ähnliches, was wir mit Hilfe unseres Wissens über Persönlichkeiten auch auf die Grundpersönlichkeiten zurückführen können, so liegen die Werte tatsächlich im Bereich zwischen etwa 22 % – zum Teil sogar um die 50 %. Im Allgemeinen, auch unter Berücksichtigung der noch zu besprechenden Einzelstudien, liegt die Erblichkeit für Grundpersönlichkeitsmerkmale, ähnlich wie bei anderen Tierarten auch, bei ca. 30 % bis 1/3. Das bedeutet, dass ca. 2/3 der Unterschiede zwischen einzelnen Individuen z. B. einer Rasse oder einer Zuchtpopulation durch Umweltfaktoren verschiedenster Art beeinflusst werden und die Gene ca. 1/3 der Variabilität zwischen den Einzeltieren erklären können.

Weitere Studien

Eine Reihe von Einzeluntersuchungen verstärkt diese Einschätzung. Bereits in der Übersichtsarbeit von Wilfried Brade von der Universität Hannover wird z. B. eine Reihe von einzelnen Verhaltenseigenschaften beim Finnenspitz angeführt, von Entdecken und Anzeigen bis Verfolgen eines flüchtigen Vogels, und dabei ergeben sich

---

Definition Erblichkeit

Hier muss zum besseren Verständnis wieder eine allgemeine genetische Vorbemerkung gemacht werden. Eine Reihe von Studien haben die von vielen Hundezuchtverbänden genutzten, leider etwas unterschiedlich benannten Verhaltenseigenschaften während der Zuchtzulassungsprüfungen genutzt, um im Vergleich zwischen den vorgestellten Hunden und ihren Elterntieren einen Faktor namens „Erblichkeit der genannten Verhaltensmerkmale" zu berechnen.

Hierzu ist es wichtig zu verstehen, was ein/e Züchtungsgenetiker/in unter Erblichkeit versteht. Der Faktor Erblichkeit gibt nämlich an, wie viel Prozent des Unterschiedes innerhalb der vorgestellten Tiere erklärlich bzw. vorhersagbar ist, wenn man die Werte der Eltern und anderer Vorfahren im gleichen Test kennt. Wenn also beispielsweise zwischen dem kleinsten und dem größten vorgestellten Hund ein Unterschied in der Körpergröße von 10 cm gefunden wird, und man weiß, dass die Erblichkeit der Körpergröße 60 % beträgt, dann kann man auf 6 cm genau errechnen, wie groß die Nachkommen dieses Hundes werden, wenn man seine Werte und die seiner Elterntiere kennt. Das ist wichtig zu betonen, denn es geht beim Berechnen der Erblichkeit immer nur um die Variabilität innerhalb der verschiedenen vorgestellten Rassen, und nicht um die Einflüsse der Genetik auf das gezeigte Verhalten insgesamt. Daher kann Erblichkeit auch immer nur pro Rasse errechnet werden.

Einige Persönlichkeitstests haben gezeigt, dass Furchtlosigkeit und Neugierde vererbt werden.

Werte zwischen zwei und 10 % für die Erblichkeit. Ebenso gering sind bspw. die in einer Studie von Birgit Hoffmann an der Universität Hannover gefundenen Werte für verschiedene Merkmale des Leistungshütens beim Border Collie. Auch hier liegen die Werte bei ungefähr vier bis fünf Prozent Erblichkeit. Wiederum in einer Auswertung des Schwedischen Verhaltenstests wurde von Peter Saetre und Co-Autoren im Jahr 2006 eine Untersuchung über Deutsche Schäferhunde und Rottweiler in Schweden veröffentlicht. Von den 16 in diesem Test verwendeten Eigenschaften sind 15 auf das allgemeine A-B- bzw. Scheu-Wagemutig-Schema zurückzuführen, nur die Aggressivität ist getrennt zu betrachten. Hierbei ergibt sich eine Erblichkeit von etwa 0,25 beim Deutschen Schäferhund und 0,27 beim Rottweiler für die Gesamtpersönlichkeit. Das Scheu-Wagemutig-Kontinuum erklärt etwa 77 – 85 % der Variation der Genetischen Korrelationen. Die Erblichkeit von Einzelmerkmalen in diesem Test wiederum liegt beim Deutschen Schäferhund zwischen fünf und 19 % sowie beim Rottweiler zwischen vier und 16 %. Elin Strandberg, ebenso aus der Arbeitsgruppe von Peter Saetre, und Co-Autoren haben im Jahr 2005 nochmals, auch mit anderen Rassen, die genetischen Aspekte des Schwedischen Persönlichkeitstests durchgerechnet. Auch hier ergab sich eine hohe Erblichkeit für die Faktoren Verspieltheit und Furchtlosigkeit bzw. Neugier, auch hier wurden die auf den Persönlichkeitsgrundcharakter Wagemut zusammengerechneten Aspekte mit einer Erblichkeit von 27 % gefunden. Genetisch korrelierte der Faktor Wagemut insgesamt mit dem Faktor Aggressivität mit ca. 37 %. Die genetische Korrelation der anderen Faktoren untereinander ist viel höher. Auch das zeigt wieder, dass gerade der Aspekt der sogenannten Aggressivität mit keinem der anderen zu Grunde liegenden Persönlichkeitsmerkmale wirklich deutlich zur Deckung zu bringen ist.

Forscherportrait: Pof. Dr. Irene Sommerfeld-Stur

Irene Sommerfeld-Stur studierte von 1968–1973 Veterinärmedizin an der Universität Wien. Anschließend promovierte sie und lehrte ab 1985 im Bereich Tierzucht und Genetik. Nach dem Aufbau des Schweineblutgruppenlaboratoriums am Institut für Tierzucht der Universität Wien, wechselte sie ihr Interessensgebiet und begann, sich nun mit dem Thema Hund auseinanderzusetzen. Seit 35 Jahren liegt ihr Hauptfokus dabei auf der Populationsgenetik, genetischen Defekten und Erbanlagen. Diese Themen lehrte sie in ihren Vorlesungen angehenden Tiermedizinern und betreute sie bei ihren Abschlussarbeiten. Zudem berät sie auch Züchter und Zuchtorganisationen.

Auf ihrer Website (sommerfeld-stur.at) beschäftigt sie sich ebenfalls mit Themen rund um den Hund und veröffentlicht dort regelmäßig eigene Artikel über neueste Erkenntnisse in der Hundegenetik.

Des Weiteren war sie Leiterin der Tierpflegerschule und des Arbeitskreises „Heimtiere der Gesellschaft" an der Veterinärmedizinischen Universität Wien.

1987 wurde ihr, auf Grund ihrer Forschungsergebnisse, der Förderungspreis der Österreichischen Tierärztekammer verliehen. Zehn Jahre später folgte das Ehrenzeichen des Österreichischen Kynologenverbandes.

Wichtiger als Gene: Die Umwelt des Welpen in der Prägephase

Bemerkenswert an der Studie von Strandberg und Mitarbeitern ist, dass die Würfe, die Wurfzusammensetzung und die gemeinsame Wurfumgebung einen höheren Einfluss auf das Verhalten der späteren Tiere im Test haben, als die Mütter. Die Erblichkeit seitens der Mutter liegt immer bei weniger als 8 % pro Merkmal, möglicherweise wegen des sehr langen Abstands zwischen der Entwöhnung und Trennung von der Mutter einerseits und der Testung im Alter von mindestens ein, oft auch um die zwei Jahre herum.

Katharina Boenigk von der Tierärztlichen Hochschule Hannover hat, basierend auf ihrer Doktorarbeit im Jahre 2005 und 2006, mit mehreren Co-Autoren Daten über die Erblichkeit von Wesensmerkmalen in den Welpen- und Zuchtzulassungstests des Hovawarts untersucht. Über 5.600 Welpen wurden für die Welpentests von den Zuchtbetreuern getestet und die Landesgruppe hat sich als mit Abstand bedeutendster Vorhersagefaktor erwiesen. Auch die Zuchtwartklasse hat einen sehr starken Einfluss, das bedeutet, dass sich gerade bei den Welpentests die Erfahrung und die Herangehensweise des testenden Zuchtwarts stärker auf die Ergebnisse des Tests auswirkt als irgendein anderer Faktor in der Biologie oder Genetik der zu testenden Welpen. Übrigens hat auch die Arbeit von Hoffmann ähnliche Ergebnisse gezeigt, auch hier war der Einfluss des Richters bei den Leistungsprüfungen stärker zu erkennen als der Einfluss irgendeines Vorfahren des Hundes. Wurfstärke und Inzuchtkoeffizientenklasse sind beim Ergebnis der Welpentests der Hovawarts offensichtlich nicht statistisch nachweisbar, die Wurfumwelt beeinflusst mit einem Faktor von 13 bis 22 %, die mütterliche Erblichkeit mit bis zu 4 %. Erblichkeitswerte insgesamt für die getesteten Merkmale („Kontaktverhalten", optische/akustische Einflüsse, „Beutespiel", „Temperament") liegen wiederum zwischen 2 und 13 %. Die größte Umweltvarianz, also die größte nicht durch genetische Faktoren beeinflusste bzw. berechenbare Variabilität war beim sogenannten Beutespiel zu finden.

Im Jahre 2006 wurden Ergebnisse der Hovawart-Tests während der Jugendbeurteilung und bei der Zuchtzulassungsprüfung gegenübergestellt. Auch hier wurden u.a. die Bereiche „Spieltrieb", „Beutetrieb", Reaktion auf eine Menschengruppe, Schussgleichgültigkeit sowie die Reaktionen auf optische und akustische Reize (z.B. Puppen oder Schlitten) und das Temperament bewertet. Der Inzuchtkoeffizient beeinflusst hier das Spielverhalten, d.h. Hunde, die aus einer stärker ingezüchteten Linie stammten, hatten eine geringere Spielbereitschaft. Die Erblichkeitsfaktoren insgesamt lagen wiederum bei etwa 1 – 13 % bei den Junghunden, 1 – 14 % bei der Zuchttauglichkeitsprüfung der Erwachsenen. Es zeigt sich durch diese Zahlen ganz deutlich, dass eine Zuchtverbesserung bzw. -veränderung kaum gelingt, wenn so viele unterschiedlich vererbte Merkmale gleichzeitig getestet werden.

Welche Rolle spielen Lernprozesse?

Bemerkenswert und auf den ersten Blick nicht erklärlich ist, dass die Erblichkeit bei höheren Altersklassen höher lag als bei niedrigeren. Die Autorinnen erklären dies durch eine mögliche Verdeckung der echten Genetik durch Lernprozesse. Hohe additive genetische Komponenten, d.h. hohe genetische Verknüpfungen, wurden zwischen dem sogenannten Beutetrieb, dem Spieltrieb und der Reaktion auf optische Einflüsse festgestellt. Hier muss jedoch deutlich genannt werden, dass weder die Bezeichnung Spieltrieb noch Beutetrieb ethologisch fundiert ist. Spielen in unterschiedlichen Situationen und mit unterschiedlichen Spielpartnern ist sicherlich keinem gemeinsamen, zugrunde liegenden Trieb oder Antriebssystem zuzuordnen. Und auch beim Beutefangverhalten des Hundes spielen, ähnlich wie beim Wolf, eine Reihe von ca. sieben aufeinanderfolgenden Verhaltenselementen ineinander, die alle mit unterschiedlichen Handlungsbereitschaften ausgestattet sind. Hier von einem gemeinsamen Beutetrieb zu sprechen, verschleiert nur die Ergebnisse.

Letztlich wurden nochmals im Jahre 2006 die Ergebnisse von über 4.100 Hunden im Alter von 5 bis 15 Monaten veröffentlicht. Auch hier lag die Erblichkeit wiederum im Bereich zwischen 3 und 11 %, und bemerkenswert ist hier, dass sowohl der sogenannte Beutetrieb als auch das Temperament negativ oder mit nur niedriger genetischer Koppelung zum sogenannten Erscheinungsbild vorliegen, wohingegen das sogenannte Temperament eine negative genetische Koppelung mit der Reaktion auf akustische und optische Reize aufweist. Temperamentvolle Hunde reagieren also offensichtlich auch stärker auf Außenreize. Während dies nicht weiter erstaunlich ist, sind die negativen Einflüsse des Erscheinungsbilds auf das Temperament und die niedrigen positiven Auswirkungen des Erscheinungsbilds auf den sogenannten Beutetrieb durchaus diskussionswürdig. Es zeigt sich offensichtlich, dass „schöne" Hunde verhaltensauffällig, weniger temperamentvoll und reaktionsbereit sind. Hier dürfte sich in der Zukunft ein Problem für die Rasse ergeben.

Blick in die Zukunft

In der Gesamtbewertung stellen Boenik und Co-Autoren/innen fest, dass die Selektionserfolge auf die Verhaltenseigenschaften sicher auch in Zukunft gering bleiben werden, solange einerseits auf individueller Basis und nicht unter Ausnutzung der Information über alle zur Verfügung stehenden verwandten Tiere entschieden wird. Andererseits sind auch niedrige Selektionserfolge auf Einzelmerkmale zu erwarten, weil sehr viele andere Faktoren (z. B. das bereits kritisch diskutierte Erscheinungsbild) den Hund ebenso in seiner Zuchttauglichkeit beeinflussen. Wenn man tatsächlich möchte, dass bestimmte Verhaltenseigenschaften in einer Zucht verstärkt oder abgeschwächt werden, müsste man die An- bzw. Abwesenheit dieser erwünschten oder unerwünschten Verhaltenseigenschaften als Ausschlusskriterium verwenden. Hunde, denen das erwünschte Verhalten fehlt, dürften unter keinen Umständen zur Zucht kommen. Hunde, die das erwünschte Verhalten zeigen, müssten in jedem Fall in die Zucht genommen werden. Nur wenn man auf solcher Basis selektiert, kann man auch über einen Zeitraum von ca. 10 – 12 Generationen erste Erfolge erzielen. Hier sei zum Vergleich nochmals auf das bereits im Kapitel Domestikation erwähnte Modellsystem der Farmfuchsdomestikation hingewiesen (siehe S. 22 ff.). Dort wurde ein einziges Verhaltensmerkmal, nämlich die Bereitschaft, sich aus der Hand füttern und sich am Kopf kraulen zu lassen, als Ausschlusskriterium verwendet: Nur Füchse, die sich zahm genug zeigten und sich streicheln ließen, wurden in die Zucht genommen. Bemerkenswerterweise liegt auch bei dieser Zuchtstudie, trotz einer Laufzeit von mittlerweile nahezu 50 Generationen, die Erblichkeit bei immer noch ca. 30 Prozent.

Schweizer Studie über Schäferhunde

Letztlich wurde, und hier sind die verwandten Tiere und ihre Informationen bei der genetischen Berechnung mit herangezogen worden, von Silvia Rüfenacht im Rahmen ihrer Doktorarbeit in der Schweiz die Testergebnisse von ca. 3.500 Deutschen Schäferhunden des Schweizer Clubs für Deutsche Schäferhunde bewertet. Die Hunde, mit einem Altersdurchschnitt von 21,5 Monaten, lagen alle im Alter zwischen 12 und 24 Monaten. Auch hier wurde die Erblichkeit zwischen 17 und 23 % für die mit der Grundpersönlichkeit verknüpften Wesensmerkmale „Wesenssicherheit", „Nervenfestigkeit" und „Temperament" gefunden. Andere, mehr auf Einzelverhalten abgestimmte Merkmale lagen wiederum wesentlich niedriger. Einflüsse hatten neben dem Geschlecht und dem Alter der Hunde auch noch die Zuchtlinien und die individuellen Zwinger, wobei Unterschiede zwischen den Zwingern sogar unabhängig von Elterntieren und Zuchtlinie zu erkennen waren.

Verhaltensbeeinflussung durch die Vererbung von Einzelmerkmalen

Es gibt einige Studien, die den Einfluss eines einzigen Gens auf Verhaltensmerkmale eines Hundes belegen.

Genetisch bedingter Einfluss auf den Hirnstoffwechsel

Zum einen finden in letzter Zeit immer mehr Forschergruppen Hinweise darauf, dass die Bindungsstellen für bestimmte verhaltenssteuernden Botenstoffe (z. B. die Selbstbelohnungsdroge Dopamin und den natürlichen Stimmungsaufheller Serotonin) offensichtlich unter dem Einfluss von einzelnen Genunterschieden räumlich unterschiedlich strukturiert sind. In mehreren Studien konnte gezeigt werden, dass Hunde, die eine bestimmte Variante des Dopaminrezeptors D4 aufweisen, sich im Verhalten anders zeigen als solche, die eine andere mögliche Variante dieses Dopaminrezeptors haben.

Eine japanische Arbeitsgruppe um Hideyuki Ito konnte bspw. bei einem Vergleich von 23 Rassen zeigen, dass Hunderassen, die eine von drei Varianten dieses D4 Rezeptorgens aufwiesen, bei Aggressionstests höher abschnitten und bei der Reaktionsfähigkeit niedriger als Hunderassen, die einen von zwei anderen Rezeptortypen dieses Dopaminempfängers besaßen. Eine große Autorengruppe um Karol Hejjas, wiederum aus der Budapester Arbeitsgruppe, konnte zeigen, dass bei Deutschen Schäferhunden im Polizeidienst der Typ mit dem sogenannten 3 A Allel des Rezeptors im Bereich Hyperaktivität und Aufmerksamkeitsdefizit wesentlich höhere Werte erzielte als der Typ mit den anderen möglichen Genvarianten. Im Bereich der Familienhunde war dieser Zusammenhang nicht zu finden. Gerade beim Menschen weiß man, dass die Erblichkeit der Aufmerksamkeitsdefizits- und Hyperaktivitätsstörung bis zu 80 % beträgt. Es lässt sich vermuten, dass es sich auch dabei um eine Dopamin-Bindungsstellenproblematik handelt. Das Ergebnis dieser Studie zeigt, wie Erkenntnisse aus der Forschung am Hund auch bei der Analyse menschlicher Krankheitsbilder weiterhelfen können. Erwähnt werden sollte auch, dass nach Untersuchungen eines Mitarbeiters von Ray Coppinger, der seine Doktorarbeit über den Hirnstoffwechsel verschiedener Hunderassen schrieb, der Spiegel an Dopamin im Gehirn von Hüte-, Treib- und Schäferhunden generell höher liegt, als bei Herdenschutzhunden. Auch das deutet daraufhin, dass die unterschiedliche Aktivität von Rassen durch diesen Botenstoff beeinflusst wird.

Der Monoamin-Metabolit-Spiegel

Problemstellung
In Nagetieren und Primaten wurde bereits festgestellt, dass zwischen zentralen, serotonergen Dysfunktionen und aggressivem Verhalten ein Zusammenhang besteht. Serotonin scheint also in sozialen Beziehungen eine Rolle zu spielen. Ein negativer Zusammenhang zwischen 5-Hydroxy-Indolessigsäure (5-HIAA) der Gehirn-Rückenmarksflüssigkeit und aggressivem Verhalten bei Rhesusaffen wurde festgestellt, ebenso wie die Tatsache, dass bei niedrigen Konzentrationen von 5-HIAA die Impulskontrolle reduziert ist. Bei Hunden ist aggressives Verhalten der häufigste Grund für Halter, um Hilfe bei Verhaltensspezialisten zu suchen. Hier liegt dann meistens eine Aggression gegen Familienmitglieder vor, z. B. wenn Futter verteidigt oder ein beliebtes Familienmitglied vor anderen beschützt wird. Dieses Verhalten wird oft fälschlich als dominanzbezogenes Verhalten bezeichnet. Untersucht wurde in dieser Studie die Konzentration von Monoamin-Metaboliten in der Gehirn-Rückenmarksflüssigkeit von aggressiven und nicht-aggressiven Hunden.

Methoden
Insgesamt wurden 20 aggressive Hunde und 19 Hunde in der nicht-aggressiven Kontrollgruppe untersucht. Hierbei wurden zwanzig Hunde ausgewählt, welche auf Grund ihrer Aggression eingeschläfert werden sollten. Alle diese Hunde hatten in ihrer Vergangenheit eine sogenannte dominanzbezogene Aggression gezeigt. Sie wurden von den Haltern in Interviews kategorisiert, in welcher Situation die Aggression auftrat und ob die Hunde vor dem Beißen warnten oder nicht. Die Hunde der Kontrollgruppe stammten aus Laborkolonien und wurden im Zuge einer nicht unzusammenhängenden Studie eingeschläfert.

Nach dem Einschläfern der Hunde wurde mit einer Spritze aus der Cisterna magna Gehirn-Rückenmarksflüssigkeit entnommen. Die Konzentration von 5-HIAA, Homovanillinsäure (HVA), einem Metabolit von Dopamin, und 3-Methosy-4-Hydrosyphenylglycol (MHPG), einem Metabolit von Noradrenalin, wurden über Hochleistungs-Flüssigchromatographie bestimmt.

Ergebnisse
Die Konzentrationen von 5-HIAA und HVA waren in der aggressiven Gruppe niedriger als in der Kontrollgruppe. In der Gruppe der aggressiven Hunde betrug die mittlere 5-HIAA-Konzentration 202 pmol/ml, während die der Kontrollgruppe 298 pmol/ml betrug. Bei der Homovanillinsäure betrug die mittlere Konzentration in der Kontrollgruppe 553 pmol/ml und in der Gruppe der aggressiven Testhunde 318 pmol/ml. Die Konzentration von MHPG unterschied sich bei den beiden Gruppen nicht. Diese Unterschiede verdeutlicht die nebenstehende Graphik:
Hierbei wird die Konzentration der einzelnen gemessenen Komponenten für die aggressive Gruppe mit weißen Balken und für die Kontrollgruppe in grauen Balken gezeigt. Die Unterschiede in 5-HIAA und HVA zwischen den beiden Gruppen sind deutlich zu sehen. Die Konzentrationen von 5-HIAA und HVA waren in Hunden, welche vor dem Beißen nicht warnten, geringer als bei Hunden, welche ihr Opfer vorher warnten.

Folgerungen
Die gefundenen Ergebnisse decken sich mit Erkenntnissen aus der Forschung mit Menschen, Primaten und Nagetieren. Die 5-HIAA-Konzentration in der Gehirn-Rückenmarksflüssigkeit ist mit aggressivem Verhalten

assoziiert. Weder der Geschlechtsunterschied, noch das Alter konnten die Unterschiede in der 5-HIAA- und HVA-Konzentration erklären. Diese Unterschiede sprechen also für die Assoziation mit dem aggressiven Verhalten. Die Identifizierung von gefährdeten Hunden oder Tieren für erhöhte Aggressivität könnte so gesteigert und die Wahl der richtigen Arzneimitteltherapie gefördert werden. So können Halter, welche sich dafür entscheiden, das Aggressionsproblem zu behandeln, Hilfe und Unterstützung bekommen.

Quelle: Reisner, I.R., Mann, J.J., Stanley, M., Huang, Y. und Houpt, K.A. (1996). Comparison of cerebrospinal fluid monoamine metabolite levels in dominant-aggressive and non-aggressive dogs. Brain Research. 714. 57–64.

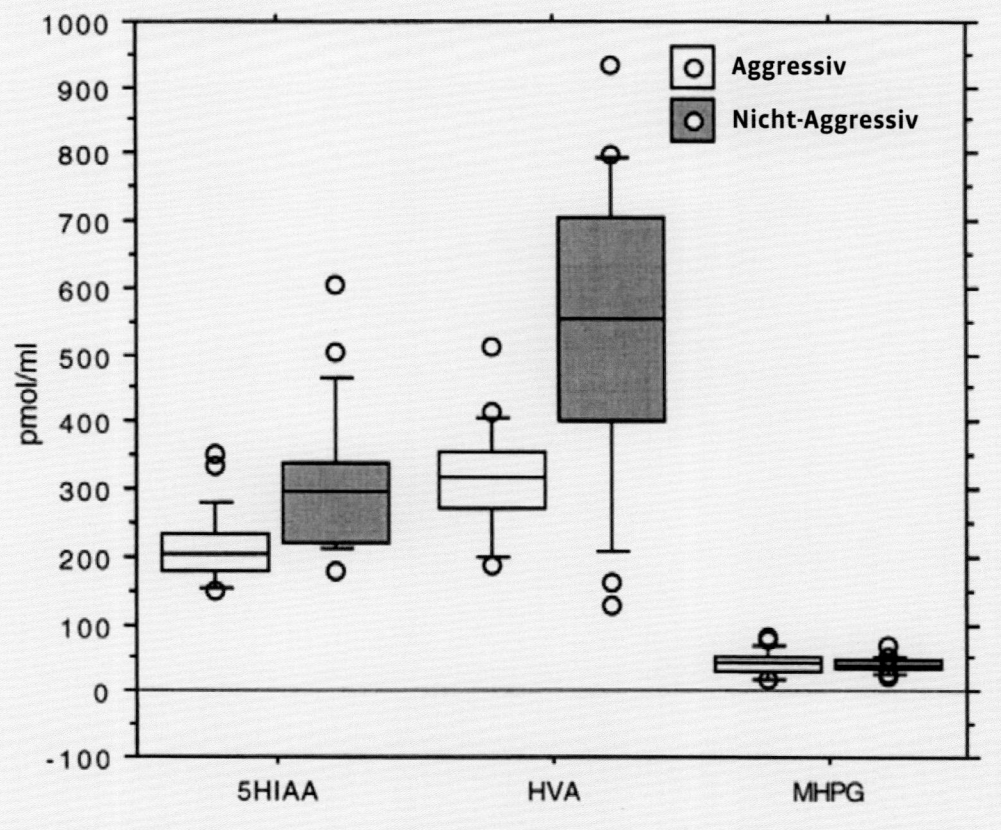

Stimmungsaufheller Serotonin

Neben dem Dopamin ist auch der bereits genannte Stimmungsaufheller Serotonin möglicherweise aus genetischen Gründen an unterschiedlichen Verhaltensausprägungen beteiligt. Zwei Veröffentlichungen (Badino und Mitarbeiter 2004, Jacobs und Mitarbeiter 2007) konnten bei Hunden, die wegen Aggressionsproblemen eingeschläfert wurden, sowohl im Gehirn als auch in der Rückenmarksflüssigkeit geringere Konzentrationen von Serotonin finden. Auch die Bindungsstellen für Serotonin waren in verschiedenen Hirnregionen bei diesen wegen Aggressionsproblemen eingeschläferten Hunden geringer als bei Hunden einer Kontrollgruppe, die aus anderen Gründen eingeschläfert werden mussten. Bei anderen Tierarten einschließlich des Menschen ist bekannt, dass die unterschiedliche Ausprägung von Serotoninrezeptoren wiederum genetisch bedingt ist. Durch dieses Ergebnis kann man auch beim Hund vermuten, dass bestimmte Varianten des Serotoninrezeptors möglicherweise seine Anfälligkeit für bestimmte Verhaltensprobleme erhöhen. Akitsugu Konno und Co-Autoren (2011) fanden heraus, dass beim Akita Inu im männlichen (nicht aber im weiblichen) Geschlecht eine bestimmte Variante der Bindungsstellen, die eine höhere Empfindlichkeit bedingt, für männliche Hormone mit höherer Aggressivität verknüpft ist.

Gene können nicht nur die Fellfarbe, sondern gleichzeitig auch den Stresshormonhaushalt beeinflussen. Daraus können sich Unterschiede im Verhalten ergeben.

Fellfarbe kann Verhalten beeinflussen

Eine weitere Besonderheit bezieht sich auf den genetischen Zusammenhang zwischen der Farbe des Fells und dem Verhalten.

Der Zusammenhang beruht darauf, dass das gleiche Gen, das die Ausbildung des dunklen, dunkelbraunen bis schwarzen Pigments (sogenanntes Eu-Melanin) bewirkt, auch Bindungsstellen und Stoffwechselvorgänge des Stresshormonhaushalts, insbesondere im Bereich des Adrenalin/Noradrenalinstoffwechsels, beeinflusst. Die Genvariante, die für das hellgelbe bis rötliche sogenannte Phaeo-Melanin verantwortlich ist, beeinflusst gleichzeitig Bindungsstellen im Gehirn und Rückenmark für das Stresshormon Cortisol. Zudem werden, und das wurde auch bei Hunden bereits nachgewiesen, Eiweiße des Immunsystems, z. B. das sogenannte Beta-Defensin, vom gleichen Genort gesteuert. Die Wechselwirkungen zwischen den Farbgenen und den Eigenschaften des Immun- wie auch Stresshormonhaushalts führen dann dazu, dass Hunde mit einem dunkel pigmentierten Haarkleid reaktionsfähiger im Immunsystem und auch psychisch stabiler sind. Der Zusammenhang zwischen der Pigmentbildung und den Eigenschaften des Haarkleids wurde in einer Arbeit von Sophie Candielle und Mitarbeitern im Jahre 2007 veröffentlicht, bereits vorher sind mehrere Studien über den Zusammenhang von Verhalten und Fellfärbung bei Hunden und Hundeartigen veröffentlicht worden. Katherine Haupt und Co-Autoren konnten bspw. im Jahre 2001 zeigen, dass beim Labrador Retriever bei einer als aggressiv eingestuften Gruppe nachweislich mehr gelb gefärbte und weniger schokobraune und schwarze Typen vertreten waren, als in der unauffälligen Kontrollgruppe. Auch eine Reihe von Untersuchungen am Cockerspaniel, von Juan Perez-Guisado und Mitarbeitern 2008 durchgeführt, zeigten, dass sich Hunde mit einer roten Fellfarbe als stressanfälliger, nervöser und aggressiver zeigen als solche mit schwarzer oder gescheckter Fellfärbung. In diesem Zusammenhang ist auch wichtig, dass der genannte Farbunterschied, der von den pigmentbildenden Zellen in Haut und Haaren gebildet wird, auch auf das Verhalten der frei lebenden Wölfe Einfluss haben könnte. In komplizierten genetischen Untersuchungen wurde gezeigt (Anderson und Mitarbeiter 2009), dass das Gen für die dunkle bis schwarze Pigmentierung der nordamerikanischen Wölfe (sogenannte Timberwölfe) offensichtlich durch eine späte Einkreuzung von Haushunden während der ersten Jahrhunderte der Besiedlung Nordamerikas durch die Europäer geschah. Es ist wahrscheinlich, dass die geringere Scheu und das dem Menschen gegenüber etwas selbstbewusstere Auftreten der Schwärzlinge oder der Timberwölfe allgemein auf dieses, von Haushunden zurückgekreuzte Gen zurückgeführt werden könnte. Dies würde auch erklären, weshalb Eurasische Wölfe generell scheuer und auch zurückhaltender sind als ihre amerikanischen Artgenossen.

Das Rätsel der „Cockerwut"

Eine andere Ursache dagegen hat wahrscheinlich die sogenannte Cocker- oder auch Retrieverwut. Hier handelt es sich höchstwahrscheinlich um eine Störung im Gehirnstoffwechsel, bei der der Abbau des Serotonins gestört wird. Eine Anreicherung des Serotonins führt dann zu den bekannten, nicht kontrollier- oder vorhersagbaren Wutanfällen. Diese Mutation, bei der ein einziges Gen die Aktivität des abbauenden Enzyms Monoaminooxidase (MAO) bedingt, bzw. ein fehlerhaftes Gen diese Monoaminooxidase außer Funktion setzt, ist neben den bekannten Hunderassen auch beim Menschen und bei Mäusen bekannt. Dass rote Cockerspaniels besonders häufig von dieser Cockerwut betroffen sind, wird jedoch nicht auf einen Farbzusammenhang zurückgeführt. Vielmehr ist offensichtlich ein roter Cockerrüde, der als Ausstellungssieger in Großbritannien sehr viele Nachkommen zeugen durfte, eher zufällig der Verbreiter dieses schadhaften Gens gewesen.

Die „Cockerwut" geht auf einen Deckrüden zurück. Experten fordern auch wegen solcher Fälle eine Deckbeschränkung für Zuchtrüden.

Ressourcenzugang und Sozialstruktur

Was sind Ressourcen?

Der Begriff der Ressourcenverteidigung ist unter Hundehaltern zu einem geflügelten Wort geworden: Wenn Hunde schlecht hören oder sich scheinbar frech ihren Menschen in den Weg legen, dann empfehlen einige Trainer, die Ressourcen des Hundes streng zuzuteilen. Doch was genau sind Ressourcen für Hunde?

Ganz oben auf der Liste stehen für die meisten unserer Haushunde unsere Zuneigung, ein voller Napf, das Sofa und wahrscheinlich die Leckerlis in der Hosentasche. Aber es gibt noch mehr, was Hund heute gegen Konkurrenten verteidigen möchte: ein Spielzeug zum Beispiel oder die läufige Nachbarshündin. Verhaltensökologen definieren Ressourcen als schlichtweg alles, was ein Tier zum Leben braucht. Demnach ist wertvoll, was das Tier seine von der Evolution gestellten Aufgaben besser erfüllen lässt. Um verstehen zu können, welche Ressourcen heute für wild lebende Hunde Bedeutung haben, konzentrierten sich einige Verhaltensbiologen in den letzten Jahren und Jahrzehnten auf Gehege- und Freilandstudien an Hunden und Wolfsrudeln. Im folgenden Kapitel geben wir einen Überblick über die dabei entstandenen Forschungen: Sie untersuchen, welche Umstände das Zusammenleben und die Verteilung von Ressourcen in Hunde- oder Wolfsgemeinschaften regeln.

Ressource 1: Nahrung

Verhaltensforscher gehen davon aus, dass der Zugang zu Nahrung der Motor für die Evolution sozialer Gruppen ist, denn dieser gelingt am besten in einer starken Gemeinschaft. Die Aussicht auf einen vollen Magen ist also ein wesentlicher Grund, warum sich soziale Beziehungen in Tiergruppen entwickeln und schließlich zu sozialen Strukturen geführt haben.

Studien zur sogenannten Futterrangordnung

Immer wieder wird behauptet, dass es einen Zusammenhang zwischen Rangordnung und Futterzugang gibt. Doch ist das tatsächlich so? In Freilandstudien haben sich besonders David Mech und in jüngster Zeit Victoria Warstat intensiv mit der Frage beschäftigt, ob Dominanzstrukturen Einfluss auf den Zugang zum Futter haben. Die Zusammenhänge zwischen sozialen Beziehungen, besonders der Dominanzstruktur und dem Zugang zum Futter wurden auch von Victoria Warstat im Rahmen der Studie über die „Toskana Hunde" (siehe Kasten rechts) untersucht.

Futterbesitz wird respektiert, egal wie hoch der Rang des Knocheneigentümers ist.

Hierarchische Strukturen beim Zugang zur Ressource Futter

Problemstellung

Hunderudel haben in der Regel eine mehr oder weniger feste Rangordnung. Je nachdem, welche Ressource man betrachtet, bestehen unterschiedliche Rangordnungssysteme. Geht es um die Ressource Paarungspartner, so konkurrieren in einem Rudel die Männchen und Weibchen getrennt voneinander. Männchen konkurrieren also mit Männchen und Weibchen mit Weibchen. Bei der Futterzuteilung jedoch liegt es nahe, dass alle Tiere eines Rudels miteinander konkurrieren, da Futter für jedes Individuum wichtig ist. Über die Zuteilungsbeziehungen am Futter wurden bereits Studien an Wölfen und Königspudeln durchgeführt. Mit den verwilderten Haushunden des San Rossore Naturparks wurden die Futterzuteilungsbeziehungen und hierarchischen Strukturen beim Zugang zur Ressource Futter untersucht. Hierbei wurde die Frage gestellt, ob es gleichbleibende Strukturen beim Zugang zum Futter bei verwilderten Haushunden gibt.

Die Hypothesen lauteten:
- Wenn es bei verwilderten Haushunden ein Vorrecht am Futter gibt, dann müssen sich bestimmte Tiere bei der konkurrierenden Situation am Futter mehr Vorteile verschaffen können als andere.
- Wenn sich der Wert der Rangunterschiede zwischen den Individuen ändert, dann verändert sich auch die Intensität der aggressiven Interaktionen, die Dauer der aggressiven Interaktionen und die Anzahl an aggressiven Interaktionen.
- Wenn die Futterqualität sich ändert, ändert sich auch die Anzahl der aggressiven Interaktionen.

Methoden

Im Zeitraum von Mai 2007 bis September 2007 wurde ein Rudel verwilderter Haushunde mit 10 Individuen (8 Rüden, 2 Hündinnen) im San Rossore Nationalpark in der Toskana täglich einmal mit Dosenfutter gefüttert. Die Fütterung wurde via Filmkamera aufgenommen und später am Computer ausgewertet. Die Videoauswertung beinhaltete die Aktionen und Zeiten am Futter. Hierbei sind inbegriffen die aggressiven Interaktionen und die Gesamtzeit des jeweiligen Hundes am Futter sowie die Dauer der einzelnen Intervalle, die ein Hund während der Fütterung am Futter verbringt. Es wurde bestimmt, welches Tier mit welchem wie lange am Futter verweilte, welche Reihenfolge die Kontakte am Futter hatten und was für Verhaltensweisen außerhalb der aggressiven Kommunikation gezeigt wurden. Auch der Einfluss von Nahrungsqualität auf die Anzahl aggressiver Verhaltensweisen wurde getestet und die Rangunterschiede mit Dauer, Intensität und Anzahl aggressiver Signale korreliert. Es wurde ein „Relationship Index" berechnet, um eine Rangfolge der Hunde erstellen zu können.

Ergebnisse: Jeder bekommt sein Stück vom Kuchen

Durch den berechneten Relationship Index wurde die Rangfolge der Hunde im Rudel ermittelt. Hunde mit großen Relationship-Index-Rangunterschieden zeigten signifikante Unterschiede in den Zeiten am Futter. Ranghöhere Tiere hatten hier längere Intervallzeiten. Bei der Gesamtzeit am Futter jedoch zeigte sich ein eher uneinheitliches Bild. Die einzelnen Hunde verbringen zwar signifikant unterschiedlich viel Zeit am Futter, dieses scheint jedoch nicht mit dem Rang begründet zu sein. Die Reihenfolge zum Zugang des Futters zeigte keine Unterschiede. Auch die Korrelationen mit der Nahrungsqualität und den Rangunterschieden ergaben kein signifikantes Ergebnis.

Folgerungen: Der Bedarf bestimmt die Durchsetzungsfähigkeit

Im untersuchten Hunderudel zeigt sich zwar eine größere Durchsetzungsfähigkeit bestimmter Tiere am Futter, es scheint jedoch keine fest geregelte Reihenfolge beim Zugang zum Futter zu geben. Aufgestellte Rangfolgen beschreiben die komplexen Strukturen der Futterzuteilung nur unzureichend. Die einzelnen Eigenschaften der Hunde eines Rudels lassen das System der Futterzuteilung komplex werden. Es scheint hierbei weder ein egalitäres System, bei dem sich die Individuen die Ressource teilen, noch ein Dominanzsystem vorzuliegen, bei dem ranghöhere Tiere zuerst fressen. Bei einem egalitären System teilen sich die Individuen die Ressource. Hierbei gibt es einen wechselnden Vortritt oder unterschiedliche Reaktionen auf Verdrängungsversuche durch gleiche Individuen. Die Dominanzstruktur wäre somit durch die unterschiedliche Motivation der Individuen bestimmt. Ein Dominanzsystem zeichnet sich dadurch aus, dass ein ständiger Vortritt für bestimmte Individuen vorliegt. Hierbei würden beispielsweise ranghöhere Tiere zuerst fressen. Im untersuchten Rudel verwilderter Haushunde scheint eine Mischform beider Systeme vorzuliegen.

Quelle: Warstat, Victoria (2008): Zuteilungsbeziehungen und hierarchische Strukturen beim Zugang zur Ressource Futter am Beispiel der verwilderten Haushunde des San Rossore Naturparks Migliarino, Italien im Rahmen des „Tuscany Dog Project". Diplomarbeit, Bonn.

Aus der Studie von Warstat wird erneut deutlich, dass es keinen Zusammenhang zwischen Rangordnung und Futterzugang gibt. Wer am meisten oder zuerst frisst, wird also situativ und ohne Rücksicht auf die Stellung in der Gruppe entschieden. Dazu passen auch die Ergebnisse von David Mech, der bereits in den 1970er Jahren beschrieben hat, dass es eine Zone der Besitzrespektierung rund um den Schnauzenbereich jedes Wolfes gibt. Unabhängig vom Rang des Herausforderers versuchte ein Wolf in der Regel erfolgreich, das Futter zu behalten, das sich in dieser, ca. 30 cm umfassenden Schutzzone befand. Auch andere Studien, die David Mech durchführte zeigen, dass Wölfe unabhängig von ihrem Rang versuchen, anderen das Futter zu stehlen. Es sieht zwar so aus, als ob dominante Wölfe etwas erfolgreicher beim Stehlen des Futters wären, aber jeder Wolf verteidigt sein Futter, wenn ein anderer versucht, es ihm wegzunehmen. Die hier dargestellten Daten beruhen sowohl auf Freiland wie auch auf Gehegestudien. Die Erkenntnis einer fehlenden Futterrangordnung ist von großer Bedeutung für unseren Umgang mit dem Haushund, nicht nur in einer Mehrhundehaltung.

Futteraufteilung zwischen Elterntieren und Welpen

David Mech hat durch seine Freilandstudie an Wölfen zu einer völlig neuen Betrachtung des Themas Rangordnung und Dominanz bei Wölfen beigetragen. Er war einer der ersten, der Freilandstudien an Wölfen mit verhaltensbiologischem Hintergrund durchgeführt hat.

Auf der Basis seiner eigenen Beobachtungen und einer umfassenden Literaturauswertung hat David Mech unter anderem auch das Thema der Rangordnung nochmals betrachtet. Nach seinen Aussagen, die von einem umfassenden Literaturüberblick gestützt werden, ist die klassische Rangordnungsfrage bei Wölfen in der Regel in wild lebenden Rudeln nicht zu klären. Der sogenannte Alphastatus ist dadurch nicht gegeben, dass es in einem wild lebenden Rudel normalerweise nur ein erwachsenes Leitpaar gibt. David Mech hat nur wenige Beobachtungen aus Literaturstudien zusammengetragen, in denen es echte Rangordnungsbeziehungen unter erwachsenen Tieren in einem Wolfsrudel gab, und das waren allesamt Situationen, bei denen mehr als ein Tier, vor allem mehr als eine Wölfin, zur Fortpflanzung im Rudel beitrug. Die klassische Sichtweise da-

Forscherportrait: Prof. Dr. David Mech

Lucyan David Mech, geboren 1937, ist ein amerikanischer Wildtierökologe, der durch seine Forschungsarbeiten über die „Räuber-Beute-Beziehung", die Populationsentwicklung und das Sozialverhalten beim frei lebenden Wolfrudel bekannt wurde. Dadurch verbesserte er den bisherigen Wissensstand über den Wolf und half, ihn als wichtigen Bestandteil des natürlichen Lebensraumes zu erkennen und seine Wiedereingliederung in Gebieten, aus denen er verschwunden ist, voranzutreiben.

Seinen Werdegang begann er 1958 mit dem Naturschutzstudium an der Cornell Universität, Ithaca. Vier Jahre später promovierte er auf dem Gebiet der Wildtierökologie an der Purdue Universität, Lafayette. Seit 1979 ist er an der Universität Minnesota Assistenzprofessor in der Abteilung für Ökologie und Verhaltensbiologie und im Northern Prairie Wildlife Research Center, Jamestown als Wissenschaftler bei der Biological Resource Division of the U.S. Geological Survey angestellt. Durch die andauernden Verhaltensbeobach-

tungen am Wolf u. a. in Minnesota, Kanada, Italien, Alaska und im Yellowstone Park gründete er 1985 das International Wolf Center. Des Weiteren ist er Vorsitzender der IUCN Wolf Specialist Group of the World Conservation Union. Im Zeitraum von 1970–2005 veröffentlichte er mehrere Bücher und wurde von unterschiedlichen Universitäten und Gesellschaften für seine Forschungsarbeiten gewürdigt.

gegen ist für David Mech eine von Anführerschaft und Rollenverteilung.

Dabei beobachtete er häufig, dass die Elterntiere ihren Jungtieren das Futter überließen, selbst Einjährige wurden noch von den Eltern mit Futter versorgt. Auch hier wird wieder deutlich, dass die häufig geäußerte Ansicht, Rang hätte bei Wölfen und damit auch bei Hunden etwas mit der Futterzuteilung zu tun, schlichtweg nicht stimmt. Es bedeutet aber auch, dass wir Hunde im Alter von unter einem Jahr nicht permanent für ihr Futter arbeiten lassen dürfen. In diesem Alter werden die Jungspunde noch von den Eltern und den erfahrenen Leittieren versorgt und haben keineswegs die Verpflichtung, sich ständig und stets schon in die gemeinsamen Aktivitäten des Nahrungserwerbs einzubringen, um nicht zu hungern.

Ressource 2: Sozialbeziehung

Hunde sind Rudeltiere, sie lieben das Leben in einer festen sozialen Beziehung. Die Verhaltensforschung sieht eine soziale Beziehung, egal ob enge Bindung, Dominanzbeziehung oder Anführer-Gefolgschafts-Beziehung, als die Summe von vielen Verhaltensweisen über einen längeren Zeitraum. Das bedeutet: In welche Richtung sich eine Beziehung entwickelt, liegt an der Häufigkeit und Intensität, mit der wir uns miteinander beschäftigen. Solche und ähnliche Beobachtungen lassen bereits vermuten, dass die Sozialkontakte von Hunden untereinander einen wichtigen Teil ihres Alltags darstellen. Der Grund: Nur wenn man von einer Beziehung etwas erwartet, ist man auch bereit zu investieren. Dies ist der Kern des sogenannten „Marktplatzmodells der Sozialen Beziehungen", das in den vergangenen Jahren an vielen Tierarten von einer ganzen Reihe von Forschern erarbeitet und überprüft wurde. Demnach ist eine wertvolle Beziehung eine Beziehung, von der man sich auch etwas verspricht (mehr dazu auch im Kapitel über Konfliktmanagement, Versöhnung und andere Wege der Aufrechterhaltung sozialer Entspannung und sozialen Friedens, S. 177 ff.).

Dominanz oder Gefolgschaft?

Die traditionelle Betrachtungsweise der sozialen Systeme von Wölfen, Hunden und verwandten Arten orientiert sich sehr stark am Dominanzkonzept. Dominanz bedeutet, dass ein Tier jederzeit gewisse Privilegien in Anspruch nehmen kann, wenn es das möchte. Das Dominanzkonzept wurde bei Untersuchungen über Wölfe vor allem in Gehegesituationen seit den ersten bahnbrechenden Forschungen von Rudolf Schenkel 1947 dargestellt. In einer späteren Arbeit (Schenkel 1967) hat Rudolf Schenkel bereits betont, dass das submissive Verhalten, also die Unterwerfung, sehr viel wichtiger für die Aufrechterhaltung der Rangordnung wäre, als das Verhalten des Dominanten. Diese Feststellung von Schenkel nimmt bereits eine später allgemein formulierte Eigenschaft der Dominanzbeziehung vornweg: Dominanz wird von unten stabilisiert. Viel wichtiger als das Verhalten des Ranghöheren ist also das Verhalten desjenigen, der die Privilegien dem anderen zugesteht. Und so ist der Kernpunkt moderner Dominanzkonzepte, wie sie zum Beispiel von Irvin Bernstein, William A. Mason oder Carlos Drews vertreten werden, auch eindeutig: Die Dominanzbeziehung wird dadurch stabilisiert, dass der Rangtiefere freiwillig auf gewisse Dinge verzichtet und zwar als Gegenleistung für zum Beispiel den Schutz der Gruppe.

Hier geht es nicht um Dominanz, hier wird diskutiert.

Situative und formale Dominanz

Die meisten einschlägigen Untersuchungen an Wölfen wurden dazu lange Zeit in Gehegen und somit in Situationen angefertigt, die der natürlichen Zusammensetzung eines Rudels nicht ganz entsprachen. Letztlich sind z. B. bei Gehegewölfen oft mehr erwachsene Tiere anwesend als in der natürlich gewachsenen Familiengruppe des Freilandrudels, da keine Abwanderung möglich ist. Trotzdem hat Joep Wensink 1987 eine wichtige Arbeit über Gehegewölfe veröffentlicht, zusammen mit seinem Betreuer, dem holländischen Verhaltensforscher Prof. Jan van Hooff. In dieser Studie wurde zum ersten Mal das aus der Primatenforschung stammende Konzept der situativen gegenüber der formalen Dominanz angewendet: Durch langwierige Beobachtungen über mehrere Jahre hinweg konnte Joep Wensink zeigen, dass die meisten Verhaltensweisen der sogenannten Dominanz bei Wölfen nur kurzfristig in Einzelsituationen zur Lösung von Konflikten verwendet werden.

Selbst das Über-die-Schnauze-Beißen, angeblich das Dominanzverhalten schlechthin, ist eher situativ zu sehen. Wir werden über dieses Thema nochmals bei der Diskussion von Abbruchsignalen und Konfliktmanagement stolpern (siehe S. 186 f.). Formale Langzeitdominanz lässt sich nach diesen Aussagen nur an den Körperpositionen der beteiligten Tiere feststellen. Alles andere, von Schnauzengriff über Scheinattacken bis Pfote auflegen, ist situativ und kann dementsprechend auch von unten nach oben angewendet werden. In Joep Wensinks Untersuchungen sind es bis zu 10 % oder mehr von Vorkommnissen, in denen solche Verhaltensweisen der situativen Dominanz entgegen der sogenannten Rangordnung gezeigt werden!

Anführer-Gefolgschafts-Beziehung

Unbestritten sind dagegen die Eigenschaften, die in der Anführer- Gefolgschafts-Beziehung bei Wölfen und anderen Wildcaniden nachweisbar sind. Auch hier hat der US-Wolfsforscher David Mech in einer ausführlichen Zusammenstellung, wiederum auf der Basis seiner eigenen Beobachtungen und von Literaturnachweisen, Zusammenhänge hergestellt. Aktionen wie der Aufbruch zur Jagd, die Einleitung von Aktivitätswechseln z. B. zwischen Ruhen und Wachzustand, Anführen des Rudels während der Beuteverfolgung, Anführen des Rudels bei anderen Ortswechseln, Verteidigung des Nachwuchses gegen andere Tierarten und fremde Wölfe sowie die Versorgung der Jungtiere gingen hier in seine Statistik ein. In dem von ihm überwiegend selbst studierten Rudel auf Ellesmere Island waren dabei viele der nach außen gerichteten Funktionen vom Rüden initiiert, während die Hündin mehr die nach innen, auf Nachwuchsbetreuung gerichteten Aktivitäten startete. Jedoch gab es auch eine Reihe von Beobachtungen, bei denen die Wölfin den Rüden zu wecken und zur Jagd zu animieren versuchte.

Fortpflanzung und Rollenverteilung

Untersuchungen an Gehege- und Mähnenwölfen lassen allerdings vermuten, dass die Anführer-Gefolgschafts-Beziehung auch eine saisonale Komponente hat. So konnte z. B. Anne Peschke in ihrer Diplomarbeit zeigen, dass der Fruchtbarkeitsstatus der Wölfin Einfluss darauf hatte, wer bei den Elterntieren Anführer und wer Gefolgschaft war: Je nachdem, ob sich die Wölfin im herannahenden Läufigkeitszustand befand oder nicht, wurde sie für den Rüden interessanter, und er tendierte dann auch dazu, ihr mehr nachzufolgen und sein Verhalten mehr auf das ihrige abzustimmen. Diese feinen Unterschiede in der Anführer-Gefolgschafts-Beziehung waren sogar oft der erste Hinweis auf eine sich langsam entwickelnde Vor-Läufigkeit. Die Monate, in denen der Rüde mehr der Hündin folgte, waren oft noch eine ganze Zeit lang von der späteren Paarungszeit entfernt.

Diese Beobachtung von Peschke deckt sich mit den Studienergebnissen an vielen anderen paarweise lebenden Vogel- und Säugetierarten, bei denen ebenfalls die Frage, wer hinter wem herläuft, saisonal bzw. vom Fortpflanzungszustand abhängig war. Vor der Paarung bzw. im Zeitraum der beginnenden Paarungszeit ist das weibliche Tier für das männliche Tier interessanter und als Beziehungspartner wertvoller, daher stimmt er sein Verhalten mehr auf ihres ab. Danach, wenn sie ihn als zukünftigen Babysitter und Helfer bei der Jungtieraufzucht braucht, ist er für sie interessanter, und sie stimmt ihr Verhalten eher auf seines ab. Ob dieser jahreszeitliche Wechsel auch der Hintergrund dafür ist, dass David Mech häufiger die Wölfin dem Rüden folgen sah, sei hier nicht weiter diskutiert. Eine andere Erklärung wäre diejenige, dass, wie auch andere Untersuchungen zeigen, die Persönlichkeitsunterschiede in einem Wolfsrudel bzw. innerhalb des Leitpaares eines Wolfsrudels erklären können. Darauf wird im Kapitel über Persönlichkeitsstudien und Persönlichkeitstypen eingegangen (siehe S. 112).

Soziale Struktur im Gruppengefüge

Aus der Summe aller Beziehungen in einer Gruppe ergibt sich die soziale Struktur eines Rudels. Das bedeutet: Das Ganze ist immer mehr als seine Teile. Um dies deutlich zu machen, stellen Sie sich vor, dass Wolf A und Wolf B eine bestimmte Beziehung haben. Wolf B hat aber auch mit Wolf C eine enge Bindung – das sagt uns aber noch lange nichts über die Beziehung zwischen Wolf A und C. Außerdem ist es sehr gut möglich, dass die Beziehungen zwischen Wolf A und B durchaus anders sein können, wenn Wolf C dabei ist oder nicht. Diese unterschiedlichen Beziehungsformen in einer Gruppe werden auch als sogenannte „Triadische Beziehungen" bezeichnet. Bei Hunden wurden triadische Beziehungen bislang nur ansatzweise untersucht, obwohl wir fest davon ausgehen können, dass besonders bei der Mehrhundehaltung aber auch beim Leben des Hundes zusammen mit der Menschenfamilie triadische Beziehungen vorzufinden sind. Unter Artgenossen zeigen Hunde Verhaltensweisen, die denen im Gruppengefüge des Wolfsrudels sehr ähneln. Dazu gehört z. B. das sogenannte „Splitting", wenn ein Hund die Interaktion zwischen zwei anderen übernimmt. Dies tut er, indem er entweder weiterspielt, aggressiv reagiert oder die beiden auseinandertreibt. Das Splitting ist in mehreren Diplomarbeiten in unserer Forschungsgruppe bereits untersucht worden. Julika Pulst konnte dabei z. B. zeigen, dass diese Interventionen von verschiedenen Faktoren abhängig sind: Zum einen spielt die Rangposition der beiden Beteiligten eine Rolle, dann greift ein Hund meist nur dann ein, wenn er wenigstens einem der beiden Gegenüber ranghöher ist, und letztendlich greifen Rüden der Altersklasse über zwei bis drei Jahre deutlich häufiger ein und übernehmen Interaktionen, als Hündinnen.

Ressource 3: Rudel & Revier

Nachdem wir gesehen haben, welche Gegebenheiten das Zusammenleben und die Ressourcenverteilung in einer Hunde- oder Wolfsgemeinschaft nach innen regeln, wäre die viel größere und umfassendere Frage zu klären, was denn nun eigentlich die Rudelbildung nach außen

Gemeinsame Reviernutzung ist die wichtigste Funktion der Gruppen bei Caniden.

bedeutet. Hierzu haben insbesondere die Studien aus der Arbeitsgruppe von David Macdonald sehr viel beigetragen. Er hat eine Reihe von Mitarbeitern an einer großen Zahl von Hundeartigen, u. a. auch an verwilderten Haushunden in den italienischen Abruzzen, betreut und selbst geforscht. Die auffallendsten Erkenntnisse dabei waren, dass Hunde tatsächlich in der Lage sind, ein bestimmtes Gebiet als Territorium zu beanspruchen.

Territorium oder Revier

Von einem Territorium spricht die Verhaltensbiologie immer dann, wenn ein Gebiet weitgehend exklusiv genutzt wird. Das bedeutet im Fall von Wölfen und Hunden, dass es zum Zentrum hin, mit Liegeplätzen oder dem Höhlenkomplex, intensiver markiert und zumindest gegen Artgenossen des gleichen Sozialstatus vehement verteidigt wird.

Populationsbiologie und Ökologie von verwilderten Hunden in Mittelitalien

Problemstellung

In Italien sind frei lebende Hunde sehr häufig. Diese verwilderten Hunde, ohne direkten Kontakt zum Menschen, haben einen wichtigen Einfluss auf die Dorfbewohner und ihre natürliche Umgebung. Dennoch gibt es wenige Studien über ihre Ökologie. Wie sehen nun aber deren Gruppenzusammensetzung, die Streifgebiete, die Bewegungs- und Aktivitätsmuster aus?

Die vorliegende Arbeit beschäftigt sich mit all diesen Fragen anhand einer Gruppe von verwilderten Hunden aus der Bergregion in den Abruzzen in Mittelitalien.

Methoden

Von Februar 1984 bis Mai 1987 wurden die verwilderten Hunde einer 250 km² großen Versuchsfläche in der Velino-Sirente Berggruppe untersucht. Hierbei wurden Hunde mit Lebendfallen gefangen, um Geschlecht, Gewicht, Körpermaße, Alter und Rassetyp zu bestimmen. Die gefangenen Tiere wurden mit Ohrmarken versehen und alle adulten Tiere mit einem Sender für Radiotelemetrie ausgestattet. Über Radiotelemetrie und Beobachtungen wurden die Gruppenzusammensetzung und die Lebensgeschichte über die Paarungszeiten, Vermehrung, Wurfgröße, und Mortalität aufgenommen. Die Streifgebiete bzw. Reviere wurden bestimmt und die Aktivitäten der einzelnen Hunde erfasst.

Ergebnisse

Die Gruppengröße während der Beobachtungszeit schwankte zwischen minimal 3 zu maximal 15 Individuen. Insgesamt bestand die Gruppe aus Paaren und war relativ stabil. Die Partnerschaften hielten stets bis zum Tod oder Verschwinden eines Partners, erst dann wurde das fehlende Tier ersetzt. Rekruten tauchten immer dann auf, wenn die Weibchen im Östrus waren. Die Gruppenmitglieder hielten stets sehr guten Kontakt. Jedes Weibchen hatte relativ regelmäßig alle 6–7 Monate ihren Östrus, wobei keine Synchronisation zwischen den Zyklen der Weibchen gefunden wurde.

Die mittlere Streifgebietsgröße betrug 57,85 km² und das Streifgebiet wurde nicht gleichmäßig genutzt, sondern einige Gebiete wurden häufiger besucht, andere weniger oft. Die Reviergröße änderte sich über die Jahre, folgte aber keiner saisonalen Fluktuation. Das Kerngebiet umfasste etwa 12 km², war abseits von Dörfern und enthielt zwei Mülldeponien. Diese boten den Hunden mehr oder weniger unbegrenzt Nahrung, wurden aber nicht gegen die Nutzung anderer Tiere verteidigt. Aggression gegen Eindringlinge wurde vermehrt in der Nähe des Kerngebietes gezeigt, abseits des Kerngebietes waren die verwilderten Hunde weniger aggressiv gegenüber unbekannten Hunden oder den Hunden der Schäfer. Übergriffe von den Individuen auf Haustiere oder Wildtiere wurden nicht beobachtet.

Das Aktivitätsmuster zeigte, dass die verwilderten Hunde 48 % der Zeit ruhten, 40 % aktiv waren und 12 % der Zeit wanderten. Die Aktivitätsmuster von Weibchen und Männchen unterschieden sich über die Jahreszeiten. Weibchen wanderten weniger und ruhten länger, was besonders im Frühling und während der Aufzucht der Jungen ausgeprägt war. Das tägliche Aktivitätsmuster zeigte eine Präferenz für die Aktivität während der Abend- und Morgendämmerung. Die Ruheplätze der Hunde befanden sich tagsüber überwiegend in Waldgegenden, während in der Dunkelheit eher offene Flächen bevorzugt wurden.

Folgerungen

Auf Grund der weniger festen Bindungen im Vergleich zu Rudeln anderer Caniden, passt die Bezeichnung Gruppe besser auf die untersuchten Hunde als Rudel. Die vorliegende Gruppengröße von drei bis sechs erwachsenen Tieren passt gut zu den Daten aus der Literatur. Eine solche Gruppengröße scheint also am stabilsten zu sein. Neue Erwachsene wurden in einer Gruppe nur zur Fortpflanzungszeit akzeptiert. Starke Paarbindungen scheinen hierbei eine Aufnahme neuer Mitglieder zu verhindern. Die Gruppen trennten sich nur dann, wenn das Weibchen zur Aufzucht der Jungen abseits lebte. Hierbei pendelt der Partner zwischen dem Weibchen und der Gruppe und hält somit den Kontakt zur Gruppe aufrecht. Die Weibchen werden häufig von Gruppenmitgliedern besucht. Das könnte ein Vorteil sein, um den Nachwuchs nicht allein vor Feinden schützen zu müssen. Im Gegensatz zu Wolfsrudeln, in denen oft nur das dominante Weibchen Nachwuchs bekommt, bekamen bei den verwilderten Hunden alle Weibchen Nachwuchs und es gab keinen Versuch, die Reproduktion von untergeordneten Weibchen zu kontrollieren. Haushunde bekommen bis zu 10 Junge, während die durchschnittliche Wurfgröße von verwilderten Hunden geringer ist (3,65 in dieser Studie). Die sehr niedrige Überlebensrate der Jungtiere macht deutlich, dass eine Gruppe verwilderter Hunde ohne den Zulauf von außen ihre Gruppengröße nicht aufrechterhalten könnte. Die Aktivitätszeit von verwilderten Hunden liegt vor allem in der Zeit der Abend- und Morgendämmerung. Frei lebende Hunde scheinen keinen Einfluss auf die Populationen wild lebender Tiere sowie auf Haustiere zu haben, was jedoch von Region zu Region unterschiedlich zu sein scheint. Wenn genug alternative Nahrung vorhanden ist, scheint eine Jagd unnötig.

Da verwilderte Hunde dennoch Einfluss auf den Menschen und die Umgebung haben, da sie Krankheiten übertragen können, ist in einigen Regionen eine Bekämpfung der wilden Hunde nötig. Dies erfolgt am besten durch die Kontrolle von streunenden Hunden, da die verwilderten Hunde ohne einen Zuwachs von außen ihre Populationsgröße nicht halten können. Das Umzäunen von Mülldeponien verhindert, dass die Hunde ausreichend zu fressen bekommen.

Quelle: Boitani, L., Francisci, F., Ciucci, P. und Andreoli, G. (2000). Population biology and ecology of feral dogs in central Italy. In: The domestic dog, its evolution, behaviour and interactions with people. Hrsg.: J. Serpell. Cambridge: Cambridge University Press. 2000. 217–244.

Nahrung und Rudelgröße – besteht hier ein Zusammenhang?

Problemstellung

Der Afrikanische Wildhund *(Lycaon pictus)* wurde von der IUCN als stark gefährdet eingestuft. Gründe dafür sind u. a. die geringe Populationsdichte im Vergleich zu anderen Carnivoren, weshalb es auch nicht verwunderlich ist, dass die einzelnen Familienverbände aus einer überschaubaren Anzahl an Mitgliedern bestehen. Ein weiterer Grund ist die Verdrängung aus dem natürlichen Lebensraum durch den Menschen.

Zu deren Schutz und Erhalt wurden deshalb zahlreiche Studien durchgeführt, die sich z. B. mit dem Rudelleben, der Aufzucht der Jungtiere und der Beute beschäftigten. Erste, noch nicht belegte Vorstellungen waren, dass diese Tiere in Rudeln jagen, um die Beute besser überwältigen und erlegen zu können. Für diese und folgende Fragen wurden nun Verhaltensbeobachtungen an den größten, existierenden Afrikanischen Wildhundrudeln durchgeführt. Diese befinden sich im Norden Botswanas, im Kruger National Park, Südafrika und im Selous Game Reserve, Tansania. Folgende Annahmen wurden behandelt:
- Je größer das Rudel, desto größer der Jagderfolg?
- Je größer das Rudel, desto größer die Beute?
- Je größer das Rudel und die damit verbundene Beutemenge, desto größer ist auch der Energieverbrauch während der Nahrungssuche?

Methoden

1989 starteten die Beobachtungen in Botswana bzw. im Kruger National Park, Südafrika und dauern bis heute an. Von 1991 bis 1997 wurde zusätzlich in Tansania geforscht.
In Botswana werden 6–13 Rudel beobachtet mit ca. 10 adulten Tieren und ihren Jungen. Ähnlich die Anzahl der beobachteten Rudel in Südafrika (8–12) mit ebenfalls ca. 10 ausgewachsenen Tieren und ihrem Nachwuchs. In Tansania dagegen wurden 7 Rudel beobachtet. Die Rudelgröße variierte sehr stark. Meist wurden 7 Adulte mit ihren Jungen gesichtet. Alle Individuen konnten zweifellos an ihrem Haarkleid unterschieden werden. Außerdem war ein Großteil der Rudelmitglieder schon seit Geburt bekannt. Zu- und Abwanderungen sowie das Beuteschema und die Aufzucht wurden detailliert aufgenommen.

Ergebnisse

Es konnte beobachtet werden, dass mit Zunahme der Rudelgröße der Jagderfolg anstieg, zumindest bis zu vier adulten Tieren. Mit ca. 70% bei 15 Jagden ist der Erfolg hier am größten. Ab fünf oder mehr Tieren fällt der Erfolg wieder auf ein niedriges Level von ca. 10–25 % (bei 8–19 Jagden) zurück. Es zeichnete sich außerdem ab, dass Tiere, die alleine jagen, deutlich häufiger losziehen müssen, was daran liegt, dass die Erfolgschancen pro Jagd sehr gering sind. Ein Anstieg der Erfolgschancen konnte beim paarweisen Jagen beobachtet werden. Hier hat man sich aber hauptsächlich nur auf die Jungtiere der Beute konzentriert.
Der Rückgang im Jagderfolg bei fünf oder mehr Tieren konnte allerdings nur verzeichnet werden, wenn es sich bei der Beute um Gazellen handelte. Beim Gnu konnte dies nur registriert werden, wenn das Rudel aus weniger als vier Tieren bestand. Diese Tatsache bestätigte die Annahme, dass sich größere Rudel auch größere Beutetiere suchen. Durch statistische Auswertungen wurde dargelegt, dass der Jagderfolg mit der Rudelgröße zwar steigt, zu Beginn jedoch erst

langsam, ab ca. 15 Mitglieder dann rasant, wie nachfolgendes Diagramm anschaulich zeigt. Deshalb wurde vermutet, dass das gemeinsame Jagen bei zu wenigen Rudelmitgliedern, energetisch nachteilig ausfällt und mehr Energie bei der Jagd verbraucht als Beute zum Energieausgleich erlegt wird. Dieser Gedankengang wurde schnell verworfen, da berücksichtigt werden musste, dass größere Rudel geringere Distanzen zurücklegen müssen, um geeignete Beute zu finden und der Jagderfolg letztendlich höher ist.

Folgerungen

Energetisch gesehen können die Rudel nicht groß genug sein. Das bedeutet jedoch bei sehr großen Rudeln, dass mehr Beute erlegt werden muss, um den Anforderungen jedes einzelnen Jägers gerecht zu werden. Jedoch sinkt auch der Erfolg jedes einzelnen Wildhundes pro Jagd ab einer bestimmten Gruppengröße. Die perfekte Gruppengröße ist erreicht, wenn auch durch das Hinzukommen von Jungtieren die Anzahl der Jagden nicht erhöht werden muss und der Energieverbrauch durch die Beutemenge ausgeglichen wird.

Quelle: David W. Macdonald, Scott Creel, Michael G. L. Mills (2005). Society – Canid Society, 85–106. In: Biology and Conservation of Wild Canids, D. M. Macdonald, C. Sillero-Zubiri. Oxford Univ. Press.

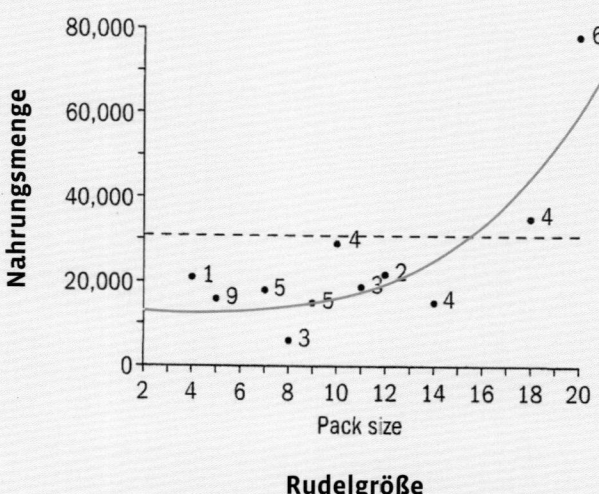

Die von David Macdonald und später auch vom italienischen Wolfs- und Hundeforscher Luigi Boitani in den Abruzzen über mehrere Jahre studierten Hunde zeigen an Territoriumsgrenzen Verteidigungsverhalten, das denen der Wölfe stark ähnelte und ohne Zweifel deutlich machte, dass es zu Revierbildung gekommen war. Gemeinhin gilt gemeinsame Jagd, das Überwältigen von wehrhafter Beute wie etwa Hirsch, Bison oder Moschusochse als Ursache für die Rudelbildung. Doch Macdonald und Boitani konnten zeigen, dass Jagderfolg ganz offensichtlich nur in wenigen Fällen als wirkliche Ursache für die Bildung eines Rudels und die Verteidigung eines Reviers angesehen werden kann. Doch warum bilden Caniden Gruppen?

Konkurrenz fördert Gruppenbildung

Bei der Frage nach der Bedeutung der Rudel- und Gruppenbildung von Hundeartigen geht es offensichtlich im Wesentlichen zunächst um die Konkurrenz und um die Verteidigung eigener Ressourcen gegen diese Konkurrenz. Freilandstudien, nicht nur an den genannten verwilderten Haushunden, sondern auch an Wölfen, Coyoten, Goldschakalen oder afrikanischen Wildhunden, haben gezeigt, dass sich bei Konkurrenzsituation, bspw. an einem Kadaver eines Beutetieres, jeweils die größere Gruppe recht leicht gegen eine kleinere Konkurrenzgruppe durchsetzen konnte. Die innerartliche Konkurrenz ist also durchaus ein wichtiger Selektionsfaktor bei der Bildung größerer Gruppen. In diesem Zusammenhang ist es aber auch wichtig, dass die Beute möglichst schnell verzehrt wird. Die Geschwindigkeit, mit der ein größeres Rudel die Beute bzw. den aufgefundenen Kadaver eines schon toten Tieres verschlingen kann, ist auch ein wichtiger Bestandteil ihrer Konkurrenzvermeidung. Je größer und kopfstärker das Rudel, desto schneller ist das Beutetier verschwunden und desto weniger Gefahr besteht, dass die Konkurrenz überhaupt darauf aufmerksam wird, geschweige denn rechtzeitig vor Ort ist. Und das gilt sowohl für die innerartliche wie auch für die zwischenartliche Konkurrenz. Zwischenartliche Konkurrenten für Wölfe und Hundeartige können bspw. Bären sein, in manchen Gebieten auch Tiger. Für andere Hundeartige würden auch noch Löwen, Hyänen etc. hinzukommen. Und man darf nicht vergessen, dass der Wolf auch in West- und Mitteleuropa nur für wenige tausend Jahre die herausragende Position fast an der Spitze der Nahrungspyramide eingenommen hat, die man ihm heute so gerne zuschreibt. Noch in der Antike gab es Löwen bis nach Griechenland, und in der Eiszeit waren Höhlentiger, Höhlenbären, Höhlenhyänen und eine Reihe anderer konkurrierender Arten von Raubtieren bei uns in Mitteleuropa zu finden. Der amerikanische Verhaltensforscher John Byers hat, wenn auch in einer Studie über eine ganz andere Tierart, nämlich den nordamerikanischen Gabelbock, davon gesprochen, dass die Geister der vergangenen Fressfeinde auch heute noch das Sozialsystem dieser Tierart verfolgen würden. Die gleiche Aussage kann auch für den Wolf getroffen werden. In Nordamerika war der Grauwolf während der Eiszeit wohl nur an Platz 10 der zwischenartlichen Größenabfolge von Raubtieren, und auch bei uns in Mitteleuropa, wie bereits gezeigt, war er bestenfalls an Platz 5 oder 6. Dass die zwischenartliche Konkurrenz auch ein Faktor beim Zusammenhang und bei der gemeinsamen Aktion von Rudelmitgliedern ist, zeigen Beobachtungen nicht nur im Freiland, sondern auch z. B. in Bärenparks und anderen Großgehegen. Ein Kollege im Bärenpark Worbis pflegt auf die Frage nach dem stärksten Bären in seinem Gehege immer zu antworten, das sei das Wolfsrudel. Und tatsächlich, auch auf über 4 Hektar naturnahem Mischwald, der von mehreren Braunbären, Schwarzbären und einem Wolfsrudel bewohnt wird, gelingt es den Wölfen problemlos, auch den stärksten Braunbären aus der Umgebung ihres Futterplatzes oder ihrer Wurfhöhle fernzuhalten, wenn sie die Absicht dazu haben. Hier ist die Kooperation im Zweifelsfall einfach besser als die pure Körperkraft. Doch nicht immer muss eine Gruppe geschlossen auftreten. Forscher haben erkannt, dass Hundeartige unterschiedliche soziale Strukturen entwickeln, je nachdem, wie es um das Nahrungsangebot im Revier bestellt ist.

Wie die Umwelt soziale Strukturen beeinflusst

Die von David Macdonald und seiner Gruppe und später auch von dem italienischen Wolfs- und Hundeforscher Luigi Boitani in den Abruzzen über mehrere Jahre studierten Hunde zeigten eine ganz interessante, aber unterschiedliche Sozialstruktur: Eine Reihe von Hunden befand sich eher in einer fuchsartigen als in einer wolfsartigen Sozialstruktur. Bei den langjährigen Studien wurde deutlich, warum die Hunde unterschiedliche Sozialstrukturen entwickelt hatten: Alle untersuchten sozialen Gruppen nutzten jeweils Streifgebiete, die sich kaum überlappten. In diesem Sinne waren die Gebiete, in denen sich jeweils eine Reihe von Hunden stets aufhielten, durchaus als Gruppenterritorien zu verstehen, die denen von Wölfen ähneln. Die Unterschiede lagen jedoch in der Häufigkeit und in der Regelmäßigkeit der Hunde innerhalb einer solchen Reviergruppe. Die sogenannte fuchsartige Struktur fand David Macdonald überwiegend in dörflichen Gebieten. Dort findet sich die Nahrung weitgehend verstreut, einzelne Mülleimer oder Komposthaufen hinter dem Haus werden von den Menschen zu unterschiedlichen Zeiten mit Futterabfällen beschickt, und auch sonst finden die Hunde beim Streunen immer wieder kleinere, aber eben unvorhersehbar anzutreffende Nahrungsbrocken. Die wolfsartige Sozialstruktur dagegen fand eher in den offenen Gebieten außerhalb der Siedlungen statt sowie in denjenigen Gebieten, in denen beispielsweise ein großer, zentraler Müllplatz eine regelmäßige Nahrungsquelle darstellte. Während der typische Hund in einer fuchsartigen Sozialstruktur alleine unterwegs war und mit seinen Rudelgenossen überwiegend durch Bell- oder andere Distanzkommunikation in ständiger Verbindung stehen konnte, waren in der wolfsartigen Sozialstruktur die Tiere eher zu zweit oder zu dritt unterwegs.

In dicht besiedelten Gebieten leben verwilderte Hunde eher in fuchsartigen Strukturen.

Forscherportrait: Prof. David Macdonald

David Whyte Macdonald, geboren 1951, ist Zoologe und Umweltschützer in Schottland. Seit frühester Jugend war er schon für die Verhaltensökologie zu begeistern. Während er sich in seiner Kindheit mit den Fußspuren des Fuchses beschäftigte, spezialisierte er sich später auf Carnivoren und deren Schutz. Mit dem Gedanken, praktische Lösungsansätze zum Thema Artenschutz und Umweltmanagement zu finden, gründete er 1986 die Wildlife Conservation Research Unit (WildCRU) an der Universität Oxford. Neben der Direktion der WildCRU, ist er Forschungsbeauftragter der Lady Margaret Hall, Oxford und leitet zusätzlich den Bereich „Wildlife Conservation" dieser Universität. Des Weiteren ist er Gründer und Vorsitzender der IUCN/SSC Canid Spezialist Group, einem Ausschuss der IUCN zum Schutz der Hundeartigen, und erhielt die Mitgliedschaft in der Royal Society of Edinburgh.

Zum Thema „Wildlife Conservation" veröffentlichte er weit mehr als 300 wissenschaftliche Artikel, in denen er sich nicht nur mit Carnivoren, sondern auch mit Faltern, Pinguinen, Affen und sogar Pflanzen beschäftigte. Außerdem wirkte er bei zahlreichen Publikationen mit.

Deshalb ist es nicht verwunderlich, dass er 2005 mit dem *Dawkins Prize for Conservation and Animal Welfare* ausgezeichnet wurde. In den folgenden Jahren erhielt er für seine Arbeiten den *American Society of Mammalogists' Merriam Prize* sowie die *The Mammal Society of Great Britain's equivalent medal*.

Diese Beobachtungen machen deutlich, dass die Verteilung der Nahrung und die mögliche Konkurrenzsituation einen wesentlichen Einfluss auf die soziale Struktur haben. Die Umwelt sorgt auf diese Weise dafür, wie häufig Hunde gemeinsam oder alleine unterwegs sind.

Diese Erkenntnisse decken sich auch mit Studien an Kojoten (aus: Behaviour & Conservation of Wild Canids, 2000): In Gebieten, in denen nach langer Abwesenheit Wölfe plötzlich wieder eingeführt wurden, veränderten die Kojoten ihre soziale Struktur. Wölfe sind die ökologisch überlegene, stärkere Raubtierart und deshalb in der Nahrungsbeschaffung ein starker Konkurrent für den Kojoten. Waren die Kojoten in Abwesenheit der Wölfe überwiegend alleine unterwegs, entsprachen also eher der von David Macdonald beschriebenen fuchsartigen Sozialstruktur verwilderter Haushunde, so beobachtet man sie seit dem Wiederauftreten der Wölfe überwiegend zu zweit oder zu dritt gemeinsam beim Durchstreifen ihres Gruppenreviers. Die Beobachtungen dieser Forschergruppen sowie eine Reihe anderer Untersuchungen an verwilderten Haushunden lassen bereits erkennen, dass offensichtlich ein Rudel von Hunden nicht immer gemeinsam agieren muss. Stattdessen handelt es sich beim Sozialsystem der Hundeartigen, und dies gilt offensichtlich auch für Wölfe, Kojoten und andere nicht domestizierte Arten, um eine sogenannten Fusions-Fissions-Gesellschaft. Das bedeutet: Alle Mitglieder eines Rudels oder einer gemeinsam revierbewohnenden Gruppe kennen einander, begrüßen einander und zeigen positives Sozialverhalten zueinander. Jedoch sind sie keineswegs immer gemeinsam unterwegs. Vielmehr scheint die

Zahl der Gruppenmitglieder, die gerade gemeinsam unterwegs sind, abhängig zu sein von der Ressourcenlage und von den anderen, derzeit anwesenden Konkurrenten. David Macdonald vermutet auch, dass die fuchsartig lebenden Dorfhunde deshalb nicht in Paaren oder kleineren Grüppchen gemeinsam unterwegs sind, weil sie selbst bei Bedrohung durch einen Konkurrenten jederzeit in wenigen Sekunden aus dem sehr kleinen Gruppenterritorium Verstärkung anfordern können. Die in größeren und unübersichtlicheren Revieren lebenden sogenannten Waldhunde des wolfsartigen Typs dagegen haben nicht die Möglichkeit, in so kurzer Zeit Verstärkung anzufordern, und sind daher auch zum eigenen Schutz eher zu zweit oder zu dritt unterwegs.

Kopfstärke und Bindung machen erfolgreich

Doch nicht nur das Nahrungsangebot der Umwelt, sondern auch die Kopfstärke des Rudels beeinflusst das Gruppengefüge. Eine neuere Studie, die sich mit dem Verhalten von Hunden an der Reviergrenze beschäftigt, stammt ebenfalls aus Italien. Roberto Bonanni, Paola Valsecchi und Eugenia Natoli haben 2010 eine Arbeit über Zwischengruppenaggression von verwilderten Haushunden an der Reviergrenze veröffentlicht. Sie konnten zeigen, dass die Beteiligung der Gruppenmitglieder an einer Auseinandersetzung sowohl in der Heftigkeit, in den Risiken, die sie z. B. bei Scheinangriffen auf sich nahmen, und auch in der Position, in der sie sich bei der Gruppenverteidigung aufhielten, deutlich abnahm, wenn sie gerade der kopfstärkeren Gruppe angehörten. Die Hunde, die der kleineren Gruppe während des Konflikts angehörten, kooperierten mehr und zeigten z. B. auch mehr unterwürfiges und Begrüßungsverhalten zu ihren eigenen Gruppenmitgliedern während der Auseinandersetzung als Hunde, deren Verband zu dieser Zeit gerade der kopfstärkere war. Ein weiterer Faktor für erfolgreiche Revierverteidigung ist die Intensität der Beziehung der Gruppenmitglieder untereinander. Bei Konflikten zwischen rivalisierenden Gruppen an Reviergrenzen konnte die enge Bindung als Vorhersagefaktor für die Intensität der Gruppenverteidigung identifiziert werden. Das bedeutet: Je enger die Gruppenmitglieder verbunden waren, desto effektiver konnten Futterstellen und Reviergrenzen verteidigt werden. Die Forscher konnten beobachten, dass Hunde, die sich den Mitgliedern ihrer Gruppe gegenüber verstärkt freundlich oder unterwürfig zeigten, stärker miteinander kooperierten, als wenn Rudelmitglieder eher distanziert und weniger freundlich im Alltag miteinander interagierten. Man kooperiert also lieber mit jemandem, mit dem man auch sonst engere positive Beziehungen hat (siehe S. 178 ff.).

Die Territorialverteidigung gegen innerartliche Konkurrenz und die Nahrungsverteidigung gegen innerartliche und zwischenartliche Konkurrenz sind also ein wesentlicher Faktor bei der Entscheidung, welche Rudel- und Gruppengröße für Hundeartige in bestimmten Gegenden gerade passend ist.

Eine generelle Faustregel lautet: Je größer die Beutetiere und die Konkurrenz insbesondere im zwischenartlichen Bereich, desto größer werden die Rudel. Dass dies nicht immer so ist, liegt an weiteren Faktoren wie der Jagd und Jungenaufzucht.

Jagd

Auch zum Thema Jagen und Fortpflanzung hat David Macdonald eine bemerkenswerte Zahl von Befunden zusammengetragen. Zunächst beschäftigte er sich mit der Frage der gemeinsamen Jagd. Rudeljagd wird ja immer als die Hauptursache für den Zusammenschluss von Wölfen in Abhängigkeit zwischen Rudelgröße und gefressener Fleischmenge oder anderen gruppenlebenden Raubtieren angeführt. Die Zahlen, die aus Freilanduntersuchungen zusammengetragen wurden, beziehen sich meist auf den Jagderfolg, also auf den Prozentsatz erfolgreicher Jagden in Abhängigkeit von der Größe des Rudels, oder auf die Fleischmenge, die jeder einzelne Hund oder jedes einzelne Rudelmitglied allgemein pro erfolgreicher Jagd für sich verbuchen kann. Die Zusammenstellungen müssen dann aber auch noch berücksichtigen, wie oft ein Rudel überhaupt auf die Jagd geht, ob und wie viel Nachwuchs es zu versorgen hat, wie lange die Jagd dauert und welche Strecke dabei zurückgelegt werden muss. Berücksichtigt man dabei auch noch den Energiegehalt, das heißt den Brennwert, der in Kilokalorien und Kilojoule eigentlich im Magen des Rudelmitglieds ankommt, so wird die Sache noch etwas komplizierter. Die meisten Studien, die sich so detailliert mit diesem Thema beschäftigt haben, stammen vom afrikanischen Wildhund. Jedoch sind Vergleichsdaten von Wölfen, Kojoten oder Schakalen durchaus geeignet, das Bild abzurunden. In den meisten Fällen findet sich nämlich kein deutlich erkennbarer Zusammenhang zwischen Rudelgröße und Jagderfolg bzw. Beutemenge. Lediglich beim afrikanischen Wildhund ist tatsächlich, wegen des sehr hohen Energieaufwandes der Jagd, eine deutliche positive Abhängigkeit zwischen Rudelgröße und gefressener Fleischmenge zu erkennen. Vergleicht man die Kilogramm Fleisch, die je erfolgreiche Jagd pro Hund und pro getötetem Beutetier summiert werden können, so ergibt sich eine leicht U-förmige Kurve. In der Auswertung bedeutet dies, dass mittlere Gruppengrößen am besten geeignet wären. Nimmt man die zurückgelegte Kilometerstrecke als Maß, so steigt die Kurve nahezu linear an, nimmt man jedoch nicht die Gesamtstrecke, sondern nur die Kilometerstrecke der schnellen, letzten Jagdphase, verhält sich die Kurve bereits wieder anders. Dabei wäre dann eine mittelgroße Gruppe am erfolgreichsten. Energetisch gesehen wären zwar sehr große Rudel günstig, jedoch müssten sehr große Rudel dann auch öfter zur Jagd gehen, und das verschiebt die Kurve wieder zur mittleren Rudelgröße. Man sieht also, die Sache ist nicht so einfach. Nimmt man Wölfe und ihre Beutetiere als Grundlage ähnlicher Betrachtungen, so wird es sich ergeben, dass in Abwesenheit von Aasfressern und anderen Konkurrenten an der Beute Wölfe am besten paarweise unterwegs sein sollten. Ein einzelner Wolf kann nämlich auch ein großes Beutetier durchaus stellen und töten.

Jungenaufzucht

In einer ebenso umfangreichen Zusammenstellung kann David Macdonald auch zeigen, dass die gemeinsame Aufzucht von Welpen meist nicht besonders durch die Rudelgröße profitiert. Zwar ist aus physiologischer Sicht die bei allen weiblichen Hundeartigen regelmäßig auftretende Scheinschwangerschaft und Scheinmutterschaft, gesteuert durch die Hormone Progesteron und Prolaktin, ein wesentlicher Faktor, womit auch nicht trächtige weibliche Rudelmitglieder in Brutpflegestimmung kommen können. Selbst männliche Tiere kommen, vor allem aus saisonalen Gründen, hier auch durch das Prolaktin, in den Genuss von väterlicher Stimmung. Einen wichtigen Einfluss auf die Überlebensrate der Welpen oder auf die Wurfgröße scheint dies jedoch nicht zu haben. Eine Reihe von Untersuchungen, an kleineren wie größeren Arten von Hundeartigen zeigt sogar, dass nicht nur viele Köche den Brei, sondern auch viele Tanten und Onkel die Welpen verderben können. Es kommt oft zu einem regelrechten Konflikt um die Welpen, und diese bleiben dabei sogar zwischendurch mal auf der Strecke. Höchstwahrscheinlich ist der Einfluss der gemeinsamen Aufzucht sogar eher in den späteren Wochen und Monaten der Welpen- und Junghundaufzucht und nicht in den ersten Wochen zu sehen. Betrachtet man nämlich die Überlebensrate bis zum Alter von einem Jahr, so haben Junghunde und Jungwölfe in einem größeren Rudel eine etwas größere Chance, dieses Alter zu erreichen. Wiederum dient der afrikanische Wildhund als Modell. Hierbei zeigt sich, dass größere Rudel eher Jährlinge zum Babysitten zurücklassen, damit alle jagderfahrenen erwachsenen Tiere sich dem Nahrungserwerb widmen können. Sind jedoch weniger Jährlinge im Rudel, bleibt ein Erwachsener zurück und der reißt eine empfindlichere Lücke in die Jagdformation der erfolgreichen Alttiere.

Senioren

David Macdonald diskutiert übrigens in diesem Zusammenhang, dass auch dies ein wichtiger Hintergrund für die bei Hundeartigen recht häufig zu beobachtende Toleranz gegenüber und sogar aktive Unterstützung von Senioren oder anders beeinträchtigten Rudelmitgliedern sein könnte. Auch ein Senior, der zurückbleibt, um als Babysitter zu fungieren, setzt einen kräftigen, erwachsenen Jäger frei, der sich

Senioren sind ein wichtiger Bestandteil eines gut funktionierenden Caniden-Rudels.

dann mit in die Beutebeschaffung einbringen kann. Hat das Rudel keine Senioren oder in der Bewegung eingeschränkte Mitglieder, muss ein kräftiges, auch zur Jagd taugliches, erwachsenes Tier zurückbleiben. In mehreren Freilandstudien an Füchsen, Wildhunden, Wölfen und auch in den Rudeln der verwilderten Haushunde fanden sich nämlich Senioren, die z. B. am Futter ohne weiteres toleriert wurden, auch wenn sie bereits in ihrer Bewegung eingeschränkt waren, ebenso wurden kranke oder verletzte Rudelmitglieder in Wolfs-, Wildhund- und Fuchsgruppen von den anderen Familienmitgliedern mit Nahrung versorgt und bisweilen auch anderweitig gehegt und gepflegt.

Die Rolle eines Seniors in einem Rudel, die nur bei wenigen sozial lebenden Säugetierarten bisher regelmäßig gefunden wurde, scheint bei Hundeartigen durchaus zu existieren. Beobachtungen zeigen, dass viele Senioren, was auch Hundezüchter bestätigen, sich mit Begeisterung um Welpen und Jungtiere kümmern. Dadurch entlasten sie die zur Jagd und zu anderen kräftezehrenden Tätigkeiten befähigten jüngeren und erwachsenen Mitglieder. Und überall dort, wo Senioren eine solche, von ihrer Leistungsfähigkeit noch zu erbringende Tätigkeit in einem Sozialverband haben, finden wir sie auch im Freiland genauso wie in Gruppen in Menschenhand.

Bedeutung der Rudelbildung

Und so schließt sich der Kreis bei der Frage nach der Bedeutung der Rudelbildung: Es ist die Verteidigung, die Sicherung des Reviers und der Fortpflanzungsressourcen, die primär die Frage beantwortet, warum Hundeartige in Gruppen und Rudeln leben. Die von David Macdonald in diesem Zusammenhang formulierte Erklärung wird in der verhaltensbiologischen Literatur meist als die Ressourcenverteidigungshypothese (Abkürzung RDH nach dem englischen Begriff Resource Defence Hypothesis) beschrieben. Sie besagt im Groben, dass gerade bei einer unregelmäßigen und nicht vorhersagbaren Verteilung kleiner oder schnell konsumierbarer Nahrung in einem größeren, unübersichtlichen Gebiet eine Frage der Statistik die Größe des Sozialverbandes entscheidet. Wenn, was in vielen solchen Gebieten eben der Fall ist, das Gebiet alleine zur Sicherung der Lebensgrundlagen eines Paares und dessen Nachwuchses so groß sein muss, dass es von diesem Paar alleine fast nicht mehr regelmäßig patrouilliert, markiert und verteidigt werden kann, wenn, was meist auch der Fall ist, das Revier dann so groß ist, dass an den meisten Tagen oder Nächten neben dem Paar und seinem Nachwuchs auch noch jemand anderer satt wird, dann lohnt es sich, diesen anderen bereits von Anfang an als Verteidigungshelfer zu rekrutieren und ihn gewissermaßen gegen Kost und Logis bei sich aufzunehmen. Einen doppelten Vorteil hat man, wenn dieser hier ohnehin hausende Helfer auch noch verwandt ist. Und so erklärt sich das Zustandekommen der größeren, meist auf Familienstrukturen beruhenden Verbände. Ob die entstehende Gruppe dann ein größeres Territorium bewohnt, um mehr Beute zu schlagen, oder ein kleineres Territorium vorzieht und sich mit Kleintieren und anderer verstreuter Beute begnügt, hängt auch von den Futtertraditionen der einzelnen Gruppen ab. Ob eine Gruppe sich kopfmäßig vergrößert, wenn die Beute häufiger wird, oder stattdessen das Revier verkleinert, hängt ebenfalls von lokalen Faktoren ab. Die unvorstellbare Flexibilität des sozialen Systems der Hundeartigen hat sicher mit dazu beigetragen, dass auch der Haushund in so vielen unterschiedlichen Lebensräumen und Lebensformen mit, bei oder sogar ohne den Menschen leben kann. Es gibt nicht die Wolfsstruktur und es gibt nicht den Wolf. Es gibt viele verschiedene Wege, wie die allgemeinen Prinzipien der Ressourcenverteidigungshypothese sich in konkrete Familienstrukturen und Rudel-Gruppen-Bildungen einbringen lassen. Die Erkenntnisse über die Intensität der Beziehungen und die daraus resultierende Verteidigungsbereitschaft des gemeinsamen Lebensraumes bzw. der gemeinsamen Interessen können uns Menschen im Umgang mit unseren Hunden zu denken geben. Aber diese Frage werden wir an anderer Stelle beleuchten (siehe S. 178 ff.).

Markierverhalten bei Hunden

Die Welt der Gerüche

Beschnuppern unsere Hunde sich gegenseitig oder die Hinterlassenschaften eines Artgenossen, dann sorgt das bei ihren Besitzern nicht selten für Befremden. Doch was genau teilen sich Hunde über Duftmarken eigentlich mit?

Hunde sind Makrosmaten, sie haben bis zu 500 Millionen Riechzellen in der Hundeschnauze und riechen damit viel von der Welt, was uns als „Mikrosmaten" mit nur lächerlichen fünf Millionen Riechzellen für immer verborgen bleibt. Kein Wunder, dass die Welt der Gerüche eine so enorme Bedeutung im Kommunikationsverhalten der Hunde einnimmt. Markierverhalten ist deshalb ein wesentlicher Teil der sozialen Verständigung, der Kommunikation bei vielen geruchlich orientierten Säugetieren, so auch den Hundeartigen.

Wozu wird markiert?

Soziale Kommunikation, Verständigung zwischen normalerweise artgleichen Individuen (andere Aspekte werden hier nicht berücksichtigt) besteht immer aus einem Grundsystem, das zumindest drei Komponenten enthält: Da gibt es zum einen mindestens einen Sender, der Informationen in Form von Signalen oder anderen erkennbaren Spuren in seiner Umwelt absetzt, zum anderen gibt es einen Empfänger, der diese Signale aufnimmt, und die Signale selbst. Jedoch ist bei diesem Informationssystem eine Reihe von Komplikationen durchaus denkbar.
So ist zum einen keineswegs Absicht seitens des Senders nötig. Jede Körperhaltung, jedes noch so ungewollte Bewegungsmuster lässt einen möglichen, in der Umgebung anwesenden Empfänger Rückschlüsse auf die Handlungsbereitschaften und auf die Zustände des Senders nehmen. Eine gezielte Informationsübermittlung ist daher nur in seltenen Fällen bei sozialer Kommunikation notwendig, in den meisten Fällen genügt bereits die pure Anwesenheit in bestimmter Haltung, um anderen Artgenossen Information zu verschaffen. Signale müssen keineswegs ehrlich gemeint sein. Gerade im Bereich der Auseinandersetzung um Status oder andere soziale Aspekte, aber auch im Bereich der Werbung und Partnerwahl, ist es durchaus im Interesse des Senders, den Empfänger auch über bestimmte Dinge hinwegzutäuschen. Der Empfänger wiederum wird sich bemühen, solche falschen oder irreführenden Signale richtig zu dekodieren, das heißt, den Bluff auffliegen zu lassen. Dadurch entsteht ein Wettrüsten zwischen Sender und Empfänger, in dessen Verlauf (evolutive Zeiträume betrachtet) nur diejenigen Signale überleben werden, die entweder so schwer und teuer zu senden sind, dass ein Bluff den Sender teuer zu stehen kommt, oder die von vornherein unwiderruflich mit der Position und den körperlichen und anderen Eigenschaften des Senders verknüpft sind. Und gerade hier sind chemische Signale besonders gut geeignet.

Die Chemie trügt nie

Solange es einem Tier nicht gelingt, die Zusammensetzung seiner Urin-, Kot- oder Drüsensekrete zu beeinflussen, werden diese immer ein verlässliches Abbild des Hormonspiegels oder anderer innerer Zustände des Senders sein. Diese weitgehende Sicherheit vor Fälschung und Übertrei-

Auch Kot, versetzt mit dem Sekret der Analdrüsen, kann eine kommunikative Funktion haben.

bung, die aus physiologischen Gründen bei keinem anderen Sinneskanal so gewährleistet ist wie bei der chemischen Kommunikation, macht die Markierungen für die Artgenossen besonders zuverlässig und besonders glaubhaft.

Markieren in Gesellschaft

Neben dem „beabsichtigten" Empfänger kann jedoch eine Botschaft auch noch bei anderen Artgenossen ankommen. Diese, in der verhaltensökologischen Literatur als Lauscher (Eaves Dropper) bezeichneten Individuen können ebenfalls die Botschaft dekodieren und daraus ihre Schlussfolgerungen ziehen. Dies wiederum kann sowohl dem Sender als auch dem beabsichtigten Empfänger zum Nachteil gereichen. Noch komplizierter wird es, wenn ganze Kommunikationsnetzwerke betrachtet werden. So signalisieren normalerweise auf einer Hundewiese mehrere Tiere gleichzeitig, indem sie jeweils ihre Kot- oder Urinmarken absetzen, mit ihren Ballendrüsen Duftspuren hinterlassen und vieles andere. Mehrere Empfänger, und eine Reihe von Lauschern, sind dann anwesend, um die Signale jeweils zu dekodieren.

Eine weitere Schwierigkeit für uns, als außenstehende Beobachter/innen, besteht darin, dass ein Signal auch beim Empfänger ankommen kann, ohne dass dieser eine erkennbare Verhaltensänderung zeigt. Wir können jedoch nur dann ein Signal als angekommen erkennen, wenn der Empfänger mit einer Verhaltensänderung antwortet.

Und letztlich muss die Energie, die für diese Verhaltensänderung notwendig ist, vom Empfänger selbst aufgebracht werden. Wenn der Sender die Energie liefert, indem er beispielsweise den Empfänger umwirft, ist dies keine Kommunikation. Dies sei insbesondere denjenigen ins Stammbuch geschrieben, die immer noch mit Hundeweitwurf-Wettbewerben, sogenannten Alphawürfen und ähnlichen Methoden arbeiten wollen. Um ein Beispiel des bekannten amerikanischen Verhaltensbiologen Peter Marler zu bringen: „Wenn man auf einer Brücke steht und den neben einem Stehenden übers Geländer wirft, ist dies kein Akt der Kommunikation. Wenn man ihm jedoch sagt, er solle springen, und er springt dann wirklich, kann hier Kommunikation stattgefunden haben." Das Beispiel lässt sich noch erweitern: Wenn der Betreffende bereits vorher die Absicht hatte zu springen, ist es keine Kommunikation, nur weil wir es ihm auch nochmals gesagt haben. Wenn er aber springen wollte, und aufgrund unseres Befehls aus Trotz dann gerade stehen bleibt und nicht springt, hat Kommunikation stattgefunden. Der außenstehende Beobachter, so etwa das kleine, grüne Männchen vom Mars, das in diesen Situationen zuschaut und alles notiert, würde jedoch keinen Akt der Kommunikation feststellen, wenn der Angesprochene aus Trotz stehen bleibt, jedoch eventuell einen Akt der Kommunikation vermuten, wenn der Betreffende wirklich gesprungen ist.

Facebook auf vier Beinen – Duftmarkieren als soziales Netzwerk.

Forscherportrait: Prof. Dr. Morris Gosling

Ein sehr guter Bachelorabschluss in Zoologie an der Londoner Universität ermöglichte es Morris Gosling gleich zu promovieren. Seine Doktorarbeit im Bereich Tierverhalten schrieb er an der Universität von Nairobi. Anschließend war er sowohl als aktiver Wissenschaftler bei MAFF (Ministry of Agriculture, Forestry and Fisheries) tätig, als auch Professor im Bereich Tierverhalten an der Universität Newcastle und Direktor der zoologischen Gesellschaft London. Im Moment arbeitet er als pensionierter Professor bei NIReS (Newcastle Institute for Research on Sustainability) und ist in zahlreichen biologischen Organisationen vertreten.
Seine Arbeiten drehen sich, heute wie damals, um folgende Themen: verschiedene Aspekte reproduktiver Strategien in Säugetieren, olfaktorische Kommunikation und natürlich Naturschutz. Aber auch auf molekularer Ebene forscht Gosling mit seinen Arbeitsgruppen.

Markieren Hunde ihre Reviergrenzen?

Gerade im Bereich der Duftmarken wird dieses scheinbar banale Beispiel sehr häufig anwendbar. Wir Menschen vermuten ja, dass Duftmarken, insbesondere bei Revier bildenden Tieren, eine Art „Zutritt-Verboten"-Schild wären, das dann auch prompt durch Umkehren oder Wegbleiben beachtet wird. Kaum ein Revier bildendes Tier, auch Caniden nicht, betrachtet eine Duftmarke jedoch unter diesem Blickwinkel. Stattdessen gibt es ein ganz anderes Prinzip: Wenn man die Duftmarke von irgendjemandem in einem bestimmten Bereich immer wieder und wieder findet, kann man bereits daraus schließen, dass es sich dabei möglicherweise um den Revierbesitzer handeln wird. Steht man dann irgendwann diesem Tier wirklich gegenüber, kann man sich in seiner Reaktion darauf einrichten, dass er wahrscheinlich besonders verteidigungsbereit sein wird. Denn er hat nun mal seinen Revierbesitz an dieser Stelle, der ihm auch eine Verteidigungsleistung wert sein dürfte. Entgegen der landläufigen Meinung, Hunde würden ihre „Reviergrenzen" markieren, bedeutet dies also, dass Hunde zum Zentrum ihres Reviers die Markierhäufigkeit steigern. Damit steigt für den Besucherhund mit zunehmender Duftmarkenfrequenz die Wahrscheinlichkeit, auf den Revierbesitzer zu treffen. Trifft man jedoch jemanden, dessen Duftmarken man bisher nicht gefunden hat, so handelt es sich wahrscheinlich ebenfalls nur um einen auf der Durchreise Befindlichen, der sicher wenig Interesse daran hat, große Risiken bei einer kämpferischen Auseinandersetzung einzugehen.
Diese Überlegung, die von dem britischen Verhaltensökologen Morris Gosling zuerst formuliert und an einer Reihe von Nagetieren auch experimentell bestätigt wurde, läuft als Konkurrenten-Duftvergleichshypothese (Competitor-scent-matching Hypothese). Leider gibt es für Hunde dazu noch keine Versuchsanordnungen, die diese Hypothese belegen würden. Erfahrungsberichte aus Zusammenführung von bisweilen etwas schwierigen und souveränen Hunden lassen jedoch vermuten, dass sie auch bei Hunden durchaus zutreffen dürfte.

Die Duftorgane des Hundes

Hunde besitzen eine ganze Reihe von Duftdrüsen, und viele davon (z. B. an den Sohlenballen, an den Ohren oder im Mundwinkel) dürften auch der sozialen Verständigung im Nahbereich dienen. Dies ist z. B. daran zu erkennen, dass sich Hunde bei Begegnungen auf der Hundewiese häufig auch intensiv im Gesicht beriechen.

Wir werden uns in diesem Kapitel jedoch nur auf zwei Quellen von Duftstoffen beziehen, da für diese auch die wissenschaftlichen Belege erarbeitet wurden. Zum einen die sogenannten Perianaldrüsen, die auch jedem Hundehalter/in unleidlich bekannt sind, weil sie bisweilen ausgedrückt werden müssen, zum anderen die Zusammensetzung des Urins als Duftquelle.

Perianaldrüsen

Im Bereich der Afteröffnung besitzen Hunde mehrere Drüsenkomplexe, einerseits die Analbeutel, andererseits die sogenannten Anal- und die Perianaldrüsen. Es handelt sich dabei um eine Mischung aus talg- und schweißdrüsenartigen Komplexen, die ein zähflüssiges, fettartiges Sekret abgeben. Auch abgestorbene Zellen werden in dieses Sekret abgegeben. Die Drüsen des Analkomplexes werden einerseits genutzt, um ihre Sekrete auf den Kot abzugeben, spielen andererseits aber auch bei der direkten chemischen Kommunikation im Nahbereich durch Analbeschnüffeln eine wichtige Rolle. Insgesamt wurden bei der chemischen Analyse der Analdrüsensekrete von Haushunden schon über 50 Substanzen gefunden, 30 weitere bei Wölfen. Die meisten dieser Substanzen sind entweder Ketone, Alkohole, sogenannte Ester oder Fettsäuren. Jedoch sind auch Bestandteile wie etwa Ammoniak (im Analdrüsensekret des Rotfuchses), Phenol oder cholesterinähnliche Substanzen gefunden worden.

Die Zusammensetzung der Analdrüsensekrete ändert sich offensichtlich mit Geschlecht und Jahreszeit. Darauf wird im Folgenden noch näher eingegangen.

Urinmarkierung

Eine zweite, offensichtlich noch viel differenziertere Form der Markierung und chemischen Kommunikation gelingt den Hunden und ihren Verwandten mit Hilfe der im Urin vorhandenen Bestandteile. Hier werden Abbauprodukte von Hormonen, Abbauprodukte der Nahrung und auch die Sekrete einiger Drüsen (z. B. der sogenannten Präputialdrüsen) vermischt abgegeben, und die dadurch gelieferten Informationen scheinen wiederum Individualität, Zustand und Fortpflanzungsbereitschaft sowie Geschlecht des Senders zu beinhalten. Fasst man alle untersuchten Canidenarten zusammen (neben dem Haushund und dem Wolf wurden auch Rotfuchs, Kojote und Mähnenwolf hier schon analysiert), so ergibt sich eine Liste von bis zu 150 verschiedenen Substanzen, viele davon als Kohlenwasserstoffe, Ketone, Alkohole, sogenannte Aldehyde, oder Fettsäuren zu identifizieren. Jedoch ist auch eine Reihe von schwefelhaltigen Substanzen in den Urin eingemischt.

Optische Signale beim Markieren

Das Markierverhalten von Hunden, insbesondere im Zusammenhang mit der Urinmarkierung, lässt sich in vier verschiedenen Körperpositionen vollziehen.

Da ist zunächst die normale Hockstellung, wie sie von Hündinnen und Junghunden beiderlei Geschlechts gezeigt wird. Neben dieser Hockstellung kann auch eine Hockstellung mit angehobenem Hinterbein beobachtet werden, insbesondere bei manchen Hündinnen. Welche genauere Bedeutung dies hat, ist bisher nicht eindeutig geklärt.

Daneben gibt es die Urinierposition im Stehen, und die vor allem für männliche Hunde ab der Geschlechtsreife typische Urinierposition im Stehen mit angehobenem Hinterbein. Manche Hündinnen, die sogenannten „Rüdinnen", zeigen dieses Verhalten auch.

Bereits in den 40er bis ca. den 70er Jahren des vergangenen Jahrhunderts hat der amerikanische Hormonforscher Frank Beach die Einflüsse von Hormonen auf das Urinierverhalten von Hunden untersucht. Eine Zusammenfassung seiner Arbeiten findet sich beispielsweise in dem Hormon- und Verhaltenslehrbuch von Nelson (2005). Das Urinierverhalten von Hunden ist für das Studium von geschlechtstypischen Verhaltensäußerungen ganz besonders interessant. Es unterscheidet sich in vorhersagbarer Weise zwischen den Geschlechtern, der Geschlechtsunterschied wird normalerweise erst mit Beginn der Pubertät sichtbar, und es ist trotzdem kein Sexualverhalten im engeren Sinn, gehört also nicht zum Komplex des Paarungsverhaltens. Die Wirkung der Sexualhormone in diesem Zusammenhang ist, wie die Untersuchungen von Frank Beach gezeigt haben, eine sogenannte bahnende oder programmierende Wirkung. Die Einflüsse des Testosterons, des sogenannten männlichen Hormons, finden nämlich nicht dann statt, wenn der Hund das Bein hebt. Vielmehr werden im Zeitraum vor der Geburt (ca. letztes Trächtigkeitsdrittel) und rund um die Geburt bereits erste Hormonproduktionen durch die Geschlechtsorgane des Welpen bzw. Embryos gestartet. Und diese Programmierung scheint es zu sein, die dann später nicht nur den Bewegungsablauf des Beinchenhebens bewirkt. Auch das Interesse für vertikale Pfosten und andere vertikale Strukturen, die man zunächst, nahezu unwiderstehlich angezogen, beschnuppern und möglichst hinterher dann auch markieren muss, wird

Nicht nur die Ausscheidung, auch der Ausscheidende wird zum Signal, z. B. durch die Körperhaltung.

Forscherportrait: Prof. Dr. Frank Ambrose Beach

Frank Ambrose Beach ist 1911 in Emporia, Kanada geboren und verstarb im Alter von 76 Jahren in seiner Geburtsstadt.
Ursprünglich wollte er als Englischlehrer arbeiten, da er aber nach seinem Abschluss keine Arbeit fand, schrieb er sich in Psychology an der Universität von Emporia ein und schloss dort mit einer Arbeit über das Farbsehen von Ratten ab. Nach einem Wechsel an die Universität von Chicago begann er sich für die Verhaltensbiologie zu interessieren, weshalb er in diesem Bereich auch promovierte.
Das Verhalten von Tieren beschäftigte ihn auch in den folgenden Jahren. Er setzte sich nicht nur mit dem Sexualverhalten auseinander, sondern bezog auch neuronale und endokrine Einflüsse mit ein. Als Kurator des Fachbereichs Experimentelle Biologie am American Museum of Natural History in New York City gründete er dort schließlich in den Vierzigern den Fachbereich Tierverhalten. 1946 wechselte er an die Universität von Yale. Dort fing er an, das Reproduktionsverhalten des Hundes zu erforschen und setzte dies bis zu seinem Tode fort.
Frank Beach veröffentlichte nicht nur wissenschaftliche Artikel in der Biologie, sondern auch der Psychologie, was ihm viele Ehrungen und Würdigungen zukommen ließ. Aber auch als Buchautor, nicht nur in der tierischen Verhaltensbiologie, sondern auch in der menschlichen Psychologie, hat er sich einen Namen gemacht.

durch diese vorgeburtliche oder unmittelbar nachgeburtliche hormonelle Programmierung bereits festgelegt. Nur männliche Tiere oder mit Testosteronschub versehene weibliche Tiere interessieren sich für solche möglichen Markierorte. Die Untersuchungen von Frank Beach zeigen, dass Hündinnen, die vor oder rund um den Geburtszeitpunkt herum mit männlichem Hormon versorgt wurden, in etwa 50% der Fälle später Bein heben. Männliche Hunde, auch bereits zum Geburtszeitpunkt experimentell kastrierte, fangen etwa im Zeitraum der beginnenden Pubertät an, das Bein zu heben. Zur Markierung selbst ist das Hormon nicht mehr nötig. Dies deckt sich auch mit den später zu berichtenden Befunden über das Markierverhalten von kastrierten und unkastrierten Rüden (siehe S. 84 f.).
Neben der speziellen Bedeutung zur Steuerung des Markierverhaltens haben diese Befunde eine allgemeinere Wichtigkeit. Sie zeigen nämlich, wie Sexualhormone das Gehirn bereits in einem Zeitraum lange vor dem Beginn der sexuellen Aktivitäten programmieren und beeinflussen können und danach dann für die eigentliche Auslösung des Verhaltens gar nicht mehr nötig sind. Auslösender Reiz für das Beinheben selbst ist ganz offensichtlich der optische Auslöser des senkrechten Pfahls, gegebenenfalls gekoppelt mit den chemischen Informationen des bereits vorher dort markiert habenden Artgenossen. Bahnend und programmierend dagegen war im letzten Drittel der Trächtigkeit die Anwesenheit von Testosteron im Blutkreislauf des Embryos.

Was wurde am Markierverhalten untersucht?

Die Bedeutung des Markierverhaltens im alltäglichen Umgang zwischen Hunden oder Wölfen wurde bereits an einer Reihe von Untersuchungen getestet. Häufig werden Unterschiede im Markierverhalten zwischen den Geschlechtern beschrieben, sowohl die Häufigkeit als auch die Körperhaltung beim Markieren sind hier Gegenstand von weiterführenden Studien gewesen. Auch weitere Details, etwa Alter, Gesundheitszustand, Ernährung oder hormonelle Zustände können offensichtlich durch Beschnuppern der Duftmarken erkannt werden.

Scharren nach dem Markieren

Beim Markieren der männlichen Hunde oder anderer Caniden wird oftmals nach dem Urinabsetzen auch noch das Scharren gezeigt. Durch dieses Kratzen am Boden werden wahrscheinlich nicht nur optische Signale hinterlassen. Man vermutet auch, dass die Sekrete der Ballendrüsen hier mit abgegeben werden. Bei Wölfen zumindest scharren männliche Tiere häufiger als weibliche, und offensichtlich häufiger, wenn fremde Tiere in der Nähe sind. Es könnte sich hierbei also auch um ein optisches Signal handeln, mit dem das Tier mit Nachdruck auf seine Markierung aufmerksam machen möchte.

Unterschiede der Markierpositionen zwischen den Canidenarten

Offensichtlich ist aber die Verteilung der Urinierpositionen und des damit verbundenen Markierverhaltens nicht nur vom

Beim Scharren werden wahrscheinlich nicht nur optische Signale, sondern auch Sekrete der Ballendrüsen hinterlassen.

Geschlecht und dem Sozialstatus abhängig. Auch Artunterschiede sind häufig beschrieben worden. So konnte Corinna Bogusch in ihrer vergleichenden Doktorarbeit an mehreren Canidenarten beim Asiatischen Rothund feststellen, dass alle Tiere in Kauerhaltung urinierten und manche Weibchen dazu eben das Hinterbein hoben. Die als Spritzharnen bezeichnete Position des Markierens mit gehobenem Hinterbein im Stand waren überwiegend beim ranghöchsten Rüden zu beobachten. Auch der Afrikanische Wildhund zeigte bei beiden Geschlechtern die Hockstellung, das Markieren im Stehen und das Spritzharnen, jedoch wurden dort nie vertikale Objekte markiert. Der Südamerikanische Waldhund letztlich markiert neben den bereits genannten Haltungen sogar noch im Handstand. Eine solche Markierung im Handstand wurde übrigens auch beim Jack Russel Terrier in einer Arbeit von Steward Wyrant und Ben McGoire beschrieben, und ist manchen Haltern dieser Kleinhunderasse auch vertraut.

Die amerikanische Fortpflanzungsbiologin Cheryl Asa, die zusammen mit dem Wolfsforscher David Mech mehrere Untersuchungen über Markierverhalten bei Wölfen und dessen hormonelle Beeinflussung veröffentlicht hat, vermutet, dass das Urinieren im Stehen und in der Hocke nur der Urinabgabe gilt, das Abgeben von kleinen Mengen Urins im Zustand der erhobenen Hinterbeine jedoch gleichzeitig der Reviermarkierung dienen würde. Sie vermutet, dass das Markieren mit erhobenem Hinterbein im Stand bei Wölfen nur dem ranghöchsten Rüden vorbehalten wäre. Jedoch ergeben sich bei anderen Beobachtungen in anderen Rudeln durchaus auch Fälle, in denen zweit- und drittrangige Rüden mit angehobenem Bein markieren. Letztlich dient das Anheben des Hinterbeines, bisweilen sogar ohne Abgabe von auch nur wenigen Urintropfen, möglicherweise als Dominanzsignal, es wird beispielsweise nach dem Vertreiben fremder Tiere gezeigt oder im Anschluss an rangordnungsbezogene Auseinandersetzungen innerhalb des Rudels.

Markierstudie an verwilderten Haushunden in Italien

Eine Reihe von Beobachtungen zur Häufigkeit und zur situativen Verteilung von Markierverhalten hat die Marburger Biologiestudentin Valeska Stöhr im Rahmen ihrer Diplomarbeit an den sogenannten

Bei Wölfen wurde beobachtet, dass es nicht nur dem ranghöchsten Rüden vorbehalten ist, mit erhobenem Hinterbein zu markieren

Markieren ist für Hunde ein wichtiges Kommunikationsmittel. Nach dem Markieren werden häufig auch die eigenen Marken beschnuppert.

Forscherportrait: Prof. Dr. Cheryl Asa

Nachdem sich Cheryl Asa in ihrem Bachelorstudium sowohl in die zoologische als auch psychologische Richtung orientierte, konzentrierte sie sich im Master auf die Biologie und promovierte 1981 anschließend in ihrem Fachbereich, der Endokrinologie und der reproduktiven Physiologie an der Universität von Wisconsin-Madison.

Aktuell ist sie als Professorin für Endokrinologie an der Saint Louis Universität und der Universität von Missouri-St. Louis angestellt, lehrt zusätzlich noch an der Universität von Washington und ist Forschungsbeauftragte im Saint Louis Zoo.

Ihre Forschungsarbeiten konzentrieren sich auf Themen, die sich mit den Mechanismen der reproduktiven Strategien aber auch der Morphologie, der Physiologie und dem Verhalten von Tieren in der Wildnis und der menschlichen Obhut beschäftigen. Darüber lehrt sie regelmäßig in ihren Vorträgen und veröffentlichte schon zahlreiche Fachartikel.

Pizzahunden des Toskanaprojekts durchgeführt (siehe Kasten S. 81). Sie konnte beispielsweise zeigen, dass in der zeitlichen Umgebung des Markierverhaltens bei den Hunden überwiegend neutrale Verhaltensweisen zu beobachten waren, ein erkennbarer Zusammenhang mit Aggression war daher nicht vorgegeben. Dem Markieren folgte meist einfach nur Laufen, gegebenenfalls bei Rüden das Scharren. Auch hier zeigt es sich, dass die drei Rüden, die am häufigsten scharrten, keineswegs die Ranghohen waren. Während der Läufigkeitszeit einer oder mehrerer Hündinnen im Rudel markierten fast alle Rüden des Rudels (insgesamt waren es acht) in der Position mit erhobenem Hinterbein. Zumindest bei drei Rüden erhöhte sich die Häufigkeit des Markierens während der Hitze einer Hündin deutlich, aber auch das waren wieder nicht die Ranghöchsten. Auch bei einer Hündin erhöhte sich die Frequenz des Markierens leicht, die anderen Hunde dagegen wiesen keine Veränderung oder sogar eine leichte Abnahme der Häufigkeit des Markierens auf. Der Rudelchef und der jüngste Rüde lagen im Mittelfeld. Vor dem Markieren war häufig Beschnuppern oder Wittern zu beobachten. Wie bereits erwähnt, sind aggressive Verhaltensweisen oder auch nur Elemente des Droh- und Imponierverhaltens vor dem Markieren bei dieser Gruppe kaum aufgetreten. Außerhalb der Läufigkeit einer

Es kommt immer wieder vor, dass Rüden und auch Hündinnen parallel nebeneinander markieren.

zum Rudel gehörenden Hündin waren fast alle Markierungen in der sogenannten Kernzone. Nur etwa zehn Prozent wurden im Außenbereich abgegeben. Jedoch waren die Hunde zu dieser Zeit ohnehin wenig außerhalb des Kernbereichs unterwegs. Auch das sogenannte Übermarkieren, das jedoch in den meisten bisherigen Studien nicht von einem Danebenmarkieren unterschieden wurde, hat sich während der Läufigkeit im Toskanarudel nicht unbedingt in der erwarteten Weise verändert. Zwar nahm die Zahl der Übermarkierungen während der Läufigkeit einer Rudelhündin bei fast allen Rudelmitgliedern zu, jedoch markierten sie überwiegend über den Urin einzelner anderer Rüden. Der Urin der Hündinnen wurde wesentlich weniger übermarkiert als erwartet, er wurde zwar oft berochen, aber nur von wenigen Rüden gezielt übermarkiert. Auch hier scheint dem Rudelchef beim Übermarkieren keine besondere Stellung zuzukommen. Dies wird zwar in verschiedenen Arbeiten über Wölfe und auch Kojoten vermutet, jedoch bei den Studien am Toskanarudel nicht bestätigt. Stattdessen wird die Häufigkeit des Übermarkierens anderer Rüden über den Urin des Rudelchefs erhöht. Auch verwandtschaftliche Beziehungen könnten in das Verhalten des Übermarkierens hineinspielen, dies lässt sich jedoch noch nicht eindeutig belegen. Auch könnte also die Bestätigung der Rudelzusammengehörigkeit Bedeutung haben.

Olfaktorische Kommunikation bei Hunden

Untersuchung des Markierverhaltens einer Gruppe verwilderter Haushunde in der Toskana, von Valeska Stöhr

Problemstellung

Die olfaktorische Kommunikation stellt im Tierreich eine der wichtigsten Kommunikationsformen dar, wozu im Falle von Caniden besonders das Markierverhalten mittels Urin und Kot gehört. Die chemische Zusammensetzung der Marken ist sehr komplex und lässt vermuten, dass das Markieren nicht nur eine territoriale Verhaltensweise ist. Die bisher durchgeführten Untersuchungen über das Markierverhalten des Haushundes fanden meist an in Gefangenschaft lebenden Tieren statt. Freilandstudien an verwildert lebenden Gruppen wurden kaum durchgeführt. Dies jedoch ist zwingend erforderlich, um eine freie Kommunikation und eine freie Bewegung der Versuchstiere zu gewährleisten. Hierbei erscheint es als besonders interessant, etwaige Unterschiede im Markierverhalten auf Grund von Geschlecht, Individualität, des Aufenthaltsortes im Revier und der Läufigkeit der Hündinnen aufzuzeigen. In dieser Studie wurde untersucht, ob die Individuen eines frei lebenden Hunderudels sich in ihrem Markierverhalten untereinander unterscheiden. Diese Fragen wurden untersucht:
- Weisen Tiere unterschiedlichen Geschlechts ein anderes Markierverhalten auf?
- Unterscheiden sich Individuen des gleichen Geschlechts in ihrem Markierverhalten?
- Gibt es Unterschiede im Markierverhalten der Tiere eines Rudels zwischen der Kernzone und der Peripherie?
- Gibt es Unterschiede im Markierverhalten der Tiere eines Rudels in der Zeit der Läufigkeit von den Hündinnen und außerhalb der Läufigkeit?

Methoden

Im Zeitraum von Juni bis September 2007 wurde ein Hunderudel aus verwilderten Hunden in einem Pinienwald des San Rossore Naturparks an der Küste Pisas beobachtet. Das Rudel umfasste zehn Hunde und bestand aus acht Rüden und zwei Hündinnen. Zur Datensammlung wurde eine Sequence-Sampling-Methode verwendet, bei welcher notiert wurde, wer wann an welchem Ort eine Markierung hinterließ. Zusätzlich wurde aufgenommen, welche sozialen Interaktionen dem Markierverhalten in einem Zeitraum von zwei Minuten vorausgingen, die Körperhaltung während des Urinierens oder Kotens sowie die Dauer und welche Verhaltensweise nachfolgend stattfand. Auch ein Übermarkieren wurde notiert.

Ergebnisse

Statistisch signifikante Unterschiede zwischen Rüden und Hündinnen ergaben sich im Markierverhalten hinsichtlich der Häufigkeit. Rüden markierten sowohl innerhalb der Läufigkeitszeit als auch außerhalb öfter als Hündinnen. Vor dem Markieren zeigten die Rüden häufiger das Sozialverhalten Riechen, während sie danach öfter scharrten als die weiblichen Tiere. Die Dauer des Markierverhaltens war jedoch bei den Hündinnen zu beiden Zeiten länger. Die Rüden untereinander unterschieden sich in ihrer Markierdauer. Ein Unterschied zwischen der Zeit der Läufigkeit und der Zeit außerhalb der Läufigkeit der Hündinnen konnte nur bei den Rüden gefunden werden. Hierbei war der Kotabsatz während der Läufigkeitszeit geringer, das Auftreten eines Suchlaufes außerhalb der Läufigkeitszeit höher. Das Scharren trat tendenziell während der Läufigkeit öfter auf und dauerte dort, genauso wie das Scharren nach dem Koten und die Dauer des Riechens und Suchlaufens länger. Auch für die örtliche Unterscheidung nach Kernzone und Peripherie war nur für die Rüden ein signifikantes Ergebnis hinsichtlich des Markierverhaltens aufzufinden. Hierbei trat das Koten und Urinieren während der Läufigkeitszeit mehr in der Peripherie auf, danach eher in der Kernzone. Die Hündinnen markierten fast ausschließlich in der Hockstellung, während die Rüden meist die „raised leg urination", das Heben eines Beines im Stand, einnahmen.

Folgerungen

Dem Markierverhalten gingen häufig als friedlich anzusehende Verhaltensweisen voran wie Gruppenlaufen oder Gruppenriechen und weniger aggressive. Dies steht entgegen der bisherigen Annahme, dass Markierverhalten mit dem Drohverhalten verknüpft ist und ein reines Revierverhalten sei. Das Riechen oder Suchlaufen, welches dem Markieren bei den Rüden häufig vorausging, wird in der Literatur bestätigt. Das vermehrte Markieren der Rüden im Gegensatz zu den Hündinnen, ist bereits beschrieben. Das zunehmende Markierverhalten der Rüden während der Läufigkeit der Hündinnen zeugt davon, dass das Markieren neben dem Revierverhalten auch andere Funktionen besitzen kann. Die Ergebnisse bestätigen die Annahmen, dass verwilderte Hunde eines Rudels individuelle Unterschiede im Markierverhalten aufweisen. Hierbei wurden sowohl Unterschiede im Markierverhalten zwischen Rüden und Hündinnen, der Kernzone und der Peripherie sowie für die Läufigkeit und die Zeit außerhalb der Läufigkeit festgestellt. Das Markierverhalten scheint also ein wichtiges Kommunikationsmittel für Hunde zu sein, und ist nicht zwangsweise mit Aggressivität und Revierverhalten gekoppelt.

Quelle: Stöhr, V. (2008). Olfaktorische Kommunikation bei Hunden – Untersuchungen des Markierverhaltens einer Gruppe verwilderter Haushunde in der Toskana. Diplomarbeit, Marburg.

Geschlechterunterschiede im Markierverhalten

Bereits im Jahre 1977 hat der britische Verhaltensforscher Robin Dunbar das Markierverhalten von Haushunden untersucht. Er beschreibt auch, dass es Geschlechtsunterschiede gab, Hündinnen inspizieren weiblichen Urin länger als männlichen und markieren auch häufiger über den weiblichen Urin. Wird die Hündin jedoch läufig, wird der männliche Urin interessanter und vermehrt übermarkiert. Rüden markieren allgemein mehr, wenn fremde Rüden in Sicht sind, und markieren auch vermehrt über deren Urin. Der Urin von läufigen Hündinnen, der mit Rüdenurin vermischt wurde, war für die nachfolgenden Hunde uninteressanter als der reine Urin einer läufigen Hündin.

Markieren als ein bindungsdemonstrierendes Signal

Letztlich wird zumindest von Wölfen auch klar und deutlich ein Zusammenhang mit der Bestätigung und Nach-außen-Kommunikation der Paarbindung angegeben. Bereits der bekannte deutsch-amerikanische Wolfsforscher Erich Klinghammer konnte beobachten, dass Elterntiere mit Nachwuchs den Urin bevorzugt gegenseitig übermarkierten und sich diese Aktivität während der Zeit der Jungenaufzucht noch verstärkte. In der Zeit, in der die Wölfin zur Aufzucht der Neugeborenen in der Höhle bleibt, sank die Zahl der Markierungen des Rüden deutlich und erhöhte sich wieder, sobald seine Partnerin sich dem Rudel erneut anschloss.

Nicht nur die Häufigkeit, auch die Dauer bestimmter Verhaltensweisen kann von Interesse sein. Hier konnte Valeska Stöhr am Toskanarudel beispielsweise zeigen, dass das Urinieren der Hündinnen außerhalb der Hitze länger dauert als bei den Rüden, was für eine hauptsächliche Eliminationsfunktion, also schlichtweg für die Entleerung der Blase im Gegensatz zu einer sozialen Kommunikationsfunktion, spräche. Die Dauer des Beriechens durch die Rüden ist während der Hitze einer rudelangehörigen Hündin allgemein verlängert, ebenso die Dauer des Suchlaufens. Die Dauer des Markierens ist ebenfalls bei einigen Rüden zumindest während der Hitze einer Rudelhündin erhöht, auch hier jedoch wieder keinesfalls vorwiegend beim Ranghöchsten, sondern bei Tieren aus dem Mittelfeld.

Haben Hunde ein geruchliches „Selbstbild"?

Nur wenige Arbeiten haben sich durch die gezielte Präsentation von Duftproben damit befasst, einem möglichen Zusammenhang auf die Spur zu kommen. Die bekannteste Arbeit im Zusammenhang mit der Reviermarkierung und Individualerkennung stammt von dem amerikanischen Canidenforscher Marc Bekoff. Dieser versetzte in einem genial einfachen Versuch den von seinem eigenen Hund im Schnee abgegebenen Urin in Gebiete, in denen er mit ihm noch nie spazieren gegangen war. Danach nahm er seinen Hund erstmals in diese Gegend mit. Und er konnte deutlich erkennen, dass sein Hund an den eigenen Markierungen im gelben Schnee wesentlich kürzer und weniger interessiert schnupperte als an fremden. Dies ist nicht nur ein Hinweis auf eine mögliche Funktion des Urins bei der Vertrautmachung von Streifgebieten, sondern zeigt auch, dass Hunde über eine Art chemisches Selbstbildnis verfügen.

Die Duftumgebung eines Hundes ist so vielfältig, dass Halter/innen oder Trainer/innen kaum erkennen können, ob hier nun eine Fährte gesucht oder ein soziales Signal ausgetauscht wird.

Ähnlich wie manche Menschenaffen, die, vor einem Spiegel sitzend, einen in ihrem Gesicht befindlichen Lippenstiftfleck nicht auf dem Spiegelbild, sondern an sich selbst berühren, während die meisten anderen Affenarten, etwa Rhesusaffen, dies mit den Fingern am Spiegelbild versuchen, zeigt auch dieser Duftversuch, dass der Hund offensichtlich ein wie auch immer geartetes Konzept von selbst und fremd beinhaltet.

Beeinflusst Kastration, Geschlecht und Sozialstatus das Markierverhalten?

Anneke Lisberg und Charles Snowdon von der Universität Wisconsin haben in einer Reihe von Versuchsaufbauten die Bedeutung des Markierens und des Urinbeschnupperns bei Haushunden näher untersucht (Lisberg und Snowdon 2009, 2011). In der ersten Studie wurden Labrador Retriever untersucht, und zwar jeweils intakte und kastrierte Rüden und Hündinnen. Ihnen wurden Urinproben von unbekannten Hunden der gleichen vier Fortpflanzungskategorien vorgesetzt. Zusätzlich zur Fortpflanzungskategorie war auch der Sozialstatus, der einerseits in der Verteidigungsbereitschaft eines Spielzeugs im häuslichen Umfeld und andererseits an der Schwanzposition abgelesen wurde, in die Untersuchung einbezogen. Alle Hunde interessierten sich sehr stark für den Urin von unbekannten Artgenossen, jedoch gab es in der Häufigkeit des Beschnupperns deutliche Unterschiede. Intakte Rüden sowie intakte und kastrierte Hündinnen interessierten sich gleichermaßen für den Urin von intakten Männchen und Weibchen, kastrierte Rüden dagegen interessierten sich mehr für den Urin von intakten Männchen als für den Urin von intakten Weibchen. Der Urin intakter Männchen und Weibchen löste allgemein eine längere Beschnupperung und Untersuchung aus als der Urin von kastrierten Artgenossen. Rüden unterschieden sich kaum in ihrer Beschnupperintensität zwischen bekanntem und unbekanntem Urin, Hündinnen zeigten eine leichte Tendenz, sich länger mit dem Urin fremder Hunde zu beschäftigen als mit dem von bekannten Artgenossen. Individuen mit niedrigem Sozialstatus beschnupperten Urin länger oder intensiver als solche mit hohem Sozialstatus. Offensichtlich interessiert Hunde beim Beschnuppern von Urin sowohl der Fortpflanzungszustand und der Sozialstatus des Artgenossen, eine gewisse Abschätzung der möglichen Bedrohung für einen selbst wird zusätzlich noch vorgenommen. Dies ist insbesondere wohl der Grund, weshalb rangniedere Individuen sich länger mit dem Urin fremder Artgenossen beschäftigen als ranghohe. Einem rangniederen Hund kann der Fremde offensichtlich wesentlich bedrohlicher werden. Insgesamt fanden Lisberg und Snowdon eine sehr große, individuelle Variabilität in der Reaktion auf die Urinproben, wohingegen beispielsweise die sexuelle Erfahrung offensichtlich keinen Einfluss hatte. Ob Rüden bereits erfolgreich Paarungen vollzogen hatten oder nicht, hatte keinerlei Vorhersagewert für die Dauer, Intensität oder andere Formen der unterschiedlichen Reaktion auf den Fremdurin irgendeines Artgenossen. Von drei Rüden, die sich mehr für den Urin intakter Rüden als für den Urin intakter Hündinnen interessierten, hatten zwei bereits Paarungserfahrung, einer nicht. Von den fünf Rüden, die sich mehr für weiblichen als für männlichen Urin interessierten, hatten drei Paarungserfahrung und zwei hatten es nicht.

Effekte von Geschlecht, sozialem Status, Kastration und Gegenmarkieren bei Haushunden *(Canis lupus f. familiaris)*

Problemstellung

Das Gegenmarkieren und Übermarkieren ist bei Hunden ein häufig zu beobachtendes Verhalten. Während es bei einigen unsozialen Nagetierarten gut untersucht ist, war darüber bei Caniden wenig bekannt. Es kann dazu dienen, den sozialen Status oder die Wettbewerbsfähigkeit auszudrücken, Konkurrenten einzuschätzen, potentielle Paarungspartner zu finden oder soziale Hierarchien aufrechtzuerhalten. Bisher bekannt war, dass bei Beagles männliche Hunde mehr Übermarkieren zeigten als weibliche und diese besonders übermarkieren, wenn Weibchen sich im Östrus befinden. Es wurde vermutet, dass dieses Verhalten dazu dienen könnte, Weibchen im Östrus vor Rivalen zu verstecken. Erstmals wurden in dieser Studie kastrierte und unkastrierte Hunde unterschieden, zwischen Urin von familiären und fremden Hunden, der soziale Status berücksichtigt und echtes Übermarkieren von Danebenmarkieren getrennt. Wenn Konkurrenz-/ Wettbewerbsmarkieren bei Hunden auftritt, dann sollten Hunde mit höherem Status mehr übermarkieren als die mit niederem Rang. Ebenso sollten kastrierte wie unkastrierte Hunde beiderlei Geschlechts über fremden Urin markieren.

Methoden

Untersucht wurden Labradore verschiedener Halter mit standardisierten Urinmarken sowie eine Gruppe von Hunden verschiedener Rassen in einem Freilaufgelände in Chicago, USA. Untersucht wurden Hunde beiderlei Geschlechts, sowohl kastrierte wie unkastrierte. Beim experimentellen Teil mit den Labradoren wurde jeder Hund an der Leine durch einen Urinparcours geführt, in dem sich Wasserkontrollen, Urin von fremden Hunden und Urin von Gruppenmitgliedern befand. Mit Videoaufzeichnungen wurde ausgewertet, wann Übermarkieren oder Danebenmarkieren stattfand, die Markierposition (Rutenposition), aus der der soziale Status errechnet wurde, sowie die Dauer des Urinierens und die Dauer des vorherigen Beschnupperns. Beim Beobachtungsversuch im Freigehege wurde in diesem Untersuchungsteil nicht zwischen Übermarkieren und Danebenmarkieren unterschieden. Aufgenommen wurde für jedes Urinieren das Geschlecht, kastriert oder unkastriert, ob der Urin der übermarkierten Stelle von einem bekannten oder fremden Hund stammte.

Ergebnisse

Es zeigte sich, dass sowohl kastrierte als auch unkastrierte Hunde über und auch neben Duftmarken anderer Artgenossen markieren. Im Fall des Experimentes zeigte sich, dass Rüden, die übermarkierten, eine höhere Rutenposition, also auch einen höheren Rang hatten als diejenigen, die nicht gegenzeichneten. Männliche Tiere zeigten mehr Übermarkierverhalten, während weibliche Versuchstiere gar nicht übermarkierten. Daneben markiert haben weibliche wie männliche Hunde gleich. Es wurde häufiger neben fremde Urinmarken markiert als über bekannte. Und unkastrierte Männchen markierten häufiger über die Urinstellen von unbekannten Weibchen als von bekannten. Im Freilaufgelände zeigten Männchen häufiger ein Beschnuppern von Urin, urinierten häufiger und übermarkierten häufiger als Weibchen. Rüden und Hündinnen mit höherer Rutenposition untersuchten häufiger den Urin ihrer Artgenossen, urinierten häufiger und zeigten häufiger ein Übermarkieren als Hunde des gleichen Geschlechtes mit niedrigerer Rutenposition.

Folgerungen
Das Übermarkieren von unkastrierten Rüden über unkastrierte Weibchen wird als Möglichkeit gedeutet, den Duft des Weibchens vor anderen Rüden zu verschleiern. Es könnte auch eine Möglichkeit bieten, Weibchen und Rivalen die Anwesenheit eines ranghohen Männchens in der Nähe eines Weibchens anzuzeigen. Geschlechtshormone könnten das Übermarkieren von weiblichem Urin steigern, Einflüsse von Geschlechtshormonen in anderen Kontexten wurden jedoch nicht gefunden. Das Kastrieren beeinflusst also wahrscheinlich nur einen kleinen Bereich des Markierverhaltens. Das Markieren neben Urinstellen zeigte sich bei weiblichen wie männlichen Hunden gleichermaßen. Ihm sowie dem Übermarkieren ranghöherer weiblicher Tiere über rangniedrigere wird eher eine Funktion bei der Signalisierung von Status und dem Aufrechterhalten von sozialen Beziehungsgefügen zugesprochen. Dieser Bereich scheint von einer Kastration unbeeinflusst zu sein.

Quelle: Lisberg, A.E. und Snowdon, C.T. (2011). Effects of sex, social status and gonadectomy on countermarking by domestic dogs, Canis familiaris. Animal Behaviour. 81. 757–764.

Warum und von wem wird über- oder daneben markiert?

In der zweiten, kürzlich veröffentlichten Studie über Markierverhalten wurde das Über- und das Danebenmarkieren von Hunden auf Urinmarken unter verschiedenen Voraussetzungen verglichen. Die Untersuchung umfasste zum einen die Präsentation von standardisierten Urinmarken bei Labradoren in deren bekannter Umgebung, zum anderen Beobachtungen des Markierverhaltens von verschiedenen Hunderassen in einem Hundefreilaufgebiet in Chicago (siehe Kasten S. 85/86). Es wurde zwischen dem echten Übermarkieren und dem Danebenmarkieren unterschieden, und die aufgenommenen Daten umfassten neben der Dauer des vorangehenden Beschnupperns und Untersuchens auch Markierposition und als Charakteristika der beobachteten Hunde deren Rutenposition als Maß für den Status oder die Statussicherheit, das Geschlecht und die Frage, ob sie kastriert waren oder nicht. Bei den kontrollierten Präsentationen wurde auch noch der Urin von bekannten und unbekannten Hunden abwechselnd getestet. Die Ergebnisse zeigen, dass sowohl kastrierte als auch unkastrierte Hunde regelmäßig über- und auch neben die Duftmarken von Artgenossen markieren. Bei der experimentellen Präsentation von Urin wurde Übermarkieren nur von Rüden gezeigt, nur intakte Rüden markieren bevorzugt über den Urin von intakten Hündinnen, die übermarkierenden Rüden hatten einen durch die Rutenposition ausgezeichneten höheren Status und das Übermarkieren wurde nicht durch die Bekanntheit des Urinspenders beeinflusst. Das Danebenmarkieren dagegen betraf im Experiment nur unbekannte Marken und war weder von Geschlecht noch Rutenposition beeinflusst. Gegenmarkieren insgesamt, also gemeinsame Betrachtung von Über- und Danebenmarkieren, war von der Kastration der beiden Geschlechter nicht abhängig. Bei den Beobachtungen im Hundepark waren beide Geschlechter regelmäßig mit dem Untersuchen und Markieren der gemeinsamen Pinkelstellen beschäftigt. Rüden und Hündinnen zeigten Gegenmarkieren und Untersuchen mit gleicher Wahrscheinlichkeit, und auch Duftmarken von Rüden und Hündinnen wurden mit gleicher Wahrscheinlichkeit gegenmarkiert. Die Studie wird so gedeutet, dass die Funktion des Übermarkierens von intakten Rüden über den Urin intakter Hündinnen möglicherweise, wie bereits früher vermutet, wirklich der Verschleierung des weiblichen Duftes und damit der Aufrechterhaltung sexueller Privilegien dienen könnte. Alle anderen Bestandteile des Markierverhaltens, insbesondere das Danebenmarkieren sowie das Übermarkieren durch weibliche und/oder kastrierte Hunde, scheinen mehr mit der Signalisierung von Status, der Aufrechterhaltung sozialer Beziehungsnetze oder der Ressourcenverteidigung und nicht mit der Sexualfunktion verknüpft zu sein.

Verarbeitung von Duftmarken in den Gehirnhälften

Die Geruchsinformationen, die vom Urin oder anderen Duftproben gewonnen werden, werden offensichtlich auch im Gehirn unterschiedlich verarbeitet. Mit einer Arbeit von Marcello Siniscalchi und Co-Autoren (2011) wird erstmals versucht, die Nutzung der beiden Nasenlöcher durch eine exakte Versuchsdurchführung zu unterscheiden. Insgesamt 30 Hunde einer Institutshundegruppe wurden mit verschiedenen Düften auf einem Wattebausch konfrontiert und ihre Reaktion auf diese Düfte wurde gefilmt. Die Düfte waren Nahrung, Zitronenduft, Vaginalsekret und ein nicht zusätzlich beduftetet Wattebausch sowie Adrenalin und die Schweißabsonderungen des betreuenden Tierarztes. Alle Hunde untersuchten alle Duftproben zunächst bevorzugt mit dem rechten Nasenloch. Bei Nahrung, Zitronenduft, Vaginalsekret und der Leerprobe wurden nach relativ kurzer Zeit die Nasenseiten gewechselt und die Hunde beschnupperten diese Proben dann überwiegend mit dem linken Nasenloch. Die beiden letztgenannten, als erregend eingestuften Duftproben dagegen wurden über die gesamte Versuchsdauer von zwei Stunden weiterhin immer mit der rechten Nasenhälfte beschnuppert. Die genannten Ergebnisse lassen die Vermutung zu, dass die Verarbeitung von als neutral oder wenig aufregend eingestuften Düften im Laufe der Zeit in die linke Nasenhälfte verschoben wird. Dies deckt sich mit den allgemeinen Angaben über die Arbeitsteilung, wonach die rechte Hirnhälfte zunächst für die Verarbeitung neuer Reize oder für die Verarbeitung von stress- und erregungsauslösenden Informationen zuständig ist, während die linke Hirnhälfte eher bereits bekannte und/oder als Routine empfundene Informationen verarbeitet.

Markieren mit Kot

Eine andere Bedeutung scheint die Markierung mit Kot, bzw. das damit abgesetzte Analdrüsensekret zu haben. Hier gibt es nur wenige systematische Untersuchungen, Isabell Barja und Co-Autoren haben 2004 und 2005 eine Reihe von Untersuchungen an Kotmarken und Duftmarken von Iberischen Wölfen in einem Schutzgebiet in Nordwest-Spanien durchgeführt. Bezüglich der Urinmarken stellten sie fest, dass diese überwiegend an erhöhten Plätzen bzw. herausragenden Gegenständen in der Nähe der Reviergrenzen abgesetzt wurden. Die Kotmarken dagegen fanden sich, in Abhängigkeit von der Position im Revier, an unterschiedlichen Stellen: In der Nähe der Wurfhöhle waren die Kotmarken meist zufällig an flachen und unauffälligen Stellen verteilt, in der Mitte oder auch seitlich von Straßen, ohne erkennbare Bevorzugung einer Region. Im restlichen Territorium dagegen fanden sich die Kotmarken überwiegend an erhöhten Stellen und auch mehr in der Nähe von Straßenkreuzungen und am Straßenrand. Der Zugangswechsel zur Wurfhöhle war bezüglich der Verteilung der Kotmarken zwischen den beiden geschilderten Extremen nicht so gut und deutlich sichtbar wie an den Straßen und Wegkreuzungen im Außenrevier, aber auch nicht so willkürlich verteilt wie im unmittelbaren Innenrevier. Iberische Wölfe bilden kleinere Rudel als z. B. die nordamerikanischen Timberwölfe und fangen kleinere Beutetiere. Ob dies auf das Revierverhalten Einfluss hat, ist nicht bekannt. Dies zeigt, dass die Verteilung auf erhöhten Plätzen und auf Wegkreuzungen gewissermaßen die Effektivität der Markierung zu erhöhen scheint. Wenn man nur eine bestimmte Menge von Kot zur Verfügung hat, muss man damit eben vorsichtiger sein, wenn man gleichzeitig eine Botschaft damit übermitteln soll.

Alle genannten Untersuchungen sind sich jedoch weitgehend darin einig, dass die meisten von Hundehalter/innen und leider auch vielen Trainer/innen geäußerten Meinungen über die Bedeutung des Markierverhaltens beim Haushund mindestens zu kurz greifen und einseitig sind, wenn nicht sogar falsch. Und so muss in jedem Fall neu bedacht und überlegt werden, ob es wirklich sinnvoll ist, einen Hund regelmäßig für Kommunikation zu maßregeln. Dies gilt für das Absetzen von Duftmarken oder gar das Beschnuppern selbiger in gleicher Weise wie für Knurren oder andere Formen der aggressiven Kommunikation.

Kotabsatz an nicht weiter exponierten Stellen findet vorwiegend in der Kernzone des Reviers statt.

Stress beim Hund

Stress – ein allgemeiner Definitionsversuch

Kindergeburtstage, Agility, der Termin beim Hundepsychologen, Stadtbummel oder die Nachmittage auf der Hundewiese – Hunde haben heute oft einen ähnlich vollen Terminkalender wie wir Menschen. Doch was genau sorgt für Stress beim Hund?

Erstaunlicherweise liegen gar nicht so viele Untersuchungen über den Einfluss bestimmter Umweltbelastungen auf das Verhalten und die Physiologie von Hunden vor. Die klassischen Objekte der Stressforschung sind einerseits Labor- und Versuchstiere, andererseits eher Nutztiere, die in der modernen Landwirtschaft mit einer ganzen Reihe von Problemen ihrer Verhaltensanpassung konfrontiert werden. Auch wenn sehr viele Hundehalter, Trainer und auch Therapeuten regelmäßig über Stresserscheinungen bei Hunden berichten und diese auch gezielt versuchen zu mildern, sind die zugrundeliegenden wissenschaftlichen Arbeiten für diese Ansätze die genannten Labor- oder auch Nutztierstudien.

Begriffsdefinition Stress

Die Begriffsdefinition von Stress wird in verschiedenen Arbeiten sehr unterschiedlich gehandhabt, und es ist nicht notwendigerweise eine Definition besser als die andere. Um sich jedoch auf eine gemeinsame Sprachregelung für das folgende Kapitel zu einigen, sei die Definition von Donald Broom vorgeschlagen, der überwiegend an landwirtschaftlichen Nutztieren und Labortieren gearbeitet hat. Seine Stressdefinition jedoch ist für alle Tierarten, einschließlich des Menschen, gültig.

Nach dieser Definition ist Stress dann zu erwarten, wenn die Anpassungsfähigkeit eines Tieres überfordert wird und daraufhin Gesundheit und/oder Fortpflanzung leiden.

Das ist z. B. dann der Fall, wenn ein Hund ohne Training plötzlich U-Bahn fahren oder mit zum Stadtbummel kommen soll. Hier prasseln zu viele Reize auf den Hund ein, er kann nicht filtern, sortieren und verarbeiten, er reagiert überfordert. Als Reaktion auf diese überforderte Anpassungsfähigkeit können dann langfristig Beeinträchtigungen der Gesundheit oder des Fortpflanzungserfolgs des betreffenden Tieres eintreten. Wichtig ist bei dieser Definition, dass hier nicht zwischen sogenanntem positivem Stress und negativem Stress unterschieden wird. Positiver Stress ist ein aufregendes, aber schönes Erlebnis, wie z. B. wenn ein Hund beim Mantrailing nach einer Person sucht. Am Ende findet er den versteckten Menschen und erntet viel Lob und Anerkennung. Beim negativen Stress handelt es sich um eine belastende Situation für den Hund, wie sie weiter oben am Beispiel des Stadtbesuches für einen Landhund beschrieben wurde. Doch gleichgültig, ob positiver oder negativer Stress: Entscheidend sind einzig und allein die Langzeitkonsequenzen des betreffenden Geschehens. Denn ein Suchhund, der wie beim Einsatz im Katastrophenschutz ständig durch Suchen gefordert wird, kann nach einer bestimmten Dauer des Einsatzes ähnliche Stresssymptome zeigen wie der Hund, der durch Überforderung negativ gestresst ist. Dadurch ist es möglich, emotionsfreier über die Belastung eines Tieres zu reden. Eine weitere Voraussetzung für die korrekte Anwendung des Stressbegriffes ist es, dass man den stören-

Rettungsdiensteinsatz ist im Ernstfall Stress für Mensch und Hund.

den, hier überfordernden Umweltreiz, den Stressor, deutlich vom eigentlichen Stress trennt, nämlich dem, was beim Tier als Konsequenz daraus entsteht. Auch diese kleine, aber wichtige Begriffsunterscheidung sollten wir im Folgenden einhalten.

Körperliche Reaktion auf den Stressauslöser

Die wesentlichsten Reaktionen eines Tieres auf einen Stressor sind durch eine Reihe von sogenannten Hormonachsen im Körper des Tieres festgelegt. Diese bestehen jeweils aus einer Reihe von hierarchisch übereinander angeordneten Hormondrüsen, bis dann zum Schluss das eigentliche Stresshormon in den Blutkreislauf abgegeben wird. Die beiden wichtigsten dieser Hormonachsen sind einerseits die Sympathikus-Nebennierenmark-Achse, deren Haupthormone die aktive Stressbewältigung mit Hilfe von Noradrenalin und Adrenalin durchführen. Die zweite wichtige Hormonachse ist die Hypophysen-Nebennierenrinden-Achse, deren Haupthormone beim Hund Cortisol und Corticosteron sind. Beide Hormone führen eher zur passiven Stressantwort, zur inneren Anpassung des Tieres, wenn es keine Chance sieht, sich äußerlich mit dem Problem erfolgreich auseinanderzusetzen. Um bei dem oben beschriebenen Beispiel zu bleiben: Der Landhund in der Stadt wird von der Vielzahl der Stressoren wie Straßenlärm, Menschenmassen und Gedrängel am Bahnhof „überwältigt", das führt dann zur Ausschüttung der Hormone. Wir werden die beiden Stresshormonsysteme im Zusammenhang mit den beiden Grundpersönlichkeitstypen A und B noch kennenlernen (siehe S. 112 ff.).

Messung der Aktivität

Zur Messung der Aktivität der beiden Stresshormonachsen braucht man heute nicht mehr unbedingt Blut. Gerade die Hormone der Nebennierenrinde können aufgrund ihrer Abbauprodukte aus Speichel, Kot oder Urin zweifelsfrei bestimmt werden. Da das Cortisolsystem aufgrund seiner relativ langsamen Anflutzeit auch erst im Rahmen mehrerer Minuten aktiv wird, ist eine Speichelgewinnung beispielsweise bei einem Hund unproblematisch möglich, bevor er sich ob der Testsituation selbst all zu sehr aufregt. Schwieriger ist es, diese Werte zu interpretieren. Das liegt zum einen daran, dass die Grundkonzentration der betreffenden Hormone bei jedem Individuum unterschiedlich ist, zum anderen daran, dass diese Grundkonzentration auch einer tagesperiodischen Schwankung unterliegt. Da die inneren Rhythmen nicht bei jedem Tier gleich lang sind, kann ein Individuum morgens um 9 eine ganz andere Konzentration haben als ein anderes. Man geht daher mehr dazu über, eine gezielte Testsituation zu schaffen und die Änderungen im Hormonspiegel beim Hund vor dem Beginn der Testsituation und danach zu vergleichen. Hunde, die sich ob dieser Testsituation sehr gestresst fühlen, reagieren mit einer stärkeren Ausschüttung des Hormons und mit einem größeren Anstieg zwischen Grundwert und Versuchsergebnis, andere bleiben cool und haben nur einen geringen Anstieg. Wir werden mehrere solcher Studien im Laufe des vorliegenden Kapitels kennenlernen.

Zeichen der Belastung des Adrenalinsystems

Die Hormone des Nebennierenmarks sind nicht so leicht zu bestimmen. Der Anstieg von Adrenalin nach einer belastenden Situation ist bereits innerhalb von wenigen Millisekunden messbar, wie wir selbst auch immer wieder erfahren können, wenn wir plötzlich einen Schreck erleiden und unser Herz heftiger zu klopfen beginnt, bevor wir überhaupt wissen warum. Daher ist es nahezu unmöglich, den Anstieg des Adrenalins durch eine Versuchssituation von der Aufregung durch die Blutabnahme zu trennen. Hier haben sich in manchen Untersuchungen stattdessen die Messungen der Herzschlagfrequenz selbst oder die Messungen des Hautwiderstandes als mögliche Alternative angeboten, beides ist jedoch nur mit Hilfe eines Rucksacksenders und damit mit einer ge-

Hecheln, runde Maulwinkel und zurückgelegte Ohren gehören zum Gesichtsausdruck eines Hundes unter Stress.

Gesenkter Kopf, runder Rücken: Dieser Hund signalisiert deutlich seine verunsicherte Stimmungslage. Hierbei kann Stress entstehen.

wissen Einschränkung der Bewegungsfreiheit des Hundes möglich. Man verwendet deshalb als Zeichen für die Belastung des Adrenalinsystems lieber deutlich sichtbare Merkmale wie etwa starkes Hecheln, Speichelfluss oder andere, von außen gut sichtbare körperliche Reaktionen wie z. B. das Sträuben des Fells.

Begriffsklärung Angst und Furcht

Bevor wir uns nun den konkreten Stressuntersuchungen beim Hund widmen, muss noch eine letzte Begriffsklärung erfolgen: Angst und Furcht sind nicht das Gleiche.
Der Begriff Angst bezieht sich auf ein unbestimmtes Empfinden des Bedroht- und des Ausgeliefertseins, in einer Situation, die man weitestgehend als unkontrollierbar empfindet. Hierbei werden überwiegend die Hormone des Nebennierenrindensystems aktiviert und eine Reihe von Zentren des sogenannten Emotionsgehirns, des limbischen Systems, fügen ihre emotionale Tönung hinzu.
Furcht bezieht sich dagegen auf einen ganz konkreten Gegenstand bzw. auf eine ganz konkrete, fassbare Situation. Hier werden dann eher die Kampf- und Fluchtreaktionen des Nebennierenmarksystems aktiviert. Nur bei sehr starker überwältigender Furcht kann eine passive Bewegungslosigkeit die Reaktion sein. Der Hund hat also keine Angst vor gelben Mülltonen, er fürchtet sich vor ihnen. Angst dagegen kann er in einer Menschenmenge, in einem unbekannten Raum oder im Zusammenhang mit unbestimmten Empfindungen des Bedrohtseins, etwa bei Gewitter, haben.

Stressuntersuchungen unter verschiedenen Blickwinkeln

Stressfaktoren machen den Unterschied

Eine Reihe von Untersuchungen über die Auswirkungen von akuten oder lang andauernden, stressenden Situationen wurden in der holländischen Arbeitsgruppe von Bonne Beerda und dem ethologischen Lehrstuhl von Professor Jan van Hooff an der Universität Utrecht 1999 durchgeführt. Hier wurde einer Reihe von Hunden unterschiedlichen Geschlechts, Alters und Rassezugehörigkeit sechs verschiedene Störreize vorgeführt: unerwarteter Lärm, kurze und leichte elektrische Impulse, ein herunterfallender Plastiksack, ein sich öffnender Regenschirm und zwei verschiedene Formen der körperlichen Einschränkung durch Festhalten. Jeder dieser Reize wurde für ca. eine Minute angewendet. Es zeigte sich, dass unvorhersehbare Reize, etwa die plötzlichen Lärmepisoden, kurze elektrische Impulse oder der herunterfallende Sack, eine sehr niedrige, mit deutlichen Stressanzeichen verknüpfte Körperposition und einen starken Anstieg des Cortisols im Speichel hervorriefen. Der Rest der Störreize, die von einem deutlich sichtbaren Experimentator vor dem Hund aufgebaut wurden, ließ den Cortisolspiegel im Speichel nicht ansteigen. Stattdessen waren die Hunde unruhig, zeigten nur eine geringe Erniedrigung ihrer Körperposition, schüttelten sich, leckten sich die Lippen und gähnten bisweilen bzw. öffneten das Maul. Bei jeder Art von Reiz gab es einen deutlich erkennbaren Anstieg der Pulsrate, die sich jedoch ca. 8 Minuten nach dem Ende des jeweiligen Stressors wieder normalisierte. Die Speichelcortisolwerte dagegen gingen im Rahmen der folgenden Stunde wieder zurück. Aus diesen Untersuchungen schließen die Autoren, dass die sehr niedrige Körperposition zusammen mit dem Anstieg der Speichelcortisolkonzentration typisch für eine Akutstressreaktion wäre. Der Anstieg der Unruhe, die sogenannten oralen Verhaltensweisen wie Zungenschlagen, Lippenlecken, Gähnen oder Maul-Öffnen sind mit moderatem Stress im sozialen Zusammenhang verknüpft. Der weitgehend unspezifische Charakter der Herzschlagänderung

Forscherportrait: Dr. Bonne Beerda

Nachdem Bonne Beerda seinen Wehrdienst als Verbindungsoffizier absolvierte, schloss er 1993 erfolgreich seinen Master an der Universität Wageningen in „Animal Science" ab. Anschließend promovierte er an der Utrecht Universität im Fachbereich „Verhalten und Stressphysiologie". Nach einjähriger Tätigkeit als Programmierer widmete er sich wieder seinen eigentlichen Interessen und arbeitete von 2005–2008 an verschiedenen EU-Projekten, die sich unter anderem mit der nachhaltigen Tierzucht beschäftigten. Aktuell ist er Mitglied im redaktionellen Gremium der „Applied Animal Behaviour Science" und als Wissenschaftler und Dozent an der Universität Wageningen tätig. Seine Forschungsarbeiten beinhalten, neben unterschiedlichen Themen im Bereich Verhalten, auch die Gesundheit und das Wohl von Milchkühen sowie die weibliche Fortpflanzung. Bonne Beerda und sein Team haben in einer Studie die negativen Einflüsse von Stromreizgeräten untersucht und damit wesentlich zur Gesetzesfindung und dem Verbot beigetragen.

Forscherportrait: Prof. Dr. Daniel Mills

Daniel Simon Mills, geboren 1966, ist heute ein anerkannter Biologe und der erste Professor auf dem Lehrstuhl Verhaltensgestützte Tiermedizin an der Universität Lincoln. Seinen Werdegang begann er an der Universität von Bristol. Hier schloss er sein Bachelorstudium erfolgreich in der Tiermedizin ab. Anschließend promovierte er im Bereich Ethologie an der Universität De Montfort, an der er dann als Dozent im Bereich Verhaltensbiologie tätig war. Einen Wechsel an die Lincoln Universität brachte ihm den Vorsitz im Bereich der Biowissenschaften ein.
Durch seine einzigartige Tätigkeit in der Verhaltensgestützten Tiermedizin wurde er Mitglied im *Royal College of Veterinary Surgeons*. Sein Know-How in der Ethologie sowie in der Veterinärmedizin veranlassten ihn, eine Therapiepraxis zu gründen, in der hauptsächlich Tiere mit Verhaltensproblemen behandelt werden. Gestützt auf seine Forschungen entwickelte er beispielsweise den Lincoln stable mirror, um Pferde mit Isolationsproblemen zu unterstützen sowie die Möglichkeit, Problemtieren durch Pheromonbehandlung zu helfen. Seine Ergebnisse und fortlaufenden Arbeiten präsentiert er regelmäßig durch zahlreiche wissenschaftliche Artikel und Bücher.

dagegen lässt sich nicht als Hinweis auf besondere oder deutlich eingruppierbare verschiedene Stresstypen zuordnen. Ebenfalls auffällig ist die sehr große Varianz der Herzschlagreaktion auf die jeweiligen Reize, die Hunde unterscheiden sich also sehr stark in der Reaktionszeit und in der Reaktionsstärke des Herzschlags auf die betreffenden Stressoren. Auch das deutet, ebenso wie andere Beobachtungen, daraufhin, dass möglicherweise die verschiedenen Persönlichkeitstypen, wie theoretisch zu erwarten, tatsächlich mit unterschiedlichen Adrenalinreaktionen antworten.

Die Persönlichkeit macht den Unterschied

Konkrete Untersuchungen über zwei verschiedene Stressreaktionen bei Collies wurden von einer schwedischen Arbeitsgruppe (Hydbring-Sandberg et al, 2004) an der Universität Uppsala in Kooperation mit einigen anderen skandinavischen Universitäten veröffentlicht. Hier wurden 13 Familienhunde, allesamt Collie Rüden, einerseits über verschiedene Arten von Fußbodenbelag geführt und andererseits einem Gewehrschuss als Lärmquelle ausgesetzt. Bemerkenswerterweise waren jeweils sieben der 13 Hunde mit deutlicher

Antwort von Hunden auf Stress

Problemstellung
Stress kann zu einem schlechten Wohlbefinden von Hunden beitragen. Stressparameter, welche ohne eine Blutabnahme gemessen werden können, sind deshalb wichtig, um das Wohlbefinden von Hunden in Privathaushalten und Instituten überwachen zu können. Hierzu können Verhaltensauffälligkeiten, die Herzschlagfrequenz und Cortisolwerte aus dem Speichel dienen. Die Herzschlagfrequenz und der Cortisolwert zeigen die Aktivität von zwei wichtigen physiologischen Systemen, welche bei Hunden auf akuten Stress antworten. Diese sind das sympathische Nervensystem und die Hypothalamische-Hypophysen-Nebennierenrinden-Achse. Zwei Studien, welche sich mit dem Einfluss von Stress auf Hunde beschäftigt haben, gingen folgenden Fragen nach:
- Wie und in welchem Grad reagieren Hunde auf aversive Stimuli?
- In welchem Grad sind Stressantworten mit Verhalten, Speichel-Cortisol und Herzfrequenzrate korreliert?
- Wie wirkt sich chronischer Stress auf das Verhalten von Hunden aus?

Methoden
In der ersten Studie, welche sich mit den Verhaltensantworten, den Cortisolwerten im Speichel und den Herzfrequenzen als Antworten auf verschiedene Stimuli beschäftigte, wurden Hunde verschiedener Rasse, Alter und Geschlechts sechs verschiedenen Stimuli ausgesetzt. Hierbei handelte es sich um soziale Bestrafung, das schnelle Öffnen eines Regenschirmes in Richtung des Tieres, das Umfallen eines Müllsackes in Richtung der Tiere, Lärm und kurze, leichte elektrische Impulse. Aufgenommen wurden hierbei die Verhaltensweisen der Tiere, die Herzschlagrate und die Cortisolwerte aus dem Speichel je vor und nach den Stimuli. In der zweiten Studie, welche sich mit chronischem Stress bei Hunden beschäftigte, wurden die Hunde einzeln auf engem Raum gehalten, um chronischen Stress zu induzieren. Hierbei wurde das Verhalten der Tiere während der Einzelhaltung und während einer gemeinsamen Haltung draußen in einem Freilauf aufgenommen.

Ergebnisse
Stiumuli, welche von den Hunden nicht vorausgesehen werden konnten, wie laute Geräusche, leichte elektrische Impulse und ein fallender Sack, induzierten Cortisolantworten im Speichel und eine niedrige Körperhaltung. Stimuli, welche von einem Experimentator durchgeführt wurden, welcher sichtbar für den Hund war, wie das Öffnen eines Regenschirmes oder die soziale Bestrafung durch Niederdrücken des Hundes, veränderten den Cortisollevel nicht. Diese induzierten aber eine Rastlosigkeit, ein Absenken der Körperhaltung, Schütteln und lösten orales Verhalten aus sowie Gähnen und ein geöffnetes Maul. Die Veränderung bzw. Erhöhung der Herzschlagrate war für jeden Typ an Stimulus nur unspezifisch und konnte nicht verallgemeinert werden. Chronischer Stress zeigte sich vor allem durch geducktere Körperhaltungen, zunehmende Steigerung in der Frequenz des Autogrooming, Pfotenhebens und Lautgebens. Es kam ebenso zu Fällen der Koprophagie (Kotfressen) und zu periodisch wiederkehrendem Verhalten.

Folgerungen
Eine geduckte Körperhaltung, gesteigertes Autogrooming, Pfotenheben, Lautgeben,

wiederkehrendes Verhalten und Koprophagie können chronischen Stress bei Hunden anzeigen. Auch kurzzeitiger Stress kann durch Schütteln, geduckte Körperhaltung und orales Verhalten wie häufiges Lecken oder Gähnen angezeigt werden. Die Herzschlagrate kann zwar als Indikator für Stress gelten, jedoch nicht dafür, um verschiedene Stressursachen oder Stresslevels unterscheiden zu können. Auch andere Faktoren können Schütteln, Gähnen oder Rastlosigkeit auslösen, weshalb solche Verhaltensweisen nicht falsch interpretiert werden dürfen. Ein zusätzliches Messen von physiologischen Parametern kann helfen, solche Verhaltensweisen richtig zu interpretieren.

Quelle
Beerda, B., Schilder, M.B.H., van Hooff, J.A.R.A.M., de Vries, H.W. und Mol, J.A. (1997). Behavioural, salvia cortisol and heart rate responses to different types of stimuli in dogs. Applied Animal Behaviour Sience. 58. 365–381.

Beerda, B., Schilder, M.B.H., van Hooff, J.A.R.A.M., de Vries, H.W. und Mol, J.A.(1999). Chronic stress in dogs subjected to social and spatial restriction. I. Behavioural Responses. Physiology & Behaviour. 66. .233–242.

Angstreaktion nach dem Gewehrschuss sowie bei der Konfrontation mit den unbekannten Fußbodenbelägen auffällig, die anderen 6 jeweils nicht. Jedoch war die Furcht vor den Fußbodenbelägen nicht mit der Reaktion auf den Gewehrschuss korreliert. So ergaben sich insgesamt 4 verschiedene Hundegruppen, jeweils mit oder ohne Furcht vor jedem der beiden Reize. Bei allen Hunden stieg die Pulsrate während der Tests auf den unbekannten Fußböden an, jedoch waren die dabei furchtsamen Hunde viel heftiger in ihrer Herzschlagreaktion als die furchtlosen. Hunde, die sich vor den Gewehrschüssen fürchteten, hatten nicht nur höhere Herzraten, sondern auch einen höheren Hämatokritwert, höhere Plasmakonzentrationen des Stresshormons Cortisol sowie der Hormone Progesteron, Vasopressin und auch der hirneigenen Opiate, der sogenannten Endorphine. Insbesondere Cortisol und Progesteron stiegen besonders stark bei den Hunden, die sich vor den Gewehrschüssen fürchteten. Furchtsame Hunde hatten nach dem Bestehen des Tests auf den Fußbodenbelägen einen deutlich erkennbaren Testosteronanstieg und er stieg auch an, bevor der Gewehrschuss abgefeuert wurde, evtl. als Vorbereitung auf einen demnächst zu erwartenden Stressor. Jedoch waren die Testosteronwerte zwischen den verschiedenen Versuchsgruppen nicht statistisch unterschiedlich. Diese Untersuchung zeigt, dass selbst verschiedene, konkrete, Furcht auslösende Reize ganz andere physiologische Änderungen im Hund hervorrufen und dass furchtsame Hunde nicht auf jede Furcht auslösende Situation gleichermaßen reagieren müssen.

Der Ausbildungsstand macht den Unterschied

Daria Fallani (Fallani et al 2007) von der Universität Parma hat einen Beziehungstest, ähnlich dem in der Kinderpsychologie entwickelten Bowlby-Ainsworth-Test, verwendet, um Blindenhunde mit solchen, die sich noch in der Ausbildung zum Blindenhund befanden, und Familienhunden zu vergleichen. Hierbei war in Anwesenheit des unbekannten, dem Hund potentiell bedrohlich erscheinenden fremden Menschen bei den ausgebildeten Blindenhunden die Pulsrate wesentlich stärker erhöht als bei den anderen Versuchsgruppen. Die Familienhunde waren insgesamt ängstlicher als eine der anderen in Ausbildung zum Blindenhund befindlichen Gruppen und suchten häufiger die Nähe des Menschen. Neben dem Unterschied im Ausbildungsstand der Hunde war auch ein Rasseunterschied erkennbar. Golden Retriever zeigten im Verhalten mehr Belastungs- und Stressreaktionen als Labrador Retriever. Die Studie wird so interpretiert, dass gerade ausgebildete Blindenhunde, wenn sie von ihrem (blinden) Halter getrennt sind, eine kontrolliertere Verhaltensreaktion zeigen als die noch nicht fertig ausgebildeten, jedoch trotzdem durch den stärkeren Anstieg der Herzfrequenz eine höhere innere Belastung anzeigen.

Die Eselsbrücken-Syndrom-Tabelle von Hormon & Co.

Adrenalin	das „Ich-bin-dann-mal-weg"-Hormon; das Fluchthormon im Organismus; gemeinsam mit dem Noradrenalin bildet es das aktive Stresssystem
Cortisol	Hormon des passiven Stresssystems; das Cortisolsystem wird als Kontrollverlustsystem bezeichnet und ist wesentlich für die Ausbildung von Unsicherheit, Angst und Panikanfällen verantwortlich
Dopamin	der „Verführer", der Freudensaft-Botenstoff, der in Verbindung mit Noradrenalin, Serotonin und Endorphinen für das Glücksempfinden zuständig ist; Dopamin wird auch als Selbstbelohnungsbotenstoff bezeichnet, sowie als „Lerndroge"
Endorphine	die „Alles- ist-wunderbar"-Glücksbotenstoffe
Noradrenalin	das „Kampf-Hormon"; Noradrenalin unterstützt und fördert die Testosteronausschüttung; gemeinsam mit dem Adrenalin bildet es das aktive Stresssystem
Oxytocin	das „Wir-gehören-zusammen"-Bindungs- bzw. Vertrauens-Hormon; wirkt als Stressbremse; weibliches Sexualhormon; gemeinsam mit Vasopressin gilt es als Hormon des sozialen Netzwerkes
Prolaktin	das „We-are-Family"-Eltern-Hormon; verantwortlich für diverse Brutpflegeverhaltensweisen
Testosteron	das „Ich-bin-der/die-Tollste"; wird bei jeder Art von sozialem Erfolg ausgeschüttet (auch von weiblichen Lebewesen!); männliches Sexualhormon
Vasopressin	„Du-gehörst-zu-mir", das Eifersuchts- oder Partnerschutzhormon; gemeinsam mit Oxytocin gilt es als Hormon des sozialen Netzwerkes

Geschlecht und Lebensweise macht den Unterschied

Im Gegensatz zu den bisherigen Untersuchungen, die sich mit akuten, also zeitlich begrenzten Stresssituationen beschäftigten, wurde, wiederum in der Gruppe von Bonne Beerda und Jan van Hooff, auch einer Gruppe von Beagles jeweils eine längere, chronische Stresssituation zugemutet. Es handelt sich dabei um Versuchshunde aus dem Labor, die abwechselnd entweder als Gruppe in einem großen, geräumigen Außenzwinger oder einzeln in Innenkäfigen gehalten wurden. Bereits ohne eine konkrete Stressbelastung wurden bei den im Innenzwinger gehaltenen Hunden höhere Raten einer Reihe von Verhaltensäußerungen, etwa Bellen, Körperpflege, Kot fressen, die stressanzeigende niedrige Körperhaltung oder auch Stereotypien und andere wiederholte Bewegungsmuster gezeigt. Danach setzte man die Tiere einer Reihe von konkreten momentanen Belastungssituationen aus, man brachte sie in einen neuen Zwinger, führte sie zum Spaziergang aus, fütterte sie und vollführte verschiedene Formen von Lärm. Hier zeigten sich nun deutlich Unterschiede in der Verhaltensreaktion: Unabhängig vom Geschlecht der betreffenden Hunde war zunächst einmal die Reaktion bei den Versuchshunden, die in Innenkäfigen gelebt hatten, wesentlich stärker, und zwar sowohl durch eine größere Häufigkeit von stressanzeigenden wie auch aggressiv motivierten Verhaltensweisen. Bei den in Gemeinschaftshaltung gehaltenen Beagles gab es zudem einen deutlichen Wettereinfluss zu beobachten: Hunde, die während des Lebens im Außenzwinger schlechtes Wetter, Regen und Kälte erfahren hatten, reagierten weniger stark auf die Umsetzung in die beschränkteren Einzelkäfige

Die Lebensweise eines Hundes hat große Auswirkungen auf seine Stresstoleranz.

im Inneren, Hunde, die während angenehmer und guter Wetterbedingungen im Außenkäfig gelebt hatten, reagierten viel stärker auf das Umsetzen in den räumlich begrenzten Innenzwinger. Im Akutstress generell zeigte sich bei Hündinnen ein erhöhter Stresspegel im Vergleich zu Rüden, dies im Gegensatz, wie bereits erwähnt, zum chronischen Stress der räumlich und sozial begrenzten Haltung allgemein, die beide Geschlechter gleichermaßen zu belasten schien.

Einfluss von äußeren Bedingungen

Neben den Verhaltensbeobachtungen wurden in dieser Studie (Beerda et al, 1999 b) auch verschiedene physiologische Messwerte genommen. Beim Umsetzen aus der Gruppenhaltung im Außenzwinger in die individuellen kleinen, begrenzten Innenzwinger wurde die Konzentration der Stresshormone Adrenalin und Noradrenalin im Urin geringer, Hunde bei denen im Außenzwinger angenehmes Wetter geherrscht hatte, zeigten nach dem Umsetzen einen Anstieg der Cortisolkonzentration, hatten eine verringerte Reaktion der Nebennierenrindenhormone auf plötzliche Geräuschbelastung und eine weitgehend normale Cortisol- und übergeordnete ACTH-Steuerung des Nebennierenrindensystems. Zudem reagierten sie auch mit einer verstärkten Produktion von Lymphozyten, also Immunzellen auf eine entsprechende Injektion. Hunde, die vor der räumlichen und sozialen Einschränkung bei schlechtem Wetter gehalten wurden, hatten entweder abgeschwächte Reaktionen (nämlich bei der Veränderung der Lymphozytenzahl), gar keine Reaktionen (nämlich beim Cortisolanstieg) oder entgegengesetzte Reaktionen zu den Schönwetterhunden (nämlich wenn durch eine Hormoninjektion die Nebennierenrinde aktiviert werden sollte). In Zusammenschau mit den Verhaltensbeobachtungen schließen die Autoren, dass Hunde, die bereits bei der Außenzwingerhaltung schlechte Wetterbedingungen erlebt hatten, offensichtlich durch den dabei erfahrenen früheren Stress bereits abgeschwächte Stressreaktionen besaßen und sich deshalb besser an die Innenzwingerhaltung anpassen konnten. Genau wie bei den vorher dargestellten Verhaltensreaktionen war auch im Bereich der Hormonreaktion die Antwort der Hündinnen auf den Akutstress im physiologischen Bereich erhöht. Im Gegensatz zu der reinen Verhaltensstudie konnten jedoch mit Hilfe der physiologischen Messwerte auch erhöhte Reaktionen der Rüden auf Akutstress nachgewiesen werden.

Cortisol als Stressindikator

In der Zusammenschau der genannten Ergebnisse lässt sich insgesamt feststellen, dass die Konzentration des Cortisols im Speichel und im Urin als deutlicher Hinweis auf chronischen Stress und damit auf reduziertes Wohlbefinden von Hunden gewertet werden kann. Jedoch sind viele Messwerte im Verhalten wie auch im physiologischen Bereich sehr stark von den vorangehenden Haltungsbedingungen, hier etwa von der Wettersituation, und auch vom Geschlecht der jeweiligen Hunde abhängig. Messungen der Adrenalinkonzentration im Urin sowie verschiedener Blutzellkonzentrationen sind noch nicht aussagekräftig genug nach dem derzeitigen Stand der Forschung.

Zwingerhaltung führt bei den meisten Hunden zu Stress, vorallem Einzelhaltung.

Der Einfluss des Maulkorbes auf das Verhalten von Hunden

Problemstellung

Die Idee für die hier vorliegende Arbeit bezieht sich auf eine Schwierigkeit, mit der sehr viele Hundehalter/innen, insbesondere aber Mitarbeiter/innen von Tierheimen und ähnlichen Einrichtungen konfrontiert werden. Das Tierschutzgesetz, insbesondere § 2, fordert, dass ein Tier in seinen Verhaltensäußerungen nicht über die Gebühr eingeschränkt werden darf. Insbesondere ist es verboten, den Bewegungsbedarf eines Tieres einzuschränken oder ihm die Möglichkeit zur artgemäßen Kommunikation zu nehmen. Dem stehen vielfach Probleme gegenüber, wenn Hunde mit bereits nachgewiesener Vorgeschichte von Beißvorfällen im Tierheim oder auch in Privathand an Maulkörbe gewöhnt und mit diesen ausgeführt werden sollen. Die Sicherheitsbestimmungen verlangen hier eindeutig, dass Halter/innen solcher Hunde oder auch Tierheime die notwendigen Maßnahmen ergreifen, um die Öffentlichkeit vor Beißvorfällen zu schützen. Häufig wird dann z. B. von Seiten der Hundehalter/innen oder Ausführer/innen auf die eingeschränkte Kommunikationsfähigkeit und den daraus entstehenden Stress für die Hunde verwiesen. Die Diskrepanz zwischen den in der Gefährdungsanalyse geforderten Sicherheitsmaßnahmen und den angeblich tierschutzwidrigen Maulkorb-Praktiken führt leider viel zu häufig dazu, dass bereits auffällige Hunde ohne Maulkorb ausgeführt werden. Dies wiederum schadet nicht nur der Allgemeinheit bei möglichen neuen Beißvorfällen, es führt auch zu unnötigen Problemen für viele andere Hunde, die nach jedem Beißvorfall weiteren Diskriminierungen ausgesetzt sind. Aktuell ist es leider so, dass bis heute keine wirklichen Befunde zur Charakteristik maulkorbtragender Hunde und ihrer Lebensumstände vorliegen.

Methoden

An der Studie nahmen 30 Hunde teil. Die Untersuchungen wurden in 5 Hundeschulen à 6 Hunden durchgeführt. Pro Untersuchungsgruppe wurden 6 Termine durchgeführt, wobei an jedem Termin jeder Hund dreimal über 5 Minuten gefilmt wurde. An einem Termin liefen alle Hunde einer Gruppe eine gewisse Zeit mit bzw. ohne Maulkorb frei auf einem eingezäunten Gelände. Die Reihenfolge der Fokustiere rotierte. An jedem Untersuchungstermin wurden jedem Hund 3 Speichelproben durch den Besitzer entnommen. Hierzu wurden Q-Tipps verwendet, die anschließend zentrifugiert, vereinigt und bei minus 18 C° gelagert wurden. Es wurden Gittermaulkörbe aus Metall, Leder oder Plastik verwendet, mit denen der Hund trinken und hecheln konnte und die Gesichtsmimik gut zu erkennen war. Die Videoaufnahmen wurden anhand eines selbst erstellten Ethogramms des Haushundes ausgewertet und alle gezeigten Verhaltensweisen zeitlich gemessen oder die Anzahl notiert. Zusätzlich wurde ein Soziogramm erstellt, wobei die Anzahl und die Qualität aller Kontakte zwischen den Hunden erfasst wurden. Der Cortisolgehalt in den Speichelproben wurde im Labor von Prof. Dr. R. Palme in Wien ausgewertet. Ein weiterer Teil der Studie fand an Polizeihunden statt, die in den Situationen Ablage, Schutzdienst und Stadtspaziergang beobachtet wurden.

Ergebnisse

Anhand des Soziogramms konnte festgestellt werden, dass zu Hunden mit Maulkorb genauso häufig Kontakt aufgenommen wurde wie zu Hunden ohne Maulkorb. Aggressive Verhaltensweisen traten insgesamt äußerst selten auf. Körperhaltungen, die die

Stimmung des Hundes gut erkennen lassen, sind das Tragen der Ohren und der Rute. Es zeigte sich kein signifikanter Unterschied bei den Ohrstellungen nach vorne bzw. nach hinten gerichtet im Vergleich zwischen mit und ohne Maulkorb. Bei der Schwanzhaltung der Hunde konnte man jedoch eine Tendenz zu höheren Schwanzpositionen ohne Maulkorb, zu niedrigeren Schwanzpositionen mit Maulkorb erkennen. Als Stressindikatoren bei Hunden können auch die Licking Intention und das Lecken über die Schnauze gewertet werden. Vergleicht man die Anzahl des Auftretens dieser Verhaltensweisen mit und ohne Maulkorb, so wurden sie von den Hunden sogar häufiger ohne Maulkorb gezeigt. Eine weitere Stressantwort bei Hunden ist eine Veränderung in der Aktivität und ein reduziertes Spielverhalten. In allen Hundeschulen konnte eine geringere durchschnittliche Aktivität der Hunde mit Maulkorb festgestellt werden. Individuell ergaben sich sehr große Unterschiede zwischen der Aktivität ohne bzw. mit Maulkorb. Bei dem prozentualen Vergleich des Spielanteils zwischen mit und ohne Maulkorb ergab sich ein geringer, jedoch signifikanter Unterschied von 2,5 %. Das bedeutet, es wurde auch mit Maulkorb gespielt, jedoch signifikant weniger als ohne Maulkorb. Auch hierbei trägt sicherlich die individuelle Komponente zu dem Unterschied bei. Um eine aussagekräftige Unterstützung der Daten zu erzielen, müssen die Cortisolwerte der Speichelproben mit der Verhaltensauswertung verglichen werden.

Folgerungen
Die Untersuchung zeigt, dass es bei Verwendung von Gittermaulkörben, bei positiver und ausreichender Gewöhnung, durch den Maulkorb keine Einschränkung in der Kommunikation zwischen Hunden gibt. Auch nehmen andere Hunde einen maulkorbtragenden Hund nicht als Irritation wahr und verhalten sich weder aggressiver noch meiden sie denjenigen. Anhand der Videoauswertung zeigten sich kein vermehrtes Lecken und kein signifikanter Unterschied in den Ohrstellungen bei Hunden mit Maulkorb. Es konnte jedoch eine Verringerung in der Aktivität und eine Tendenz zu niedrigeren Schwanzhaltungen mit Maulkorb beobachtet werden. Insgesamt konnten große individuelle Unterschiede bei dem Verhalten der Hunde mit Maulkorb festgestellt werden.

Quelle
Elsing, N., Spitzley, I & Gansloßer, U.: Der Einfluss des Maulkorbes auf das Verhalten des Hundes. Aktuelle Arbeiten zur artgemäßen Tierhaltung 2011, KTBL-Schrift 489, 275–276.
Untersuchungen zur Auswirkung des Maulkorbtragens auf Hunde. Wolf & Co 5th international Symposium on Canids 2011, 57–72.

Wann Spielen oder Erfolgsdruck in Stress ausartet

Die Sache mit dem Sport

Einige ganz auffallende Ergebnisse über die Stressreaktion von Hunden während sportlicher oder spielerischer Betätigung mit ihrem Menschen wurden ebenfalls von mehreren Arbeitsgruppen in der Vergangenheit untersucht. Amanda Jones aus der Arbeitsgruppe von Samuel Gosling untersuchte mit Co-Autor Robert Josephs (2006), wie Männer und ihre Hunderüden nach einem gewonnenen bzw. verlorenen Turnier (hier Agility) hormonell reagierten. Bemerkenswert war, dass ein Teil der untersuchten Mann-Hund-Teams offensichtlich den Olympischen Sportsgeist sehr stark verinnerlicht hatte. Es gab nämlich eine Reihe von Mann-Hund-Teams, bei denen die Testosteronwerte des Hundehalters und auch die Cortisolwerte des Hundes sich bei einem verlorenen Turnier kaum von den Basalwerten vor dem Start unterschieden. Dies waren offensichtlich Teams, die mehr aus Spaß an der Freude an dem Turnier teilnahmen und denen die Teilnahme und die gemeinsame Aktivität wichtiger war als das Gewinnen. Eine zweite Gruppe dagegen war hormonell ganz anders gekennzeichnet, bei diesen fiel der Testosteronspiegel der Männer nach dem Verlieren des Turniers stark ab und der Cortisolspiegel des Hundes stieg entsprechend an. Häufig waren dies Männer, die ihren Hund nach dem verlorenen Turnier oder dem missglückten Lauf stark disziplinierten, ausschimpften oder sogar bestraften. Bei gewinnenden Teams gab es keinen statistisch messbaren Zusammenhang zwischen den Testosteronkonzentrationen der menschlichen und Cortisolkonzentrationen der hundlichen Teilnehmer.

Nur echtes Spiel kann Stress reduzieren

Zsuzsanka Horváth (Horváth et al 2008) aus der Arbeitsgruppe von Ádám Miklósi hat in einer Vergleichsstudie das Verhalten und die physiologischen Reaktionen von Hunden in zwei verschiedenen Testgruppen untersucht. Die eine Gruppe waren Polizeihundeführer mit ihren Hunden, die andere Gruppe ungarische Grenzwächter. In beiden Fällen wurde während eines 3-minütigen Zerrspiels der Hund von seinem Halter in der jeweils üblichen Art und Weise angereizt, und danach wurden die Cortisolkonzentrationen bzw. Cortisolanstiege im Speichel der Hunde bestimmt.

Spielen muss beiden Seiten Spaß machen – dann kreisen Glücks- statt Stresshormone im Blut.

Forscherportrait: Prof. Dr. Samuel Gosling

Samuel Gosling ist Professor für Psychologie an der Universität Texas. Er promovierte 1998 in „Social-Personality Psychology" an der kalifornischen Universität in Berkeley. Aktuell beschäftigt er sich nicht nur mit der persönlichen Wahrnehmung des Menschen und dessen Wirkung auf die Umwelt, sondern auch mit individuellen Persönlichkeitsunterschieden. Objekte seiner Arbeiten sind dabei nicht nur der Mensch, sondern auch Tiere, u. a. Hyänen, Hunde, Katzen und Ratten. Um Vergleiche mit dem Menschen anzustreben, forscht er zusätzlich noch an Affen, wie z. B. dem Gorilla und dem Schimpansen.

Um bei seinen Projekten am Menschen einen Überblick über die breite Masse zu bekommen, bietet Gosling mehrere seiner Persönlichkeitstests im Internet an. Des Weiteren veröffentlichte er nach seiner Promotion zahlreiche wissenschaftliche Artikel sowie zwei Bücher in den letzten vier Jahren.

Die Cortisolkonzentrationen älterer Polizeihunde stiegen im Laufe dieses Spiels sehr stark an, während sie bei den Hunden der Grenzwächter abfielen. Eine nachgeschaltete Videoverhaltensanalyse zeigte deutliche Unterschiede im Verhalten der Hundeführer zu ihren Hunden. Die Polizeihundeführer disziplinierten während der Spielzeit wesentlich häufiger ihren Hund und kontrollierten das Verhalten des Hundes auch in dieser Spielepisode nahezu ständig. Die Grenzwächter taten dies nicht, sie zeigten freies Spiel ohne disziplinarische Maßnahmen. Stattdessen wurden von den Grenzwächtern sehr viele positive und freundliche Verhaltensweisen auf ihren Hund gerichtet. Die Unterschiede bestanden also darin, dass die Polizisten einen echten, offensichtlich ernst gemeinten Wettbewerb mit ihrem Hund ausfochten, während die Grenzwächter im engeren Sinne wirklich Spielverhalten zeigten. Und die Reaktion der Hunde war entsprechend, echtes Spiel wie im Falle der Grenzwächter senkte den Stresspegel, messbar am Cortisolabfall. Die ernste und oftmals mit Disziplinierungsmaßnahmen verknüpfte Wettbewerbssituation der Polizisten dagegen erhöhte, wie nicht anders zu erwarten, den Cortisolspiegel der Hunde. Kontrolle, Autorität oder Aggression im Umgang mit dem Hund erhöhen also schon in kurzer Zeit den Cortisolspiegel als Belastungsanzeichen, wohingegen echtes und entspanntes Spiel zur Stressmilderung eingesetzt werden kann.

Stress in Tierheim und Zwinger

Für Menschen, die Hunde als soziale Lebewesen wahrnehmen und als wertvolle Familienmitglieder empfinden, dürfte es selbsterklärend sein, dass eine Haltung im Tierheim oder der Hundepension eine Belastung darstellt. Trotzdem lassen sich manchmal solche Situationen nicht vermeiden: Menschen müssen z. B. plötzlich ins Krankenhaus, fahren in den Urlaub oder auf Geschäftsreise. Damit der Aufenthalt für den Hund in einer fremden, neuen Umgebung gestaltet werden kann, hat sich eine ganze Reihe von Untersuchungen mit der Frage beschäftigt, ob und auf welche Weise man bei solchen, weitgehend ohne Familienanschluss gehaltenen Hunden eine Verringerung der Stressbelastung erreichen könnte.

Menschenkontakt

Wenn ein Hund schon eine Zeit lang im Tierheim oder in der Hundepension verbringen muss, welche Möglichkeiten gibt es dann, ihm die dabei entstehenden Belastungen zu verringern?

Intensive Betreuung vermindert Stress

In einer Untersuchung mit neu ins Tierheim gekommen Hunden konnten Crista Coppola und Co-Autoren (2006) die Cortisol-Speichelkonzentration einer Reihe von Hunden messen, im Zeitabstand von zwei, drei, vier und neun Tagen nach der Tierheimaufnahme. Ein Teil der Hunde wurde regelmäßig von Menschen betreut, sie wurden jeden Tag ausgeführt, man spielte mit ihnen, kraulte sie und versuchte auch grundlegende Kommandos zum Grundgehorsam mit ihnen einzuüben. Der zweite Teil der Hunde bekam dagegen kaum Aufmerksamkeit, wurde also nicht in derartiger Weise von den Menschen betreut. Es zeigte sich ganz klar, dass die Tiere, die in der regelmäßigen Kontaktgruppe waren, nach dem dritten Tag eine deutlich erniedrigte Cortisolkonzentration aufwiesen. Dabei war weder Größe, Alter noch Rasse ein Einflussfaktor. Es zeigt sich also deutlich, dass regelmäßiger Kontakt mit dem Menschen eine wichtige Quelle der Beruhigung und des Stressmanagements für Tierheimhunde wäre.

Die Langzeiteffekte dieser regelmäßigen Betreuung durch Menschen konnten zwei andere Untersuchungen klären. Eine Arbeitsgruppe rund um Michael Hennessy (Hennessy et al 2002, a, b) untersuchte den Einfluss regelmäßiger Kontakte des Menschen über einen Zeitraum von zwei Monaten. Fünf Tage pro Woche wurden jeweils 20 Hunde 20 Minuten lang von Menschen trainiert, massiert und gekrault. Die Kontrollgruppe hatte keine solchen regelmäßigen Kontakte. Jeweils im Abstand von zwei Wochen wurden die Cortisolwerte und die Konzentrationen des übergeordneten Steuerungshormons ACTH im Blut gemessen. Die Cortisolkonzentration sank deutlich erkennbar in der zweiten Woche, die ACTH-Konzentration blieb über den gesamten Zeitraum erhöht, außer bei Hunden, die durch eine hochwertigere Ernährung zusätzlich besser verpflegt wurden. Wurden die Hunde im Laufe der Testzeit konkret Akutstressoren ausgesetzt (Eintritt eines Fremden, Vorführung eines ferngesteuerten Spielzeugautos etc.), so stieg bei allen Hunden die Konzentration beider Hormone im Blut an. Ein deutlicher Unterschied zeigte jedoch, dass in der 8. und folgenden Woche, nachdem die Hunde den regelmäßigen Kontakt gehabt hatten, die Konzentration von Cortisol im Blut absank. Bei den Hunden, die ohne regelmäßiges menschliches Betreuungsprogramm untergebracht waren, ergab sich diese Änderung nicht.

Der regelmäßige Kontakt mit dem Menschen reduziert also auf lange Sicht nicht nur die chronische Stressbelastung, sondern auch die Akutstressbelastung. Hunde mit regelmäßigem Menschenkontakt scheinen also insgesamt stabiler und weniger anfällig für Akutstressoren zu sein, seien es fremde Menschen oder fremde Umweltsituationen. Dass die Betonung hier ganz offensichtlich auf dem Wörtchen regelmäßig liegen muss, konnte eine belgische Arbeitsgruppe um Dina Lefebvre (2009) an Militärdiensthunden zeigen. Hier wurde ein Teil der Hunde regelmäßig, drei bis vier Mal die Woche jeweils mit 20 Minuten positivem Menschenkontakt getestet, die andere Gruppe erhielt die gleiche Gesamtkontaktzeit unregelmäßig, aber geballt innerhalb eines von jeweils fünf Tagen. Danach war wieder vier Tage „Schluss mit lustig". Hier wurden die Cortisolkonzentrationen und die Verhaltensreaktionen der Hunde miteinander verglichen. Die Cortisolkonzentrationen der Hunde mit regelmäßigem Menschenkontakt sanken viel stärker ab als die der Hunde mit dem kurzen, heftigen und dann wieder lange Zeit ausbleibenden Kontakt. In der 7. Woche war der Unterschied im Basalwert des Stresshormons zwischen beiden Gruppen dann endgültig offenkundig. Trotzdem zeigten Hunde beider Testgruppen Stereotypien und rhythmisch wiederholte Zwangshandlungen. Der Kontakt mit einem Menschen für 20 Minuten pro Tag kann also deutlich erkennbar den Stresshormonwert verändern, reicht aber offenbar nicht aus, um die Hunde vollständig auszulasten.

Körperkontakt vermindert Stress

Die Arbeitsgruppe um Michael Hennessy (Hennessy et al, 1998, 2002 a) konnte noch weitere bemerkenswerte Ergebnisse veröffentlichen: Im Rahmen ihrer Untersuchungen wurde den Hunden regelmäßig Blut abgenommen. Im Anschluss an diese Blutabnahme wurde einem Teil der Hunde ein 20-minütiges Wohlfühlmassageprogramm durch jeweils einen bestimmten Menschen zuteil, die anderen Hunde mussten ohne dieses Programm auskommen. Hunde, die an diesem nach der Blutabnahme stattfindenden Massageprogramm teilnahmen, hatten am Ende der 20-minütigen Testzeit jeweils deutlich verringerte Cortisolwerte, und der Cortisolanstieg durch die Blutabnahme war nahezu nicht mehr nachweisbar. Die Hunde, die ohne das menschliche Massageprogramm auskommen mussten, reagierten dagegen sehr stark mit Cortisolanstieg auf die Blutabnahme. Das menschliche Massageprogramm hatte jedoch keinen Einfluss auf die Ausbildung der Dauerstressantwort. Daraus lässt sich ableiten, dass Wohlfühlmassagen beim Hund sehr wohl zur Reduzierung von Akutstresserscheinungen, wohl aber nicht zur Verringerung des chronischen Dauerstresses durch unzureichende Haltungsbedingungen geeignet sind. Eine Erfahrung, die sich in unserer Verhaltensberatung regelmäßig bestätigt. Während dieses Massageprogramms wurde auch untersucht, ob das Geschlecht des kraulenden und massierenden Menschen einen Einfluss auf die Hunde hatte. Hunde, die von Frauen massiert wurden, zeigten sich deutlich entspannter, saßen längere Zeit in einer entspannten Position mit Kopf oben und gähnten häufiger als die, die von Männern massiert wurden. Im Laufe der Zeit konnte auch ausgeschlossen werden, dass es sich um eine generelle Reaktion auf den Geruch oder auf andere äußere Eigenschaften der jeweils kraulenden Testpersonen handelte. Vielmehr war offensichtlich die Art des Kraulens und Massierens bei beiden Geschlechtern unterschiedlich, und die Hunde reagierten auf diese unterschiedlichen Kraul- und Massagebewegungen.

Die Gegenwart von Menschen vermindert Stress

Dass der Mensch in der Tierheimsituation oft sogar der wichtigere Partner in der Stressreduktion ist als der vierbeinige Artgenosse, zeigte eine weitere Arbeit, die 1996 unter Federführung von David Tuber veröffentlich wurde. Hier wurden Tierheimhunde entweder alleine oder in Anwesenheit ihres Zwingergenossen in eine neue Umgebung gebracht. Bei manchen war dann noch ihr gewohnter Pfleger anwesend, bei anderen nicht. Die genannte Gruppe konnte zeigen, dass die Trennung vom üblichen Zwingergenossen nicht zu einer Veränderung der hormonellen Reaktion führte, die Verbringung in die neue Umgebung war gleichermaßen aufregend und belastend in Anwesenheit und Abwesenheit des vierbeinigen Kumpans. Ganz anderes die Anwesenheit des Menschen, dieser konnte allein durch seine Anwesenheit den Anstieg der Glukokortikoidwerte und auch den Anstieg des Aktivitätsverhaltens, also der Unruhe und Hektik, bei den Hunden dämpfen oder sogar ganz

Wohlfühlmassagen dämpfen Stresshormone.

zum Erliegen bringen. Die Hunde versuchten gerade in der neuen Umgebung sehr viel Kontakt zum Menschen zu halten und ihn auch zu Kontaktverhalten aufzufordern. Es muss jedoch betont werden, dass bei diesen Studien nicht auf die Qualität der Beziehung zwischen den beiden Hunden im Zwinger geachtet wurde. Möglicherweise würde das Ergebnis anders aussehen, wenn tatsächlich eine echte Bindung zwischen den beiden Hunden bestünde, was ja durchaus in vielen Fällen üblich ist. Viele Mehrhundehalter/innen berichten ja genau das, nämlich eine deutliche Reaktion ihrer Hunde auf die Abwesenheit eines vierbeinigen Familienmitglieds, auch wenn alle Zweibeiner sich ganz normal im Haushalt befinden.

Eine reiche Umwelt vermindert Stress

Wie David Tuber und Co-Autoren (1999) mit Recht feststellten, ist in vielen Tierheimen die Umgebung deutlich erkennbar mit den frühesten und brutalsten Reizentzugsstudien von Laboraffen vergleichbar, die jemals durchgeführt wurden. Die Frage, wie man in einer praktizierbaren Art und Weise die Qualität der Haltungsumgebung für Tierheimhunde verbessern könnte, wurde daher in mehreren Studien untersucht. Neben den bereits genannten Methoden der Trainings- und regelmäßigen Kontakteinheiten mit dem Menschen können auch Elemente der Käfiggestaltung und Einrichtung für eine Verbesserung der Lebensqualität bei Hunden sorgen. Neben den regelmäßigen Trainingssitzungen und Spaziergängen werden also zunehmend auch die Einrichtung und die Umgebung der jeweiligen Zwinger ins Visier von einschlägigen Untersuchungen genommen. Von besonderer Bedeutung und als besonders belastungssteigernd ist die Trennung des aufgenommenen Hundes von seiner familiären und bekannten Umgebung und von den menschlichen Beziehungspersonen einzustufen. Untersuchungen zur Trennungsproblematik vieler Tierarten und auch des Menschen hatten gezeigt, dass die beteiligten Hormonsysteme, wiederum ist es zum einen das Glukokortikoidsystem, anderseits aber zumindest in der Anfangsphase der Trennungsreaktion auch das Katecholaminsystem, geradezu programmierbar sind. Je öfter eine solche Trennung stattfindet, desto mehr steigt der Hormonspiegel bereits im Vorfeld an und desto reaktionsfreudiger sind die Hormone dann auch bei der Spitzenbelastung. Wenn es also möglich wäre, die Hunde aus diesem Teufelskreis herauszuholen, wäre auch eine bessere Vermittlung möglich. Die Gewöhnung an die Zwingerumgebung ist innerhalb von ca. 1 – 2 Wochen deutlich erkennbar. Der Glukokortikoidgehalt steigt innerhalb der ersten 2 Tage erheblich, auf das 2,5- bis 3-Fache des Grundwertes. Im Laufe von ca. 10 Tagen sinkt er dann wieder etwas ab.

Wie Vermittlungschancen von Tierheimhunden steigen

Es muss also auch darauf ankommen, die Aufenthaltszeit in den Tierheimen durch bessere und erfolgreiche Vermittlung zu verringern. Und hier sind einige weitere interessante Tatsachen zu vermerken: Debora Wells von der Queens Universität in Belfast hat eine gute Zusammenstellung von Einrichtungs- und Managementmaßnahmen für Hunde in Tierheimen veröffentlicht. Dabei zeigte sich, dass beispielsweise ein Hund, der sich nahe am Gitter zum Besucherweg aufhielt, eine höhere

Forscherportrait: Dr. Deborah Wells

Deborah Wells schloss ihr Psychologiestudium 1992 an der Queens Universität in Belfast ab. Vier Jahre später promovierte sie erfolgreich im Bereich „Verhalten und Tierschutz" und wurde dort als Dozentin angestellt. Des Weiteren hat sie die Stelle als Direktorin im Behavioural Development and Welfare Research Cluster und im Animal Behaviour Centre, QUB inne. Sie ist außerdem Mitglied im School of Psychology Management Committee, QUB und dem Education Committee, ASAB.

In ihren aktuellen Studien beschäftigt sie sich hauptsächlich mit dem Verhalten und dem Schutz von in Zoos bzw. in Heimen gehaltenen Tieren. Sie untersucht dort u. a. die Mensch-Tier-Beziehung sowie unterschiedliche Programme zur geistigen Beschäftigung der Tiere. Darüber veröffentlichte sie seit 2006 schon zahlreiche wissenschaftliche Artikel.

Vermittlungschance hatte als einer, der sich im hinteren Teil des Geheges aufhielt. Auch wenn für den Hund selbst wahrscheinlich keine Bedeutung darin besteht, an welcher Stelle sich sein Ruhebett befindet, wäre es also sinnvoll, die Ruhebetten mehr in der Nähe des Besucherwegs anzubringen. Eine ähnlich psychologische Wirkung scheint die Anwesenheit von Spielzeug im Zwinger zu haben. Im Gegensatz zu Laborhunden lassen sich Tierheimhunde kaum durch Spielzeug im Zwinger beschäftigen bzw. aktivieren, aber wenn der Mensch ein Spielzeug im Auslauf sieht, hat der Hund eine höhere Vermittlungschance. Gerade Tierheime könnten hier viel von gut geführten Zoos bezüglich Gehegegestaltung lernen.

Geruchliche, akustische und soziale Umweltanreicherung

Auch die Wirkung von Musik und von Gerüchen wurde bereits getestet. Leichte Klassik, ruhige Balladen und ähnliche beruhigende Musik kann offensichtlich bei Hunden zur Stressmilderung beitragen, Hardrock und Heavy Metal dagegen den Hund deutlich aufregen. Popmusik hat ähnlich wie menschliche Gespräche untereinander kaum einen Effekt, weder zum Positiven noch zum Negativen. Kamille und Lavendeldüfte beruhigen die Hunde in der Tierheimsituation, Pfefferminz erhöht dagegen die Aktivität. Alle diese, von Debora Wells zusammengestellten Befunde lassen sich sicher einfach und oftmals mit geringen Mitteln in einer Tierheimsituation umsetzen. Trotzdem bleibt der wichtigste Aspekt der Verhaltensbereicherung für Hunde in diesen Situationen sicher der Sozialkontakt. Im Gegensatz zu den genannten Untersuchungen von David Tuber betont Debora Wells auch ausdrücklich die wichtige und positive Wirkung des Kontakts zu vierbeinigen Artgenossen und daher auch die Notwendigkeit, so weit wie möglich eine Gruppenhaltung anzustreben. Die Komplexität der sozialen Umgebung wird einfach durch den Geruch, den stimmlichen und optischen Kontakt und direkten Umgang mit den vierbeinigen Artgenossen deutlich erhöht. Und Komplexität in der Umwelt ist einer der wichtigsten Faktoren im Zusammenhang mit der tiergerechten und verhaltensgerechten Umweltgestaltung. Jedoch muss die Verträglichkeit der zusammen gehaltenen Hunde im Einzelfall bewertet werden, und eine willkürliche Zusammenführung, ohne Berücksichtigung der individuellen Verhaltenseigenschaften und der Beziehungsqualität zwischen den zusammen gehaltenen Hunden, ist in jedem Falle abzulehnen.

Einschränkungen im Alltag: Besser Maulkorb statt Leine?

Erstaunlich wenige Untersuchungen haben sich bisher mit der Frage der Einschränkung von Hunden in Alltagssituationen, etwa Leine oder Maulkorb, beschäftigt. Während eine derzeit laufende Untersuchung zu den Auswirkungen des Maulkorbtragens (Elsing et al, 2012) deutlich zeigen konnte, dass Maulkorb tragende Hunde offensichtlich weder im Alltagsgeschehen eines Stadtspaziergangs noch bei Spielgruppen Nachteile erfahren, sieht die Situation mit der Leine offensichtlich anders aus. In einer Dissertation von Ute Olsen an der Veterinärfakultät in Berlin konnte gezeigt werden, dass Hunde, die sich beim Kontakt mit Menschenansammlungen zögerlich verhalten, dort an der Leine oft ängstlich sind. Hunde, die sich nicht zögerlich bei der Annäherung an Menschenansammlungen zeigen, sind durch die Leine weitgehend unbeeinflusst. In dieser Untersuchung zeigt es sich auch, dass häufiger an der Leine geführte Hunde im Freilauf eher Furcht vor Kindern und vor Geräuschen haben als solche, die weniger oft durch die Leine eingeschränkt sind. Hunde, die öfter angeleint sind, knurren im Kontakt mit Menschen und auch gegenüber Hunden häufiger als solche, die nicht so oft an der Leine geführt werden. Diese Untersuchung zeigt, dass die Einschränkung durch die Leine ganz offensichtlich für den Hund ein erhebliches Problem darstellen kann, zumindest wenn er bereits eine eher zurückhaltende, vorsichtige oder gar ängstliche Grundpersönlichkeit aufweist. Gut angewöhnte Maulkörbe dagegen können vom Hund offensichtlich kommunikativ ebenso gut verkraftet werden wie von seinen Artgenossen, die mit ihm im Alltag Umgang haben. Dies unterstützt die Forderung vieler Hundekenner/innen, wonach gut kontrollierbare Hunden im Freilauf mit Maulkorb wesentlich weniger Belastungen hätten als mit Leine und ohne Maulkorb.

Persönlichkeit des Hundes

A- und B-Typen

Der Alltag mit Hund zeigt uns deutlich, dass sich ähnlich wie im Büro auch auf Hundewiesen Angeber, Angsthasen und Mitläufer tummeln. Doch wie können die Persönlichkeit und das „Wesen" eines Hundes durch Tests erkannt werden? Viele Wissenschaftler haben sich darüber in den letzten Jahrzehnten Gedanken gemacht.

Bemerkenswerterweise ist das Interesse an dem Thema Persönlichkeit und Temperament bei Hunden sehr alt. Bereits Anfang des 20. Jahrhunderts hat beispielsweise der bekannte russische Physiologie-Nobelpreisträger Ivan Pavlov ein Forschungsprogramm begonnen, auf dessen Basis er die Grundtypen des hundlichen Temperaments beschreiben wollte. Jedoch wurde in der Folgezeit diesem Thema, mit Ausnahme des Menschen, nur wenig systematische Aufmerksamkeit zuteil. Stimmigkeiten dabei entstanden vor allem, wenn man die in der menschlichen Psychologie üblichen Begriffe auf andere Tiere übertragen wollte.

Persönlichkeitsforschung in der menschlichen Psychologie

Beim Menschen versteht man unter Temperament normalerweise weitestgehend angeborene oder frühzeitig auftretende Verhaltenstendenzen, die sich durch Emotionen, oder andere Gefühlszustände, sowie die Reaktion auf Umweltsituationen identifizieren lassen. Der Persönlichkeitsbegriff dagegen umfasst in der menschlichen Psychologie neben diesen grundlegenden Eigenschaften des Temperaments auch noch Charakter, Ziele und Lebensvorstellungen, Einstellungen und Ansichten zu wichtigen Themen des Lebens, persönliche Projekte, Stimmungen und Lebensgeschichte. Beim Menschen wird daher ein großer Teil dieser Erfahrungen und Einstellungen nur durch Gespräche, Fragebögen und andere, auf sprachlicher Basis beruhende Datenerfassungen zugänglich. Jedoch sind auch in der menschlichen Psychologie in der Persönlichkeitsforschung durchaus Befragungen der Freunde und engen Bekannten bzw. des näheren familiären Umfelds üblich, wenn man eine Testperson genauer auf ihre Persönlichkeitseigenschaften einschätzen möchte.

Persönlichkeitsforschung an Tieren

Anfang der 1990er Jahre entstand an verschiedenen Stellen in der Biologie ein erneutes Interesse an der Persönlichkeit von nicht menschlichen Tieren. Interessanterweise waren es zunächst Untersuchungen nicht an den höchst entwickelten, sozial lebenden Säugetieren, wie etwa Affen oder auch Hunden, sondern Studien an Fischen, Kohlmeisen sowie eine Reihe von Arbeiten über Nutzgeflügel und andere Nutztiere. Alle diese Studien zeigten, dass es in Bezug auf die Reaktion gegenüber belastenden, potenziell gefährlichen Situationen zwei Reaktionstypen gibt. Während diese in den eher verhaltensbiologisch orientierten Studien meist als subdominant und submissiv bezeichnet wurden, hatte sich in der ökologisch-evolutionsbiologisch orientierten Literatur das Begriffspaar scheu und wagemutig (englisch shy und bold) eingebürgert. Die dementsprechenden Begriffe in der Humanpsychologie lauteten B-Typ und A-Typ. Während die submissiven, scheuen Tiere sich als sozial unterlegene eher unterwürfig verhielten, versuchten, dem Ranghohen so wenig wie möglich aufzufallen, oder in Anwesenheit eines Feindes sich sehr vorsichtig und abwartend verhielten, auch unbekannte Gegenstände und unbekannte Situationen kaum jemals in Augenschein nahmen, waren die sogenannten Subdominanten, die A-Typen, auch als Rangtiefe stets bemüht, sich möglichst wenig in ihrer Bewegung und ihren sonstigen Tätigkeiten einschränken zu lassen. Im Umfeld möglicherweise gefährlicher oder neuer, unbekannter Situationen zeigten sie sich neugierig, gingen auf die neuen Situationen zu, waren also erkundungsbereit und dabei scheinbar auch lernfähiger. In einigen Studien über Labortiere, etwa Labormäuse oder Laborratten, wurden diese auch als sogenannte Schnellangriffstypen (wegen ihrer Tendenz, auch unbekannte Artgenossen sofort sozial zu untersuchen und gegebenenfalls zu attackieren) oder als dominant bezeichnet. Auch wenn der Begriff der Dominanz in diesem und anderen Persönlichkeitsuntersuchungen nicht im streng ethologischen Sinn korrekt verwendet wird, nämlich als Eigenschaft anstatt als Beziehung, ist doch bemerkenswert, dass hier ein Zusammenhang mit der sozialen Durchsetzungsfähigkeit angenommen wurde. Dies hat sich aber gerade in den genannten Studien über Sonnenbarsche und andere Fische sowie über Nutzgeflügel und Kleintiere als falsch erwiesen. Diese etwas hemdsärmelig nach vorne gehenden, wagemutigen A-Typen zeigen keineswegs eine höhere Wahrscheinlichkeit, in Auseinandersetzungen als Sieger hervorzugehen. Im Gegenteil, in vielen Fällen, von Affen bis Kohlmeisen, lässt sich sogar zeigen, dass die zurückhaltenden B-Typen im Laufe der Zeit mit ihrer Aussitzmentalität weiterkommen und viel leichter und häufiger an den oberen Plätzen einer Rangordnung enden. Der A-Typ nämlich, wie auch häufig gezeigt werden konnte, ist relativ wenig frustrationstolerant und tendiert dazu, nach einer verlorenen Auseinandersetzung die Gruppe wieder zu verlassen und sein Glück an anderer Stelle zu versuchen.

In den 1980er und 90er Jahren wurde auch erstmals erfolgreich versucht, diese beiden Persönlichkeitstypen mit unterschiedlichen Reaktionen des Stresshormonsystems zu koppeln. Ausgangspunkt dafür war neben den humanpsychologischen Untersuchungen vor allem eine Reihe von Arbeiten über Nutztiere. So zeigte sich, dass bestimmte Persönlichkeitstypen von Schweinen mehr zu Herzinfarkt und anderen Herzkreislauferkrankungen neigten als andere, oder auch dass es bei Kühen einen Zusammenhang zwischen dem Auftreten

Nicht nur die Farbe unterscheidet evtl. diese beiden. Gesichtsausdruck und Körpersprache könnten auch Unterschiede in der Persönlichkeit widerspiegeln.

von Stereotypien als Stressverhalten und der Häufigkeit von Magen- und Darmentzündungen gab. Die menschlichen Untersuchungen belegten ebenso, dass A-Typen eher dazu neigten, bei Langzeitstress mit Herzkreislauferkrankungen zu antworten, wo hingegen sich bei B-Typen eher Infektionskrankheiten, Diabetes, andere Stoffwechselkrankheiten oder gegebenenfalls auch Tumore bildeten. Hintergrund dieser gesundheitlichen Unterschiede ist, dass A-Typen mit der Aktivierung des Nebennierenmarksystems, des Adrenalin- und Noradrenalinsystems, antworten, B-Typen dagegen mit dem Cortisolsystem der Nebennierenrinde (siehe S. 89 ff.).

Persönlichkeitsforschung am Hund

All diese Untersuchungen liefen lange Jahre weitgehend parallel und ohne Wechselwirkungen mit dem, was in der Zwischenzeit über Persönlichkeiten und Charaktereigenschaften von Hunden geschehen war. Bereits seit den 1960er und früheren 1970er Jahren wurde in einer Reihe von Studien versucht, aus größerem Zahlenmaterial über Hunde bestimmte Persönlichkeitseigenschaften herauszukristallisieren. Hintergrund dazu war meistens die Überlegung, dass man bestimmte Hundetypen für bestimmte Aufgaben, sei es als Behindertenbegleit-

Forscherportrait: Dr. Kenth Svartberg

Kenth Svartberg lebt mit seiner Familie in der Nähe von Uppsala in Schweden. Seit seiner Jugend gehören Hunde mit zur Familie, was sein Interesse am Hundeverhalten bestärkte und ihn schließlich dazu veranlasste, 2003 seine Doktorarbeit in Zoologie an der Universität von Stockholm zu absolvieren. In seiner Abschlussarbeit konzentrierte er sich dabei auf die Persönlichkeit beim Hund. Mit einem Wechsel an die Schwedische Universität für Landwirtschaft umfassten seine Studien zusätzlich noch Füchse und Ziegen.
Heute beschäftigt er sich hauptsächlich mit wissenschaftlichen Arbeiten rund um das Thema Hund, ist als Hundetrainer unterwegs und nimmt erfolgreich an Wettkämpfen im Bereich Agility und Obedience teil, nicht nur als Teilnehmer, sondern auch in der Jury.
Kenth veröffentlichte nicht nur zahlreiche wissenschaftliche Artikel und Bücher über das Hundeverhalten, sondern bietet auch regelmäßig Seminare und Workshops für das hundeinteressierte Publikum an.

2012 wird er sein neuestes Projekt veröffentlichen. Hierbei handelt es sich um einen Hundeverhaltenstest für alle Rassen, der versucht, die Grundwesenszüge jedes Hundes zu beschreiben.

hunde, Polizeihunde oder für sonstige Tätigkeiten, besser vorhersagen könnte. Daher hatten sich eine Reihe von Arbeitsgruppen mit dem Thema beschäftigt und beispielsweise versucht, Hunde bereits vom Welpen- und frühen Junghundstadium an durch geeignete Verhaltenstests in ihrer zukünftigen Eignung für solche Tätigkeiten einsetzen zu können. Wir werden später in diesem Kapitel sehen, dass dies bisher nur sehr eingeschränkt und mit älteren Hunden möglich ist. Erst um 2002 herum wurde, zunächst von dem schwedischen Forscher Kenth Svartberg, erstmals in einer Reihe von Veröffentlichungen die Anwendung des Scheu-Wagemutig-Systems auf Hunde versucht. Grundlage seiner Untersuchungen war zunächst die Anwendung eines vom Schwedischen Verband für Arbeitshunde (SWDA) entwickelten Standardtest. Dieser als Dog Mentality Assessment, DMA, bezeichnete Test hat eine Reihe von Stationen, bei denen der Hund zum Teil vom Versuchsleiter, zum Teil auch vom Halter selbst durch einen Parcour geführt wird und dort eine Reihe von unterschiedlichen, teils bedrohlich erscheinenden oder unerwartet-erschreckenden, teils positiven Reizen präsentiert bekommt. So soll er ein schnell fliehendes Objekt verfolgen, er soll mit einem Objekt Zerrspiele vollführen, er wird von einem Fremden bedroht, Geister tauchen aus dem Wald auf und dann wird der Hund wiederum am Ende nochmals mit dem Objektspiel motiviert. Dieser Test wird auch von einigen Deutschen Hundezuchtverbänden für die Zuchtzulassung verwendet.

Der Wesenstest in Schweden

Bemerkenswert ist, welchen Aufwand die schwedischen Verbände betreiben, um den Wesenstest in seiner Verlässlichkeit zu garantieren. In einer Fußnote einer Arbeit aus dem Jahr 2005 beschreibt Kenth Svartberg auch die Schritte zur Ausbildung eines Testleiters: Zunächst müssen zwischen 24 und 38 Stunden Ausbildung absolviert werden, bevor man Testassistent werden kann. In einer vierstufigen Weiterbildung, mit 64 Stunden, wird man dann Testleiter, danach hat man nochmals eine fünfstufige Weiterbildung mit insgesamt 94 Stunden zu absolvieren, bevor man Beobachter, also Punktrichter, bei diesem Test werden kann. Alle Funktionäre in diesem Geschehen müssen alle Tests bestehen. Auch die Verlässlichkeit der Tester bei diesen Prüfungen wird bewertet. In der Prüfung der Prüfer werden zehn Hunde eingesetzt, und alle getesteten Variablen müssen zumindest zu 72% mit dem Testergebnis des Ausbilders übereinstimmen. Auch der Ausbilder wird wiederum während der Prüfung von einem Supervisor, einem Mitglied eines landesweit nur wenige Personen umfassenden Prüfungskomitees bewertet und überwacht. Dieses, in der Tat auf wissenschaftlicher und statistischer Basis beruhende Verfahren sollte man sich anschauen, bevor man im Rahmen einer Zuchtzulassungsprüfung oder einer Gefahrhundetestung bei uns mit dem Begriff des Wesenstests leichtfertig umgeht. Genau dieses Verfahren verringert nämlich die Gefahren, die das bei uns durchgeführte Testverfahren, sei es in Zuchtverbänden oder in der Gefahrhundeprüfung durch Ordnungsämter und andere selbst ernannte Hundekundige immer wieder lauern. Eine wesentliche Stärke der Arbeit von Kenth Svartberg ist es, dass dieser Test, der auf einem neutralen Testgelände stattfindet, ein bis zwei Jahre später durch eine Fragebogenaktion bei den Hundehaltern/innen ergänzt wurde. 697 Fragebogen wurden zurückgeschickt, in denen die Hundehalter/innen selbst ihren Hund nach einer Reihe von vorgegebenen Fragen und Merkmalen einschätzen sollten. Kenth Svartberg hat dann die Ergebnisse dieser aus dem Alltag in der häuslichen und heimatlichen Situation des Hundes entstandene Einschätzung der Hundehalter mit den Ergebnissen des offiziellen und standardisierten Tests verglichen. Dabei ergab sich, dass mehrere Persönlichkeitseigenschaften der Hunde sich mit sehr hoher statistischer Vergleichbarkeit in den Einschätzungen der Hundehalter und den Standard-Testergebnissen wiederholten. Die Persönlichkeitskomponenten, die hier mit hoher statistischer Zuverlässigkeit gefunden wurden, waren zum einen Interesse am Spiel mit Menschen, zum zweiten das Verhalten gegenüber Fremden (Interesse, Furcht und/ oder Aggression) sowie die nicht soziale Furchtsamkeit. Im Persönlichkeitstest wurden diese drei Komponenten als Geselligkeit, Verspieltheit und Neugier, Furchtlosigkeit bezeichnet. Kenth Svartberg selbst konnte durch weitere statistische Betrachtungen diese zu einer übergeordneten Kategorie zusammenfassen, die sich eben als Scheu oder Wagemutig charakterisieren lässt. Zwei andere Persönlichkeitseigenschaften aus dem DMA-Test dagegen waren offensichtlich Mischungen von unterschiedlichen Handlungsbereitschaften und ließen sich daher nicht mit den Ergebnissen der Halterbefragung zur Deckung bringen, nämlich die Neigung, schnell bewegte Objekte zu verfolgen, die nicht etwa mit dem Beutefang, sondern mit dem Interesse am Spiel mit Menschen und mit der nicht sozialen Furchtsamkeit gekoppelt war, sowie die Neigung, auf Distanz zu spielen. Auch diese Distanzspielneigung zeigte keinen Zusammenhang zwischen einem Ergebnis des Tests und der Befragung der Halter.

Ebenso bemerkenswert ist, dass die Aggressivität, die im Test eindeutig bewertet werden konnte, sich nicht in irgendeiner Eigenschaft der Halterbefragung wiederfand. Alle mit Aggressivität in der Halterbefragung, also mit Aggressionsneigung und Aggressionspotenzial im Alltag, gekoppelten Fragen ließen sich mit keinerlei statistischer Treffsicherheit auf die Aggressionseigenschaften im Verhaltenstest zurückführen. Auch dies ist ein sehr wichtiges und kaum bei uns bekanntes Ergebnis dieser Studie und macht eben die Durchführung solcher Tests für die Beurteilung von sogenannten Gefahrhunden noch unglaubhafter und noch angreifbarer als die bereits oben geäußerten methodischen Bedenken in der nicht vorhandenen Schulung und Überprüfung der Tester. Da der DMA-Test unter anderem zur Bewertung von Arbeitshunden geeignet sein sollte, wurde er von Kenth Svartberg auch in Bezug auf die Leistungen von Schwedischen Arbeitshunden, Deutschen Schäferhunden und Belgischen Tervueren Schäferhunden angewendet. Auch hier wurden zunächst die Faktoren Verspieltheit, Neugier und Furchtlosigkeit, Geselligkeit und Neigung zum Verfolgen von bewegten Objekten sowie Aggressivität aus dem DMA-Test herausgefiltert. Hier zeigt es sich wieder, dass die Aggressivität kein durchgängiges und für die Vorhersage zukünftigen Verhaltens brauchbares Charakteristikum wäre. Fasste man die Ergebnisse wieder zu der höheren Kategorie Scheu gegen Wagemutig zusammen, so zeigte es sich generell, dass die Deutschen Schäferhunde in der Schwedischen Testung einen höheren Wert für Wagemutigkeit erhielten als die Belgischen Tervuerens und dass Rüden höhere Punktzahlen erreichten als Hündinnen. Jedoch betraf dies nur die Gesamtheit aller getesteten Hunde.

Berechnete man nur die Werte für die Hunde der höchsten Leistungskategorie, so waren weder die Rasse- noch die Geschlechtsunterschiede auffindbar. Als genereller Trend zeigt es sich jedoch, dass Hunde mit einer höheren Punktzahl für Wagemutigkeit auch bessere Ergebnisse im Arbeitshundetest, der etwa einer der bei uns üblichen Schutzhundprüfung entspricht, erreichten.

Nachdem die Anwendbarkeit von Svartbergs gefundenen Persönlichkeitseigenschaften also wiederholt überprüft war, interessierte man sich auch dafür, wie es mit der Wiederholbarkeit des Tests beim gleichen Hund aussähe. In dieser Studie wurden die Hunde dreimal im Abstand von jeweils 30 bis 35 Tagen dem GMA-Test unterzogen. Auch hier zeigte sich, dass die Einstufung auf der übergeordneten Scheu-Wagemutig-Achse ebenso wie die Einstufung auf den Unterkategorien Verspieltheit, Geselligkeit und Verfolgungsneigung stabil über die drei Testwiederholungen reseziert werden konnte. Die Testungen für Neugier-Furchtlosigkeit und für Aggressivität dagegen änderten sich. Furchtreaktion und Aggression nahmen zwischen dem ersten und dem zweiten Test bereits deutlich und statistisch nachweisbar ab, das Neugierverhalten dagegen nahm zu. Hier sind also offensichtlich Gewöhnungseffekte von größerer Bedeutung als die zu Grunde liegenden Persönlichkeitsachsen. Auch das ist wieder ein Ergebnis, das viel zu wenig in der praktischen Hundetesterszene bei uns angekommen ist. Offensichtlich ist das, was in diesem Test als Aggressivität getestet wird, mehr mit der Reaktion gegen unbekannte und neuartige Situationen, also eine Reaktion, die in der Psychologie als Xenophobie bezeichnet wird, als mit einem zu Grunde liegenden allgemeinen Aggressionspotenzial zu erklären.

Aggressivität entsteht oft aus Unsicherheit, vorallem in unbekannten Situationen.

Charakterzüge bei Hunden

Problemstellung

Bei vielen verschiedenen Tierarten können individuelle Unterschiede im Verhalten festgestellt werden. Solche Ungleichheiten schließen auf Unterschiede in der Persönlichkeit oder dem Temperament. Um auf diese Unterschiede genauer einzugehen und sie festzustellen, gibt es im Bezug auf den Hund eine Reihe von Tests.

Ein weiterer wichtiger Aspekt ist die Kontinuität bestimmter Charakterzüge beim Hund. Da in einem solchen Verhaltenstest, im Zeitraum von ein paar Monaten, keine aussagekräftigen Schlüsse im Bezug auf die Kontinuität gezogen werden können, wurden die Teilnehmer eines solchen Tests nach einem Jahr wiederholt befragt. Dabei wurde Wert auf die Frage gelegt, ob die getesteten Charaktereigenschaften auch im normalen Umfeld des Hundes auftreten.

Methoden

Eine der Studien beschäftigte sich mit einem Verhaltenstest (sog. DMA), um Hunde auf die Kontinuität bestimmter Charaktereigenschaften zu testen. Die teilnehmenden 40 Hunde waren unterschiedlicher Rasse und Geschlechts sowie zwischen 12–24 Monate alt. Um Kontinuität zu beweisen, wurde in einem Zeitraum von zwei Monaten der Test dreimal, an drei verschiedenen Orten durchgeführt. Alle Hunde führten den Test noch einmal, diesmal an einem Ort, in derselben Reihenfolge durch, um zu vermeiden, dass die Hunde die Orte mit dem Test in Verbindung brachten. Er ging über drei Stufen, in denen sechs Charaktereigenschaften beurteilt werden sollten: Spielverhalten, Ängstlichkeit, Jagdneigung, Freundlichkeit, Aggression und Distanz-Spielverhalten. Als zusätzliche Eigenschaft wurde die Kühnheit mit aufgenommen.

Die zweite Studie, die sich mit dem Verhalten im Test im Vergleich zum alltäglichen Leben beschäftigte, basierte auf den Daten eines oben genannten DMA. An alle Teilnehmer der Studie wurde nach einem Jahr ein Fragebogen verschickt, der in verschiedene Bereiche aufgeteilt war, die die im DMA wichtigen Charaktereigenschaften widerspiegelten. Insgesamt wurden 697 Fragebögen ausgewertet.

Ergebnisse

Folgende Ergebnisse des DMA waren zu verzeichnen. Alle Charaktereigenschaften unterschieden sich individuell, stimmten jedoch in ihrer Kontinuität in jedem einzelnen Test überein. Ebenso konnte bewiesen werden, dass die Zuverlässigkeit des Tests über die Kontinuität der individuellen Unterschiede, über den Prüfungszeitraum von zwei Monaten, zutrifft. Weiterhin wurde festgestellt, dass die Übereinstimmung in den Charaktereigenschaften Spielverhalten, Jagdtrieb, Freundlichkeit und Kühnheit in der Testreihe, trotz Wiederholung derselben Situation, unverändert war und deshalb für eine starke Stabilität dieser Charaktereigenschaften spricht.

Ängstlichkeit und Aggressivität dagegen, wurden durch die Wiederholungen beeinflusst. Bei den ersten beiden Tests konnte im Bezug auf das Verhalten Aggressivität ein Rückgang, bei Ängstlichkeit ein Anstieg vermerkt werden.

Der Fragebogen ergab, dass vier der sechs Charaktereigenschaften aus dem DMA, nämlich Spielverhalten, Ängstlichkeit, Freundlichkeit und Distanz-Spielverhalten, auch im normalen Umfeld eines Hundes auftreten, was deren Wahrheitsgehalt bestärkt.

Ein weiteres Ergebnis war, dass der Jagdtrieb des Hundes nicht, wie vermutet, auf dem Räuberverhalten basiert, sondern auf dem Spielinteresse und der Eigenschaft, nicht ängstlich zu sein.

Die einzige Charaktereigenschaft, die nicht mit dem typischen Hundeverhalten übereinstimmte, war die Aggressivität.

Es konnte aber auch verzeichnet werden, dass nicht alle getesteten Komponenten der Charaktereigenschaften des DMA im normalen Umfeld des Hundes gültig sind. So z. B. eine Trennung betreffend Angst, Räuberverhalten, Aggressivität gegenüber dem Besitzer und Hund-Hund-Verhalten.

Gültigkeit dagegen besaßen Spielverhalten, das Verhalten gegenüber Fremden und das Nichtängstlichsein. Diese Eigenschaften stützten sich auf den Charakterzug der Kühnheit.

Anhand des Fragebogens konnte nun auch bestätigt werden, dass sich die Kontinuität der verschiedenen Charaktereigenschaften über einen längeren Zeitraum bestätigen lässt (1–2 Jahre).

Folgerung

Die Ergebnisse, v. a. im Bezug auf die des DMA, lassen sich auch in anderen Tierarten mit auf ihre Verhaltensweisen zugeschnittenen Tests belegen.

Die Ergebnisse des Fragebogens belegen, dass sich der Test besonders dafür eignet, drei Komponenten der Charaktereigenschaften im Hund zu untersuchen, nämlich die Freundlichkeit, die Ängstlichkeit und das Spielverhalten. Das Jagdverhalten und das Distanz-Spielverhalten dagegen setzten sich aus einer Reihe unterschiedlicher Komponenten zusammen, so dass in diesen Fällen nicht auf die Charaktereigenschaften eines Hundes geschlossen werden kann. Aggressivität wurde als ungültige Kategorie beschrieben.

Die Tatsache, dass die Charaktereigenschaften genetisch bedingt sind, legt nahe, dass der DMA auch in der Zucht genutzt werden kann, um z. B. nur die Hunde zu verpaaren, die gute Eigenschaften aufweisen und damit beispielsweise einen „besseren" Begleithund hervorbringen würden. Oder aber um problematische Eigenschaften im Hund zu erkennen, um dann durch Trainingsarbeiten diesen entgegenzuwirken.

Quelle: Kenth Svartberg (2005). A comparison of behaviour in test and in everyday life: evidence of three consistent boldness-related personality traits in dogs. Applied Animal Behaviour Science 91, 103–128.
Kenth Svartberg, Ingrid Trapper, Hans Temrin, Tommy Radesäter, Staffan Thorman (2005). Consistency of personality traits in dogs. Animal Behaviour 69, 283–291.

Die fünf Persönlichkeitsachsen

Menschliche Persönlichkeitsbeschreibungen aus der Psychologie, wie emotionale Stabilität, Offenheit für neue Erfahrungen, Lernbereitschaft und Trainierbarkeit, Geselligkeit, Extro- und Introvertiertheit sowie Gewissenhaftigkeit beim Verfolgen von Zielen, lassen sich wahrscheinlich auch bei Hunden finden.

Bei der Anwendung des übergeordneten A- und B-Typ-Modells, sei es beim Menschen oder bei anderen Tierarten, zeigte sich sehr schnell, dass damit zwar grundlegende Eigenschaften der Stress- und Belastungsreaktion sowie des Umgangs mit unbekannten Situationen oder potenziellen Gefahren erkennbar waren. Viele andere Aspekte der Persönlichkeit dagegen lassen sich nicht in diesem Modell unterbringen. Letztlich ist dem Persönlichkeitsbegriff in der vergleichenden Psychologie eigen, dass die Reaktion des getesteten Individuums in möglichst vielen verschiedenen Lebenssituationen vorhergesagt und mit der Reaktion anderer, sozial, altersmäßig vergleichbarer Artgenossen zur Deckung gebracht werden kann. Und hierbei zeigt es sich schnell, dass es doch mehr verschiedene Reaktionsmöglichkeiten gibt als nur die beiden großen Typen A und B. Auch beim Studium anderer Tierarten zeigt es sich, dass man hier wiederum aus der Humanpsychologie Anleihen nehmen konnte. Seit den 1990er Jahren hat sich die Arbeitsgruppe von Samuel Gosling, zunächst an der Universität von Berkeley in Kalifornien, später am Psychologiedepartment der Universität von Texas in Austin, mit dieser Thematik bei einer Reihe von Tierarten, vom Tintenfisch bis zum Schimpansen, beschäftigt. Und ersichtlicherweise kam man dabei auch auf den Hund.

Erste Sortierversuche durch Samuel Gosling und Amanda Jones

Im Jahr 2005 veröffentlichte Samuel Gosling zusammen mit seiner Kollegin Amanda Jones einen Übersichtsartikel über Temperament und Persönlichkeit beim Hund. Hier wurden nach ausführlicher Literatursuche und Literaturvergleich insgesamt 51 wissenschaftliche Arbeiten aus dem Jahr 1934 bis 2004 ausgewertet. Nach einem komplizierten System wurden die dort jeweils verwendeten Eigenschaften und Begriffe zur Beschreibung hundlichen Verhaltens und hundlicher Persönlichkeitsmerkmale sortiert (siehe S. 122). Neben den Ergebnissen der Studien waren auch die Methodik und die wissenschaftliche Akribie, mit der die Ergebnisse in den jeweiligen Studien auf Belastbarkeit und Zuverlässigkeit überprüft wurden, von Interesse. Es zeigte sich, dass insgesamt mit vier verschiedenen Methoden an das Thema Temperament und Persönlichkeit beim Hund herangegangen wurde: Da gab es zum einen die sogenannten Testbatterien, bei denen der Hund einer Reihe von unterschiedlichen Situationen unter möglichst kontrollierten Bedingungen ausgesetzt war (z. B. DMA-Test, S. 116). Dann gab es eine Reihe von Studien, die den Hund durch den Halter oder andere, ihm nahe stehende Personen einschätzen ließen. Diese Fragebogeneinschätzung und Punktevergabe durch die mit dem Hund zusammenlebenden Menschen abzielenden Vorgehensweisen wären etwa dem Fragebogen in der Svartbergschen Verlässlichkeitsstudie vergleichbar. Eine dritte Gruppe von Untersuchungen befragte Experten, etwa Tierärzte, Hundetrainer, Zuchtrichter, und ließ sie Fragebögen ausfüllen. Hier war es meist nicht zu sehr die Persönlichkeit des individuellen Hundes, sondern beispielsweise die Persönlichkeitseigenschaft einer ganzen Rasse, die im Zentrum solcher Untersuchungen stand. Und eine vierte und letzte Gruppe von Methoden waren Beobachtungsstudien der Hunde in verschiedenen Lebenslagen. Eine Vielzahl von Studien beschäftigte sich wiederum mit der Eignung der Hunde für bestimmte Arbeitstätigkeiten und Nutzungszwecke. Nur wenige Studien hatten sich explizit bemüht, z. B. die Verallgemeinerbarkeit der Ergebnisse solcher Eignungstests auf das Leben des Familienhundes und dessen Persönlichkeitsmerkmale zu versuchen.

Die Rasse macht einen Unterschied

Wie im Kapitel über Genetik des Verhaltens und Rassen schon ausgeführt wurde, unterscheiden sich in vielen der hier überprüften Studien die Ergebnisse verschiedener Rassen deutlich voneinander, es ließ sich also in vielen Fällen eine rassetypische Persönlichkeits- oder Temperamentsstruktur nachweisen. Das bedeutet aber auch, dass Studien, bei denen die Rassen der beteiligten Hunde nicht mit den individuellen Ergebnissen zusammengebracht werden konnten, auch nur eine bedingte Aussagekraft für den Vergleich hatten. Ebenso schränkt die Aussagekraft vieler Tests ein, dass unterschiedliche Rassen wegen ihrer unterschiedlichen zukünftigen Arbeitstätigkeit mit unterschiedlichen Tests konfrontiert wurden. So waren beispielsweise 80% aller Hunde, die in Beobachtungsstudien überprüft wurden, Labrador Retriever, die auf ihr Potenzial als zukünftige Behindertenbegleithunde überprüft wurden, wohingegen etwa ein Drittel der Hunde in Testbatteriestudien Deutsche Schäferhunde in der Eignungsprüfung für Polizei- und Schutzhunde darstellten. Die meisten Studien testeten Welpen und Junghunde, nur in wenigen Studien waren Hunde von mehr als vier Jahren überdurchschnittlich vertreten. Altersbedingte Änderungen des Temperaments wurden daher nur selten erforscht.

Besonders problematisch erschien bei der Auswertung dieser Studien wieder das Thema von Welpen- und Junghundtests. Die Verlässlichkeit, mit der ein sogenannter Welpentest die Eignung des Hundes für spätere Verwendbarkeit als Begleit-, Dienst- oder Arbeitshund vorhersagen kann, ist sehr gering. Die meisten Studien, die zu diesem Thema ausgewertet wurden, kamen zu dem Ergebnis, dass vor dem Alter von 1–1,5 Jahren keine zuverlässige Vorhersage der späteren erwachsenen Persönlichkeit möglich ist. Mehr noch, mindestens eine Studie konnte zeigen, dass es möglich ist, durch gezielte Selektion, also Zuchtwahl, die Leistung der Hunde in den Welpentests zu verbessern, ohne dabei die Leistungen der erwachsenen Hunde in ihrer späteren Berufstätigkeit zu beeinflussen. Als Nebeneffekt der Auswertung ergab sich, dass offensichtlich die Kastration eines Hundes in den meisten Fällen seine aggressiven Tendenzen in Zukunft nicht zuverlässig reduziert. In Anbetracht der Tatsache, dass Aggression ein von vielfältigen auslösenden Reizen und unterschiedlichen hormonellen Systemen gesteuertes Geschehen darstellt, ist dies nicht weiter verwunderlich.

Temperament und Persönlichkeit beim Hund *(Canis lupus f. familiaris)*

Problemstellung

Obwohl Studien über das Temperament und die Persönlichkeiten schon lange existieren, beschränken sie sich zunächst hauptsächlich auf den Menschen. Erst seitdem die Tiere und v. a. Hunde als Familienmitglieder angesehen werden, treten diese Eigenschaften auch bei ihnen in den Vordergrund. Zahlreiche Forscher bringen dabei ihre eigenen Erfahrungen und verschiedene Ansichten mit in die Arbeiten ein. Dadurch ist mittlerweile ein umfangreiches Test-Repertoire entstanden. Tests für Welpen, die später einmal als Behindertenbegleithund eingesetzt werden sollen, oder Untersuchungstests, die die Erblichkeit bestimmter Charaktereigenschaften feststellen, bilden keine Seltenheit. Um einen Überblick zu bekommen, wurden verschiedene wissenschaftliche Artikel gesammelt, Forschungsmuster besprochen und die Hauptpunkte ausgewertet.

Methoden

Es wurden Studien aus den Onlinedatenbanken PsychInfo, Biosis und Web of Science Datenbank herangezogen. Übrig blieben 51 Forschungsbeispiele. Die Artikel wiesen viele unterschiedliche Ziele und Vorgehensweisen auf, die das Temperament und die Persönlichkeit eines Hundes erfassen sollten. Um eine grobe Einteilung vorzunehmen, wurde auf mehrere Aspekte Wert gelegt. Die verwendeten Verhaltenskategorien wurden dazu in sieben Kategorien eingeteilt und mit folgenden sechs Randbedingungen abgeglichen:
– die Methoden der Messungen,
– die untersuchten Rassen,
– das Ziel der Studien,
– das Alter der Hunde, in dem getestet wurde,
– die Zuchtbedingungen
– und das Geschlecht des Tieres.

Anschließend wurden die Ergebnisse der Studien nach bestimmten Fragen eingeteilt. Es wurde zum einen ermittelt, welche Charakterzüge der Hunde untersucht wurden, zum anderen wurde ausgewertet, ob die Beurteilung der Hundepersönlichkeit glaubhaft bzw. gültig ist.

Ergebnisse

Es konnte festgestellt werden, dass das Ausmaß der Messung der einzelnen Studien stark variierte. Einerseits umfassten die Forschungen nur wenige Informationen, die auf einer kleinen Anzahl an Hunden beruhten, andererseits gab es aufwendige und weitreichende Messungen. Hauptsächlich wurden dabei Hunde getestet, die als zukünftige Polizei- oder Behindertenbegleithunde arbeiten sollten, weniger Hunde, die in Tierheimen und Auffangstationen zur Vermittlung standen. Das bestätigt auch das Ergebnis in Bezug auf die untersuchten Rassen. In 85% der Fälle wurden Labrador Retriever bzw. Deutsche Schäferhunde geprüft, Mischlinge nur sehr selten. Als zukünftiger Begleithund wurde am häufigsten der Labrador Retriever getestet, der Schäferhund dagegen in Bezug auf den Polizeieinsatz.

Rasseübergreifend konnten in den Forschungsarbeiten große Unterschiede in der Persönlichkeit festgestellt werden, ebenso wie beim Vergleich verschiedener Gruppen (z. B. Terrier, Hütehunde, Jagdhunde). Einzelne, seltene Verhaltensmuster konnten auch nur bei bestimmten Rassen festgestellt werden.

Des Weiteren konnte ermittelt werden, dass sich die einzelnen Arbeiten jeweils auf eine Messmethode konzentrierten, wobei vier Methoden regelmäßig angewandt wurden.

Dabei handelt es sich einerseits um die sog. Testbatterie, die am häufigsten eingesetzt wurde, zum anderen die Beurteilung einzelner Hunde, aber auch Expertenbeurteilung in Bezug auf Züchtungsversuche und Verhaltensbeobachtungen.

Die meisten Ergebnisse der Studien bezogen sich auf Welpen bzw. Junghunde. Kaum einer der Hunde war älter als vier Jahre, wodurch keine Vergleiche in Bezug auf altersbedingte Verhaltensänderungen gezogen werden konnten. Teilweise wurden diese Wesenstests in der Zucht eingesetzt, um eine selektive Züchtung auf bestimmte Charaktereigenschaften bei Welpen voranzutreiben. Hier konnte ein Erfolg verzeichnet werden. Allerdings wurde beobachtet, dass sich diese Hunde weniger zum Einsatz als Begleithund eigneten. Eine Vielzahl der getesteten Hunde war weder kastriert noch sterilisiert. In den seltenen Studien, die sich mit der Wesensänderung nach einer Kastration beschäftigten, wurde festgestellt, dass unkastrierte Rüden mehr aggressives Verhalten zeigen als kastrierte und intakte Weibchen am wenigsten. Es wurde aber auch aufgeführt, dass es nicht sinnvoll ist, einen aggressiven, unkastrierten Rüden zu kastrieren, da dies keinen Einfluss auf die Verminderung der Aggression hat.

Im Bezug auf die Frage, welche Wesenszüge untersucht wurden, kristallisierten sich sieben Charaktereigenschaften heraus: Reaktionsvermögen, Ängstlichkeit, Aktivität, Freundlichkeit, Empfindlichkeit gegenüber Training, Unterwürfigkeit und Aggression. Die meisten Studien beschäftigten sich mit der Ängstlichkeit und der Freundlichkeit, wobei festgestellt wurde, dass sich Ängstlichkeit auf das Reaktionsvermögen auswirkt, diese zwei Eigenschaften also in einem näheren Zusammenhang stehen müssen.

Die Studien, die sich mit der Aktivität der Hunde beschäftigten, konnten ermitteln, dass es hier einen großen Unterschied zwischen den einzelnen Altersklassen gibt. Ebenso steht die Aktivität mit vielen der anderen Eigenschaften in engem Zusammenhang.

Die Frage, ob die Beurteilung der Hundepersönlichkeit glaubhaft bzw. gültig ist, kann bejaht werden, auch wenn sich diese Aussage nur auf eine geringe Anzahl an Studien stützt. Jedoch sollten, in Bezug auf die Gültigkeit, diese Tests nicht nur an Welpen durchgeführt werden, da die Ergebnisse zeigen, dass sich bestimmte Eigenschaften im Alter ändern.

Folgerung

Diese Tests, in Bezug auf das Temperament und die Persönlichkeit beim Hund, sind nicht nur für den Fachmann, sondern auch den Wissenschaftler interessant. Sie dienen also nicht nur dazu, das Wesen eines Hundes zu charakterisieren, der im öffentlichen Dienst als Polizei- oder Behindertenbegleithund eingesetzt wird, sondern auch in Hundeauffangstationen oder Tierheimen, damit sich zukünftige Hundebesitzer einen Hund aussuchen können, der zu ihrem Lebensstil passt. Aber auch zuchtbedingt können solche Tests relevant sein. Ebenfalls bieten solche Prüfungen, die sich mit dem Wesen eines Tieres beschäftigen, Grundlagen für Untersuchungen an der menschlichen Psyche oder der anderer Tiere.

Quelle: Amanda C. Jones, Samuel D. Gosling (2005). Review. Temperament and personality in dogs (Canis familiaris): A review and Evaluation of past research. Applied Animal Behaviour Science 95, 1–53.

Annäherung an die fünf Persönlichkeitsachsen beim Hund

In dem systematischen, mehrstufigen Sortier- und Bewertungsprozess ergaben sich fünf bis sieben immer wiederkehrende Kategorien, von denen einige jedoch noch zusammengefasst werden können. Die fünf wichtigsten Kategorien sind, wie im Folgenden zu sehen sein wird, durchaus mit dem in der Human- und vergleichenden Persönlichkeitspsychologie üblichen fünf Faktorenmodell zu beschreiben. In den allgemeinen Modellen lassen sich folgende Achsen identifizieren:
- eine Achse emotionale Stabilität gegen Neurotizismus,
- eine Achse Offenheit für neue Erfahrungen, Lernbereitschaft und Trainierbarkeit,
- eine Achse Geselligkeit (wobei hier die Geselligkeit mit dem Menschen und die Geselligkeit mit dem Artgenossen zumindest bei Hunden und bei Katzen unterschieden werden müssen)
- eine Achse Extrovertiertheit oder Introvertiertheit und
- eine Achse Gewissenhaftigkeit beim Verfolgen von Zielen.

Die genannten Achsen sind auf S. 126 noch ausführlicher behandelt. Die Kategorien in der Studie von Jones und Gosling waren Reaktivität, Furchtsamkeit, Aktivität, Geselligkeit, Reaktion auf Training, Unterwürfigkeit und Aggression. Bereits in der Diskussion zu dieser Arbeit wurde jedoch die Frage aufgeworfen, ob Aktivität und Furchtsamkeit nicht einer gemeinsamen Achse angehören, und die Zuverlässigkeit der Einschätzung von Aktivität scheint sehr stark vom Alter abhängig. Letztlich sind auch Aggressivität und Submissivität möglicherweise nur zwei Enden eines Kontinuums, also einer gemeinsamen Achse.

Sehr kritisch diskutieren Jones und Gosling viele methodische Schwächen der bisher veröffentlichten Studien. Zuverlässigkeit, Wiederholbarkeit, Übereinstimmung zwischen mehreren Testern oder Bewertern, und die Trennschärfe der gefundenen Kategorien wurden sehr selten überprüft. Daraus ergibt sich in vielen Studien ein unscharfes Bild und die Vergleichbarkeit der Ergebnisse zwischen den verschiedenen Arbeiten leidet. Nichtsdestotrotz stellen Jones und Gosling fest, dass ihre Arbeit übereinstimmend die Existenz von Persönlichkeitskategorien beim Hund bestätigt und dass die genannten Kategorien, die sich in ähnlicher Weise auch in den Arbeiten von Svartberg sowie anderen Arbeitsgruppen wiederfinden, mit den Achsen des Fünf-Faktoren-Modells durchaus zur Deckung bringen ließen.

Fragebogenerhebung

Im Jahr 2007 wurde eine leicht veränderte Version des Fünf-Achsen-Modells verwendet, um eine sehr breit angelegte Umfrage unter Hundehaltern/innen durchzuführen. Mehrere Mitarbeiterinnen der Arbeitsgruppe von Professor Ádám Miklósi in Budapest entwarfen einen Fragebogen, der in Zusammenarbeit mit einer Hundezeitschrift online angeboten wurde. Zirka 14.000 Hundehalter/innen beantworteten innerhalb weniger Monate diesen, in Bezug auf den Hund mit 24 Fragen ausgestatteten Fragebogen. Die Fragen wurden so formuliert, dass entweder null Punkte für stimmt nicht, ein Punkt für stimmt teilweise oder zwei Punkte für trifft zu vergeben waren. Eine typische Frage war zum Beispiel: Mein Hund hat außer Fressen und Schlafen nicht viel im Sinn. Diese Frage würde dann auf der Achse Trainierbarkeit und Offenheit für Lernerfahrungen wieder auftauchen.

Die statistische Auswertung der Fragebögen wurde im Rahmen mehrerer wissenschaftlicher Veröffentlichungen nach unterschiedlichen Gesichtspunkten vorgenommen. Ein Autorenteam von Borbala Turcsan, Enikö Kubinyi und Ádám Miklósi zog zunächst die Ergebnisse heran, um Rasseunterschiede in den Persönlichkeitsachsen zu beschreiben. Die in diesem Projekt verwendeten Persönlichkeitsachsen waren die oben erwähnten, nämlich Gelassenheit und emotionale Stabilität (in den englischen Originalarbeiten des Budapester Teams als calmness also Ruhe bezeichnet), dies deckt sich in etwa mit der Achse Reaktivität aus der ursprünglichen Arbeit von Jones und Gosling, Trainierbarkeit, Geselligkeit mit Hunden und die hier als Kühnheit (boldness) bezeichnete Achse Extrovertiertheit. Vorsicht ist geboten, da sich die hier als boldness bezeichnete Achse nicht mit der Gesamtpersönlichkeitseigenschaft des wagemutigen A-Typs deckt, wie sie etwa in Kenth Svartbergs Arbeiten auftaucht. Daher bevorzugen wir auch in unseren eigenen Anwendungen dieses Fragebogens die aus der Humanpsychologie stammende Bezeichnung Extrovertiertheit. Mehrere Versuche, auch Daten zur fünften Persönlichkeitsachse Gewissenhaftigkeit zu finden bzw. zuzuordnen, schlugen, möglicherweise wegen nicht ganz zutreffend formulierter Fragen, fehl. Alltagserfahrungen mit Hunden zeigen jedoch sehr wohl, dass es diese Persönlichkeitseigenschaft bei Hunden gibt. Die Ausdauer im Verfolgen von Zielen, die Hartnäckigkeit, mit der beispielsweise auch verstecktes Futter gesucht oder andere Tätigkeiten vollführt werden, ist manchen Hundehaltern/innen durchaus bekannt, während andere doch eher einen Dünnbrettbohrer als Hund ihr Eigen zu nennen scheinen.

Die Anwendung auf die Rasseunterschiede war ausgesprochen interessant. Die größten Unterschiede zwischen den Rassengruppen fanden sich in den Persönlichkeitseigenschaften Trainierbarkeit und Extrovertiertheit. Hütehunde waren deutlich trainierbarer als Meute-, Schutz- und Arbeitshunde, Schoßhunde und andere Hunde, die nicht im Hundesport eingesetzt werden. Sporthunde generell waren trainierbarer als Rassen, die nicht im Sport eingesetzt wurden. Im Bezug auf den Extrovertiertheitsgrad waren Terrier deutlich extrovertierter als Meute- und Hütehunde. Nach dieser Einteilung der Rassen, die weitgehend auf künstlichen, von den Hundezuchtverbänden (hier der in der internationalen Vereinigung FCI) vorgenommenen Gruppierungen beruhte, wurde noch eine zweite Untersuchung angeschlossen, bei der es nicht um die Zugehörigkeit der betreffenden Rassen zu den FCI-Kategorien, sondern um die genetische Verwandtschaft der Rassen und den Zusammenhang zwischen genetischer Verwandtschaft der Rassen und den Persönlichkeitseigenschaften ging. Auch diese, auf genetischer Basis beruhende Klassifikation unterschied sich deutlich in den Persönlichkeitseigenschaften Trainierbarkeit und Extrovertiertheit. Hier waren zunächst die Gruppen der alten Rassen als weniger trainierbar zu erkennen, als die Gruppe rund um Mastiff und Terrier, die Hüte-, Sichtjäger- und die Jagdhundegruppe. In Bezug auf die Extrovertiertheit kam die Mastiff-Terrier-Gruppe an oberster Stelle, danach die alten Hunderassen und die Hüte- und Sichtjagdgruppe. Verwendet man die Ergebnisse der beiden Persönlichkeitsachsen Trainierbarkeit und Extrovertiertheit, um aufgrund dieser Persönlichkeitseigenschaften eine Gruppierung der Rassen vorzunehmen, so decken sich die Ergebnisse dieser Gruppierung in gewissem Maß mit den Ergebnissen der genetischen Gruppierung. Es ist jedoch zu vermuten, dass gerade die Verhaltensgruppierung in jüngerer Zeit akut gewordene Selektionsprozesse besser reflektiert als die genetische Klassifikation, die mehr die Ursprungsgeschichte und die früheren Verwandtschaftsverhältnisse der jeweiligen Rasse wiederzugeben scheint. Einige charakteristische Rassen, die an oberer bzw. unterer Stelle der jeweils 96 Rassen umfassenden Liste auftauchen, sind in einer Tabelle zusammengefasst.

Einfluss des Halters auf die Hundepersönlichkeit

In einer zweiten Arbeit im Jahr 2009, diesmal unter Federführung von Enikö Kubinyi, konnte das gleiche Autoren/innen-Team deutliche Zusammenhänge zwischen den Haltungsbedingungen der Hunde und den jeweiligen Persönlichkeitseigenschaften darstellen. Hierzu ist jedoch zu betonen, dass es sich, wie allgemein bei solchen Studien üblich, um sogenannte Korrelationen handelt. Das heißt, man kann nur feststellen, dass beispielsweise bestimmte Gruppen von Menschen bestimmte Typen von Hundepersönlichkeiten halten. Ob sich die Persönlichkeit der Hunde an die Eigenschaft der Menschen anpasst oder ob die Menschen bestimmte Hunde ausgewählt haben, die persönlichkeitsmäßig besser zu ihnen zu passen scheinen, ist in dieser Untersuchung naturgemäß nicht unterscheidbar.

Das Storchenbeispiel

Ein allgemein bekanntes Beispiel, wie man Korrelationsanalysen interpretieren darf und wie nicht, ist das in vielen Statistikbüchern zitierte Beispiel vom Storch und den Kindern. In mehreren Industrieländern lässt sich eindeutig statistisch nachweisen, dass die Zahl der Störche in gleichem Maße zurückgeht wie die Geburtenrate. Trotzdem ist dies kein statistischer Beweis dafür, dass der Storch tatsächlich die Babys bringt. Wollte man diese These überprüfen, müsste man zunächst in einem Wiederansiedlungsprojekt die Zahl der Störche im betreffenden Land wieder auf einen höheren Populationsstand bringen und dann die Geburtenrate messen. Und selbst wenn dann wieder mehr Kinder geboren würden, wäre das nur ein schwacher Beweis. Man müsste dann streng genommen die Störche wieder wegfangen und dann wiederum ein Absinken der Geburtenrate nachweisen. Erst dann wäre durch diese Untersuchung belegt, dass der Storch tatsächlich die Kinder bringt. Dieses Beispiel verdeutlicht, wie Korrelationen zu lesen sind und wie eben nicht. Um das Rätsel zu lösen: In dem bekannten Storchenbeispiel geht es darum, dass Menschen in industrialisierten Ländern mit höherem Wohlstand weniger Kinder bekommen. Gleichzeitig werden aber in Industrieländern, durch vielfältige Landschaftszerstörungen, eben auch die Lebensbedingungen für Störche verschlechtert. Es handelt sich also hier um zwei Erscheinungen eines anderen zu Grunde liegenden Trends, nämlich der Industrialisierung, Landschaftszersiedlung und anderer ökonomischer Faktoren.

Emotionale Stabilität

Die genannte Untersuchung von über 14.000 Fragebogen ergab z. B. folgende Zusammenhänge: Hunde, die über 2 Jahre alt waren, kastriert, und erst im Alter von mehr als drei Monaten in den Haushalt kamen, waren am wenigsten emotional stabil. Die ruhigsten und emotional stabilsten Hunde waren über 6,9 Jahre alt. Die Trainierbarkeit war am stärksten von der Frage abhängig, ob und wie viele verschiedene Kurse in einer Hundeschule die Hunde besucht hatten, sowie vom Alter des Hundes und vom Zweck, für den er angeschafft wurde. Die am wenigsten trainierbaren Hunde hatten keinerlei professionelles Training erfahren und waren über drei Jahre alt, die Trainierbarsten waren diejenigen, die in mindestens drei oder mehr verschiedenen Kursen und Arten von professionellem Hundetraining teilgenommen hatten. Die Geselligkeit gegenüber Hunden war am meisten vom Alter, dem Geschlecht, der Trainingserfahrung und der Zeit, die der Hund mit dem Menschen zusammen verbrachte, abhängig. Die am wenigsten geselligen Hunde waren über 4,8 Jahre alt und verbrachten weniger als drei Stunden täglich mit ihren Haltern/innen. Die geselligsten Hunde waren unter 1,5 Jahre alt. Rüden waren etwas weniger gesellig als Hündinnen. Die Extrovertiertheit, auch hier als Kühnheit bezeichnet, war am meisten vom Alter, dem Geschlecht und dem Zeitpunkt der Aufnahme in den jetzigen Haushalt abhängig. Die introvertiertesten Hunde in dieser Studie waren Hündinnen, die nach dem Alter von einem Jahr angeschafft oder vom derzeitigen Halter selbst gezüchtet worden waren. Die kühnsten Hunde waren Rüden, die vor dem abgeschlossenen 3. Monat erworben und jünger als zwei Jahre alt waren. Eine Reihe von anderen Faktoren, etwa Geschlecht, Alter, Ausbildungsstand und Vorerfahrung mit Hunden des/der jeweiligen Halters/in hatten ebenfalls gewisse Einflüsse auf das Persönlichkeitsprofil des derzeit gehaltenen Hundes. Auch die Zahl der Menschen und der Hunde, die sonst noch im Haushalt lebten, hatte Einflüsse.

Die genannte Studie zeigt, dass durch Befragungen mit standardisierten Fragebögen, die an möglichst viele Hundehalter/innen verschickt werden, durchaus bemerkenswerte Ergebnisse und auch eine Reihe von wissenschaftlich wichtigen Erkenntnissen gewonnen werden können. Zu beachten ist jedoch, dass es sich hier um eine sehr eingeschränkte Gruppe von Hundehaltern handelt. Zum einen liest nicht jeder ein teures Hundemagazin, zum anderen ist nicht jeder in der Lage, einen Onlinefragebogen auszufüllen, oder nimmt sich die Zeit dazu. Es ist also anzunehmen, dass es sich eher um eine Stichprobe von besonders interessierten und/oder auch besonders engagierten Hundehaltern/innen handeln dürfte. Trotzdem sind die Ergebnisse sehr bedeutsam.
In der eigenen Beratungstätigkeit unseres Beratungsprojekts (U. Gansloßer und S. Strodtbeck) zeigt sich, dass die Ergebnisse des von der Budapester Gruppe verwendeten Persönlichkeitsbogens tatsächlich in sehr hohem Maße mit den Einschätzungen der Hunde im Alltag sowohl durch Trainer wie auch Halter wie durch andere Personen zur Deckung kommen. Wir haben eine Reihe von Eigenschaften festgestellt, die sich entwicklungsgeschichtlich und auf derzeitige Haltungs- und Ausbildungsbedingungen sowie das jeweilige Verhaltensmanagement des Mensch-Hund-Teams zurückführen lassen.

Eignungsprüfungen

Wie bereits in der Einführung erwähnt, sind die Versuche, Hunde auf ihre zukünftige Eignung als Behindertenbegleithunde, Schutz- und Diensthunde oder andere Arbeitshunde zu prüfen durchaus vielfältig. Doch machen solche Tests überhaupt Sinn?

Bereits in den 1980er Jahren wurde aus der Gruppe von Rolf Beilharz in Melbourne eine länger angelegte Studie veröffentlicht, die sich mit der Eignung von Hunden für die Tätigkeit als Blinden- und andere Behindertenbegleithunde befasste. Hier wurden Hunde im Alter von acht Monaten bis zu zwei Jahren wiederholt einer Reihe von Reizen ausgesetzt, die sich überwiegend um den Problemkreis der Furchtsamkeit gruppierten. Zudem wurde ihre Allgemeinaktivität in nicht stressenden Umgebungssituationen gemessen. Bemerkenswert war, dass sich bezüglich der Aktivität ein Unterschied ergab, den wir mit Hilfe des Scheu- und Wagemutig-Modells erklären können. Manche Hunde reagierten nämlich in Furcht auslösenden Situationen mit einer Steigerung der Aktivität, andere mit einem Abfall. Hier können wir deutlich den A- und B-Typ wiedererkennen. Neben der allgemeinen Furchtsamkeit in einer lärmenden und von vielen Menschen besuchten Umgebung wurde auch noch die Neigung zur olfaktorischen Erkundung, also zum Benutzen der Nase in unbekannten Situationen, sowie die Reaktion auf fremde, unbekannte Gegenstände getestet. Ein wesentlicher Faktor, der die Reaktion der Hunde in den stressenden Umgebungssituationen mit vorhersagte, war die Erfahrung, unter der sie aufwuchsen. Hunde, die in Anwesenheit eines Artgenossen und in einer Familie aufwuchsen, waren wesentlich weniger ablenkbar als solche, die aus anderen Haltungsbedingungen stammten. Obwohl bereits im Alter von acht Wochen deutlich erkennbare Unterschiede in der Furchtsamkeit der Welpen zu beobachten waren, nahm die Zuverlässigkeit, mit der aus den Testergebnissen im Welpen- und Junghundstadium auf das spätere Erwachsenenverhalten geschlossen werden konnte, im Laufe der nächsten Lebensmonate zu. Eine wirkliche Zuverlässigkeit, auf das Verhalten des Erwachsenen zu schließen, ergab sich erst ab dem Alter von weit über einem Jahr. Aktivitätsunterschiede in den Welpen wurden bereits ab dem Alter von vier Wochen gefunden, aber auch dies korrelierte nur sehr schwach mit der Aktivität des betreffenden Hundes als Erwachsener. Kein einziger der verwendeten Tests erlaubte einen Rückschluss auf das Lernverhalten des Hundes später als Erwachsener in spezifischen Lernsituationen.

Eignung zum Behindertenbegleithund

Wiederum auf der Basis einer breit angelegten und mit sehr vielen Einzelfragen ausgestatteten Fragebogenaktion versuchte James Serpell mit seinem Mitarbeiter Yuying Hsu, Temperament und Verhaltenseigenschaften von Hunden für die Eignung als Behindertenbegleithunde zu analysieren. Hier wurden über 1.000 Hunde, die von Freiwilligen aufgezogen wurden, um später als Behindertenbegleithund ausgebildet zu werden, von diesen Personen aufgrund ihrer Eigenschaften eingeschätzt. Das System funktioniert so, dass Freiwillige die Hunde nach der Welpenzeit übernehmen und bis zum Alter von einem Jahr bei sich aufziehen und betreuen. Danach gehen sie in die Behindertenhundeausbildung. Diese Freiwilligen wurden gebeten, die von ihnen betreuten Hunde im Alter von sechs und von zwölf Monaten aufgrund eines 40 Fragen umfassenden Standardfragebogens einzuschätzen. Jede der betreffenden Fragen konnte mit fünf Punkten von eins bis fünf beantwortet werden. Hier war beispielsweise die Frage nach der Reaktion auf Straßenverkehr von einem Punkt (scheint von starkem Straßenverkehr unbeeindruckt zu sein) bis zu fünf Punkte (ist offensichtlich alarmiert oder furchtsam bei starkem Straßenverkehr) möglich. Acht stabile Persönlichkeitseigenschaften ließen sich aus diesem Fragebogen herauslösen:

- Aggression oder Furcht gegen fremde Menschen,
- nicht soziale Furcht,
- allgemeine Energie und Aktivität,
- Aggression gegen den Halter,
- Jagdverhalten,
- Trainierbarkeit,
- Bindungsverhalten und
- Furcht oder Aggression gegen fremde Hunde.

Einige dieser Faktoren ließen sich auch miteinander in statistischer Weise verbinden, jedoch waren die Zusammenhänge nur mittelprächtig. Im nächsten Schritt wurden dann die Ergebnisse dieser Fragebögen mit den Ergebnissen des Aufnahmetests der Hunde in der Blindenhundeschule verglichen. Hier waren erstaunlich viele Übereinstimmungen zwischen den Ergebnissen des Fragebogens und der Entscheidung, ob der Hund in die Blindenhundeschule aufgenommen wird oder nicht, zu erkennen. Die Aufnahmeentscheidung lag zwischen zwei und zwölf Monaten von der Ausfüllzeit des Fragebogens getrennt. Die von Serpel und Hsu als bemerkenswert beschriebenen Diskrepanzen zwischen den Fragebögen und dem Testergebnis bei Aufnahme in die Schule sind jedoch möglicherweise aufschlussreicher als die bestätigten Zusammenhänge: So wurden, von den Autoren unerwartet, Hunde, die als vorsichtig oder zurückhaltend im Umgang mit fremden Menschen eingestuft wurden und deshalb den Test nicht bestanden, im Fragebogen in Bezug auf ihr Bindungsverhalten höher eingestuft. Hunde, die wegen Aggression oder Ablehnung fremder Hunde durchfielen,

Gerade spätere Behindertenbegleithunde sind oft Gegenstand von Untersuchungen zu Persönlichkeit und Temperament.

waren auf der Trainierbarkeitsskala höher eingestuft, und Hunde, die als besonders erregbar durchfielen, waren auf der Skala Aggression gegen Fremde hoch angesiedelt. Dies deutet daraufhin, dass hier die Zusammenhänge mit der Grundpersönlichkeit von Scheu und Wagemutig mit getestet wurden.

Von den vielfältigen weiteren Versuchen, Hunde für ihre Eignung zur Behindertenbegleithundeausbildung einzuschätzen, sei noch eine Studie erwähnt: Emily Weiss vom Psychologiedepartment der Universität von Wichita in Kansas bemühte sich, eine Einschätzung von Tierheimhunden für ihre Eignung als Behindertenbegleithunde zu entwickeln. Hier wurden die Hunde von erfahrenen Hundetrainern durch eine längere Testsituation geführt, die von einem kontrollierten Spaziergang über Kontaktaufnahmen zum Menschen, milde Belastungssituationen, bis zu stressenden Reizen wie etwa Kneiftests und Fixieren führte. Die Einschätzung der Trainer wurde dann durch ein fünfwöchiges Training dieser Hunde im Zusammenhang mit Obedience- und Apportierausbildung ergänzt. Am Ende des fünfwöchigen Kurses wurden die Hunde von neutralen Testern aufgrund der Ergebnisse dieses Kurses nochmals für ihre Eignung als Behindertenbegleithunde eingestuft. Aber hier ergaben sich durchaus hohe statistische Zusammenhänge zwischen der Einschätzung der Trainer nach dem Test und dem Ergebnis der fünfwöchigen Ausbildung am Ende. Insgesamt wurden bei dieser Untersuchung 75 Hunde getestet, von denen am Ende 40 das fünfwöchige Training erfolgreich absolvierten. Auch diese Studie bemühte sich, statistische Zusammenhänge zwischen bestimmten Einzelteilen des Tests und der späteren Leistung der Hunde in bestimmten Teilen der Ausbildung herzustellen, und kann daher Vorhersagewert für zukünftiges Verhalten des Hundes in bestimmten Situationen haben. Zusammenfassend lässt sich aufgrund dieser Untersuchungen zeigen, dass es sehr wohl möglich ist, Hunde in Testsituationen und anschließenden Ausbildungseinheiten zur Eignung auf bestimmte Tätigkeiten einzuschätzen. Momentaufnahmen von Hunden, noch dazu solche von Hunden unter 18 Monaten, liefern jedoch keine zuverlässigen Vorhersagen für das Verhalten eines später erwachsenen Hundes. Andere Einflussfaktoren, teilweise auch in Alter, in der Erfahrung und in der Lebenssituation des Halters sind als Einflussfaktoren auf die Persönlichkeit des Hundes nicht auszuschließen, insbesondere wenn dieser Hund schon jung erworben wurde. Das faszinierende Feld der Persönlichkeitsforschung profitiert sehr viel vom Hund. Und es ist schade, dass durch schlecht angewendete oder inkompetent entwickelte Tests, seien sie im Rahmen der Gefahrhundeüberprüfung oder im Rahmen der Zuchtzulassungsprüfung, vielfach das ganze Thema bei vielen Hundehaltern/innen in einem schlechten Licht erscheint und als unzuverlässiger Humbug abgelehnt wird. Wer aber glaubt, sei es als Ordnungsamtsmitarbeiter/in, Amtstierarzt, freiwillig ernannter Wesenstester im Zuchtverein oder in anderen Zusammenhängen, eine Persönlichkeits- und Charaktereinschätzung eines Hundes zuverlässig durchführen zu wollen, sollte sich nicht nur mit den hier genannten Arbeiten beschäftigen, sondern auch deren statistische Akribie und methodische Durchdringung für sich selbst als Mindeststandard setzen. Gerade in diesem Bereich gilt mehr denn je der sonst sehr abgedroschene Spruch: Wer aufhört besser werden zu wollen, hört auf gut zu sein!

Die soziale Intelligenz des Hundes

Warum sich Mensch und Hund so gut verstehen

Kein Blick fällt in meine Richtung, als ich das Haus verlasse. Meine Hündin Erna bleibt liegen – anscheinend weiß sie, dass ich nicht zum Gassigehen aufbreche. Doch warum? Sie hat mich beim Anziehen beobachtet und aus irgendeiner meiner Handlungen muss sie geschlossen haben, dass sie nicht mitkommen wird. Welche das war, weiß ich nicht. Aber mir wird wieder einmal klar, wie gut Hunde uns kennen. Dieses Kapitel zeigt eine Auswahl der vielen Studien, die in den letzten Jahrzehnten die große soziale Intelligenz von Hunden untersucht haben.

Stellen Sie sich vor, Sie wären Astronaut und landen versehentlich auf einem fremden Planeten. Fortan müssen Sie in einer Marsmenschfamilie als Haustier leben. Wahrscheinlich würden Sie nach einer Phase des Schocks die meiste Zeit damit zubringen, den Tagesablauf der unbekannten Spezies zu studieren, und dabei lernen, Gewohnheiten zu verstehen. Nach kurzer Zeit könnten Sie dadurch voraussagen, was als Nächstes passiert. Dann würden Sie sich bestimmt besonders darauf konzentrieren, wie die fremden Wesen miteinander kommunizieren: ob Gesten eine bestimmte Bedeutung haben und welche Laute für Gegenstände oder Situationen genutzt werden. Wenn Sie sich einigermaßen geschickt anstellen, haben Ihre Beobachtungen bestimmt bald Erfolg und Sie können sich in Ihrem neuen Leben besser zurechtfinden. Diese Gabe der scharfen Beobachtung und Interpretation ist Ihnen angeboren und wird Ihr Überleben sichern: Menschen sind Meister darin, sich unbekannten Situationen anzupassen und sich in andere Lebewesen hineinzuversetzen. Dieses Einfühlungsvermögen gepaart mit einer großen Lernbereitschaft hat dazu geführt, dass der Mensch in Gruppen leben, sich Haustiere halten, Getreide anbauen und schließlich über den ganzen Erdball ausbreiten konnte.

Doch es gibt noch eine Spezies, die diese Talente mit uns teilt: Millionen Hundewelpen kommen täglich in Menschenfamilien und müssen lernen, sich in ihrem neuen sozialen Umfeld zu orientieren und unsere Sprache zu verstehen. Doch warum teilen wir diese starke Anpassungsfähigkeit mit Hunden? Die Antwort ist für eine ganze Schar von Evolutionsbiologen und Anthropologen einfach und klar: Hunde haben uns während unserer Kulturgeschichte treu begleitet. Als erstes Tier hat sich der Wolf vor rund 130.000 Jahren Menschenclans wahrscheinlich irgendwo im Osten Asiens angeschlossen (siehe S. 12 ff.). Er lernte, mit uns zu leben, und wir mit ihm, indem wir uns gegenseitig beobachteten und die Vorteile des Zusammenlebens nutzten. Daraus, so die feste Überzeugung vieler Forscher, haben Hund und Mensch in einer Art „Koevolution" ganz ähnliche, flexible Fähigkeiten entwickelt. Der Hund ist uns also während unserer Menschwerdung und Welteroberung nicht nur bei Fuß gefolgt, sondern hat gleichzeitig wahrscheinlich sogar unsere eigene Zivilisierung vorangetrieben (siehe S. 18 ff.).

Ein Menschenversteher-Gen im Erbgut?

Der Hund hat sich also mindestens in den letzten 15.000 Jahren darauf konzentriert, zum besten Menschenversteher zu werden, den das Tierreich zu bieten hat. Seine soziale Intelligenz im Zusammenleben mit uns ist nahezu unschlagbar, wissen Forscher heute. Die Anpassung an unsere Kommunikationssignale ist so stark, dass Wissenschaftler wie Ádám Miklósi aus Budapest sogar vermuten, dass ein Menschenverständnis bereits in den Hundegenen verankert wurde.

Kein Wunder, dass sich Ethologen in den letzten Jahren verstärkt darauf konzentriert haben, was genau Hunde über unsere Fähigkeiten wissen und wie sie mit uns kommunizieren. Dabei konnten erstaunliche Fähigkeiten unserer Hunde nachgewiesen werden.

Kommunikationskanäle von Mensch und Hund

Wenn wir einen Hund beobachten, dann beobachten wir sein Verhalten und lauschen, wie er diese Vorführung lautstark untermalt. Unser Riechorgan sendet höchstens an unser Unterbewusstsein Signale, bewusst zur Kommunikation einsetzen können wir es im Umgang mit Hunden kaum. Deshalb interpretieren wir Bellos Gefühlslage aufgrund dessen, was wir sehen und hören, und versuchen, uns daraus das hündische Handeln zu erklären.

Forscherportrait: Prof. Dr. Ádám Miklósi

Prof. Dr. Ádám Miklósi leitet die weltweit größte Hundeforschungsabteilung an der Eötvös Loránd University in Budapest: das "Family Dog Research Project".
Unter seiner Leitung sind in den letzten fünfzehn Jahren über 75 Studien in wissenschaftlichen Zeitschriften veröffentlicht worden. Miklósi hat an der Universität Eötvös Loránd 1986 seinen akademischen Titel des Doktors erworben. Ursprünglich beschäftigte er sich mit dem Lernverhalten von Paradiesfischen, doch Hunde rückten immer mehr in den Fokus der Forscher aus Budapest. Deshalb gründete Miklósi zusammen mit Vilmos Csányi und József Topál 1994 als erste Forschungsgruppe der Welt eine Abteilung, die sich der Erforschung der sozialen Intelligenz und Domestikation des Hundes im Vergleich zu geistigen Fähigkeiten von Mensch und Schimpanse widmete.
Die Gruppe zeichnet weiterhin aus, dass sie stets in engem interdisziplinärem Austausch mit Forschern aus dem Bereich Psychologie, Motorik und Genetik arbeitet. Neben den zahlreichen Fachartikeln hat Miklósi 2008 das

Buch "Dog Behaviour, Evolution and Cognition" veröffentlicht, das 2011 auf Deutsch im Kosmos Verlag erschienen ist.

Hunde sind uns gegenüber klar im Vorteil, denn sie können nicht nur sehen, welche Signale wir ihnen mit unserer Körpersprache senden („visuelle Kommunikation"), oder hören, was wir ihnen zu sagen haben („akustische Kommunikation"), sondern sie können gleichzeitig genau riechen, wie es gerade um unser Seelenleben bestellt ist („olfaktorische Kommunikation"). Hunde haben also bei einem Kommunikationskanal mehr die Nase vorn und das bedeutet: Mit Theater können wir sie wenig beeindrucken! Sie „riechen" unsere wahre Stimmung sofort und durchschauen uns schon als Welpen viel genauer als wir sie. Der Ethologe Michael Fleischer beschreibt unser Dilemma treffend mit den Worten: „Der Mensch (nimmt) im interspezifischen Kommunikationskreis weniger Zeichen wahr, als an ihn gesendet werden, und der Hund (nimmt) mehr Zeichen wahr, als der Mensch an ihn (bewusst) sendet." Authentisch sein – das können wir im Zusammenleben mit Hunden also fantastisch trainieren!

Welpen lernen vom ersten Tag unter Menschen, wie sie uns verstehen und mit uns kommunizieren können.

Wie verstehen uns Hunde?

Die meisten Forschungen rund um den Hund beschäftigen sich mit der extremen Sensibilität der Hunde gegenüber menschlichen Aktionen und Absichten. Damit wir einschätzen können, wie gut Hunde uns verstehen, haben in den letzten Jahren Forscher verschiedene Bereiche der Kommunikation zwischen Hund und Mensch genau untersucht. Sie erforschen, wie Hunde Wörter lernen, was sie über unsere Fähigkeit zu sehen und zu hören wissen, ob sie unsere Signale deuten, Verhalten lesen und vorhersagen können und ob sie durch Nachahmung lernen.

Wörter lernen und zuordnen

Dass wir heute so viel über die Kommunikationsfähigkeiten von *Canis lupus forma familiaris* wissen, haben wir zum großen Teil „Rico" zu verdanken: 1999 hatte der Border Collie seinen großen Auftritt bei der Fernsehsendung Wetten, dass...?: Ihm gelang es, 77 Wörter den jeweiligen Spielzeugen zuzuordnen und diese auf Kommando zu seinem Frauchen zu bringen. Damit verblüffte er nicht nur Laien, sondern auch die Verhaltensforscherin Juliane Kaminski, die an diesem Abend vor dem Fernseher saß. „Ich staunte über diesen Hund, der so viele verschiedene Objekte suchen und holen konnte", erinnert sie sich. Allerdings glaubte sie zu der Zeit noch an einen altbekannten Tier-Trick: „Das kennt die Wissenschaft schon seit über hundert Jahren: Manche Tiere sind extrem gut darin, kleinste Zeichen ihrer Besitzer zu deuten. Sie lösen Aufgaben nur deshalb richtig, weil sie unsere unbewussten Reaktionen so gut beobachten." Wie der berühmte „Kluge Hans": Das Berliner Pferd hielt um 1900 mehrere Wissenschaftler zum Narren. Er löste schwierigste

Rechenaufgaben, die ihm von seinem Besitzer gestellt wurden, indem er die Lösung mit seinem Huf klopfte. Dabei rechnete er nicht, sondern bediente sich eines wirklich klugen Kniffs: Er hatte gelernt, dass alle Menschen Regungen der Erleichterung oder besonderer Anspannung zeigten, sobald er die richtige Zahl geklopft hatte – und hörte in diesem Moment einfach auf zu klopfen. Erst nachdem ein besonders weitsichtiger Forscher auf die Idee kam, Menschen aus dem Raum zu entfernen und Hans die Rechenaufgabe alleine lösen zu lassen, war kein Klopfen mehr zu hören. So konnte der Trick vom Klugen Hans entlarvt werden. Bei Rico vermutete die Forscherin deshalb, dass der Hund an der Reaktion seiner Besitzerin feststellen konnte, wann er das richtige Kuscheltier im Fang hatte. Um sicher zu gehen, besuchte sie den Fernsehstar und wollte ihn einer Testreihe unterziehen. Dazu sollte er die gewünschten Kuscheltiere aus einem anderen Raum holen, in dem sich niemand aufhielt. Das verblüffende Ergebnis: Anders als Hans konnte Rico auch dann das richtige Kuscheltier auswählen, wenn er die Aufgabe alleine lösen sollte. Dadurch wurde deutlich, dass der Border Collie Rüde tatsächlich über einen Wortschatz von ungefähr achtzig Wörtern verfügte. Jetzt war die Forscherin neugierig geworden: Sie wollte verstehen, wie der schlaue Kerl neue Begriffe lernt. Dazu lud sie ihn, sein Frauchen und noch viele andere Hunde in das Max-Planck Institut für Evolutionäre Anthropologie nach Leipzig ein und unterzog die Tiere einem bahnbrechenden Versuch.

Um herauszufinden, wie Rico und seine Artgenossen neue Wörter lernen, verwendete Kaminksi einen Test, den Entwicklungspsychologen vorher mit zweijährigen Kindern durchgeführt hatten. Hierzu wurden Rico zwei bekannte Objekte präsentiert, z. B. ein Enten- und ein Pferdekuscheltier. Neu dazu kam ein fremdes Plüschtier, z. B. die „Schlange". Nun sollte der Hund die Schlange holen – und fast immer entschieden sich Hunde wie vorher die zweijährigen Kinder und wählten das ihnen bis dahin unbekannte Objekt. Durch diesen Test wurde deutlich, dass Hunde beim Vokabelpauken ähnlich vorgehen wie Kleinkinder: Sie lernen neue Wörter nach dem Ausschlussprinzip, genannt „Fast Mapping". Nach Kaminski et al (2004) ist dieses Prinzip also nicht einzigartig für das Sprachlernen, sondern scheint auf generellen kognitiven Fähigkeiten zu beruhen, die auch andere Tiere, wie z. B. auch Papageien, besitzen. Die Fähigkeit, einen Zusammenhang zwischen Gegenständen und ihrer lautmalerischen Bezeichnung herzustellen, ist also nicht nur Menschen vorbehalten. Doch welchen Nutzen können Forscher aus dieser Erkenntnis ziehen?

Der Vergleich von Hund und Mensch hat gezeigt, dass die kognitive Fähigkeit zum Sprachlernen evolutiv schon vor der Menschwerdung entstanden sein muss. Damit war und ist diese Anlage die Basis für Menschen bei der Entwicklung und dem Erlernen von Sprache. Wie eine weitere Forschungsgruppe aus dem amerikanischen Spartanburg feststellen konnte, war eine Border Collie Hündin namens „Chaser" nach dreijährigem intensivem Training sogar in der Lage, über 1.022 Dinge zu unterscheiden und konnte die Gegenstände sogar Kategorien wie „Spielzeug", „Ball" oder „Frisbees" zuordnen (Pilley & Reid, 2010).

Allerdings gehört zum Menschenverstehen noch viel mehr als nur Vokabelpauken. Wie Hunde unsere Fähigkeiten und Signale richtig deuten – mit diesen Talenten haben sich andere Studien befasst.

Wissen, was wir hören und sehen können

Welpen beobachten vom ersten Tag im neuen Heim ihre Besitzer – und dabei lernen sie eine ganze Menge über uns. Zum Beispiel, dass wir nicht sehen können, was hinter uns geschieht. Oder dass wir im Schlaf nicht merken, dass sie es sich gerade auf dem Sofa gemütlich machen. Auf Grund dieser Beobachtungen haben sich Forscher die Frage gestellt, was genau Hunde eigentlich darüber wissen, was wir sehen und wahrnehmen können, und sich ein paar spannende Versuche überlegt.

Kein Gehorsam ohne Aufmerksamkeit

Sie kennen das sicher: Gehen Sie alleine mit Ihrem Hund spazieren, gehorcht er viel besser, als wenn Sie von einem guten Freund begleitet werden. Die Forscher der Universität Leipzig haben hier genauer nachgeforscht und festgestellt: Hunde merken, wann wir sie im Blick haben und wann wir abgelenkt sind. Unsere Freunde auf vier Pfoten können nämlich wahrnehmen, ob der Mensch guckt, und entscheiden dann, ob sie sich an Regeln halten oder nicht. Juliane Bräuer und Joseph Call haben dieses Phänomen näher untersucht (Bräuer et al 2004, Call et al 2003). Sie fragten sich, woran Hunde wahrnehmen, ob wir abgelenkt sind oder nicht und sie sehen können oder nicht. Um die Ablenkung durch den Halter zu untersuchen, setzte Juliane Bräuer Hundehalter in einem Raum auf einen Stuhl, zwischen ihnen und dem Hund wurde ein Futter gelegt. Dem Hund wurde vom Besitzer dann verboten, das Futter zu nehmen. Anschließend verhielten sich die Menschen unaufmerksam, indem sie sich schlafend stellten, sich mit einem Computerspiel beschäftigten oder sogar den Raum verließen. Eine Vergleichsgruppe an Hundehaltern aber behielt den Hund nach dem Verbot fest im Blick. Das Ergebnis wird nicht überraschen: Je mehr der Mensch abgelenkt war, desto größer war für die Hunde die Versuchung, das verbotene Stück Futter zu klauen. Wurden die Hunde allerdings von ihren Menschen angesehen, dann blieben sie brav und guckten nur hin und wieder sehnsüchtig zur Leckerei. Nun wurde der Test noch um eine weitere Version erweitert: Dieses Mal stellten die Forscher eine Holzwand in den Raum, hinter der das Fressen platziert wurde. Diese Holzwand gab es in drei Variationen: Die erste war groß und blickdicht, die zweite ebenfalls groß, aber mit einem kleinen Fenster aus Plexiglas, durch das der Mensch freien Blick auf das Fressstück hatte, und die dritte Wand war so klein, dass zwar nicht das Fressen, aber dafür der Hund zu sehen war. Dann wurde erneut vom Menschen das Verbot ausgesprochen und die Hunde wurden mit ihrem Konflikt alleine gelassen, ob sie das Futter stehlen sollten oder nicht. Dabei war ein Trend deutlich zu erkennen: Je größer die Barriere, desto hemmungsloser wurde geklaut. Beim kleinen Sichtschutz und bei der Fensterwand ließen sich weniger, aber letztlich genau gleich viele Hunde zum Stehlen verleiten. Allerdings fiel den Forschern bei diesem Versuch auf, was sie schon im ersten Durchgang beobachtet hatten: Hunde nähern sich einem verbotenen Stück Futter „auf Umwegen", schleichen sich im Bogen an und greifen dann hektisch zu. Daraus zogen die Forscher die Schlussfolgerung: Wahrscheinlich fühlten sich die Hunde durch die Wand trotz Fenster geschützt und ließen nach dem Prozess

des Anschleichens auch hinter den weniger blickdichten Barrikaden alle Hemmungen fallen. Jospeh Call und sein Team wollten nun herausfinden, ob die Hunde wussten, dass der Blick des Menschen durch die Holzwand verstellt ist. Dazu stellten sie Hundehalter hinter eine Trennwand, mit dem Rücken zum Hund oder ließen sie einen anderen Menschen anschauen. Dann sollten alle Halter ihrem Hund das Kommando geben, sich hinzulegen. Die ansonsten sehr wohlerzogenen Hunde verhielten sich alle gleich: Sie mussten das Signal mehrmals gesagt bekommen, bis sie endlich reagierten. Stand der Hundehalter jedoch mit dem Gesicht zum Hund und hatte Blickkontakt, reagierten die Hunde wie gewohnt schnell und zuverlässig. Für die Leipziger Forscher steht damit fest, dass Hunde sensibel dafür sind, ob wir sie ansehen, und deshalb wissen, was wir sehen können – und was nicht.
Alle Forscher vermuten, dass die Hunde wahrscheinlich gelernt haben, dass wir nur reagieren, wenn wir sie mit den Augen ansehen – und betteln deshalb auch bevorzugt bei Tisch, wenn sie angesehen werden.

Schlaue Hunde klauen leise

"Theory of mind" – mit diesem Begriff beschreiben Forscher die Fähigkeit, den eigenen und den Geistesstand anderer einschätzen zu können. Dazu gehört das Wissen, die Absichten, Wünsche, aber auch die Täuschung des Gegenübers durchschauen zu können. Diese Fähigkeit bringt den Hund dazu zu verstehen, was andere glauben und sich wünschen und was sie beabsichtigen, und dass diese Absichten andere sein könnten als die eigenen. Aber wie sieht es mit verräterischen Geräuschen aus: Wissen Hunde, dass wir hören können? Um das herauszufinden, setzte Shannon Kundey vom Hood College in Frederick, Maryland mit Kollegen Hunde erneut der Versuchung aus. Sie versteckten leckeres Futter in zwei Containern. Der eine erzeugte beim Verstecken ein Geräusch, der andere blieb lautlos. Anschließend setzten sich die Versuchsleiter auf zwei verschiedene Arten vor die Container: der eine schaute in Richtung der Hunde, der andere beugte den Rücken und steckte den Kopf zwischen die Knie. Das überraschende Ergebnis: Hunde, die direkt angesehen wurden, hielten sich entweder an das Verbot oder schlichen sehr vorsichtig an den lautlosen Container heran. Hunde, die nicht angesehen wurden, wählten alle das stille Versteck und klauten sich das verbotene Stück Futter. Das bedeutet, dass Hunde nicht nur wissen, was wir sehen, sondern auch, was wir hören können! Den Ursprung dieses Vermögens sehen viele Forscher durch das Leben im Sozialverband: Wenn man die Möglichkeit dazu bekommt, gehört Austricksen und Futterklauen zum Leben in der Sippe dazu. Hunde gehen aber noch einen Schritt weiter: Sie gehen von ihren eigenen Wahrnehmungsmöglichkeiten aus und übertragen

Besitzrespektierung

Bei diesen Ergebnissen muss allerdings immer mit bedacht werden, dass unter Hunden die sogenannte Besitzrespektierung gilt: Ist ein Eigentümer von einem begehrten Stück Futter weit genug entfernt und signalisiert keine Reaktion, so versucht der Hund, sich die Leckerei anzueignen. Das Bogenlaufen, Absichern und Klauen hinter der Wand kann also auch mit dieser Eigentumsregel der Hundeartigen erklärt werden (siehe S. 50 f.).

Raffinierte Hunde wissen, was Menschen sehen und hören können

Problematik
Neuere Forschungen haben gezeigt, dass nichtmenschliche Primaten wie Schimpansen und Rhesusaffen in Wettkampfsituationen genau wissen, was ihr Gegenüber hören und sehen kann. Häufig ist diese Fähigkeit z. B. in Versuchen nachgewiesen worden, bei der die Tiere die Gelegenheit bekamen, an ein Stück Futter zu kommen, bevor ihr Gegenüber dies wahrnehmen konnte. In dieser Studie wollten Shannon Kundey vom Hood College in Frederick, Maryland und ihr Team herausfinden, ob Hunde die gleiche Einsicht zeigen würden.

Methoden
Getestet wurden 20 Hunde aus Tierheimen und 20 Hunde aus Privathaushalten. Sie wurden zunächst darauf trainiert, kein Futter zu nehmen, das ein Mensch auf einem Teller liegen gelassen hatte. Dann zeigten die Forscher den Hunden die Möglichkeit, Fressen aus einem von zwei Containern zu nehmen. Diese Container standen in der Nähe eines menschlichen „Wächters", der entweder geradeaus auf die Container schaute oder seinen Kopf zwischen den Knien versenkte. Einer der Container war „leise", wenn man Futter entnahm, der andere erzeugte durch die Handlung ein Geräusch über eine Glocke. Die Forscher wollten sehen, ob die Hunde eine Präferenz für einen der beiden Container in einer der beiden Situationen mit dem Wächter (Sichtkontakt versus Kopf zwischen den Knien) zeigen würden.

Ergebnisse
Von den 20 Hunden, die im Familienhaushalt lebten, näherten sich nur vier dem „leisen" Container (binomialTest: $p=0.8$), wenn der Mensch die Tiere im Blick hatte. 10 dagegen näherten sich nur, wenn der Mensch den Kopf zwischen die Knie gesteckt hatte (binominal Test: $p=0.004$). Interessanterweise zeigten sich Tierheimhunde hierbei genauso geschickt wie Hunde, die in Familien lebten. Der Chi-Test ergab, dass alle 40 Hunde signifikant den stillen Container bevorzugten. Dieses Ergebnis legt nahe, dass Hunde bevorzugt Futter stehlen, das kein Geräusch macht, wenn der Mensch nicht schaut. Dies zeigt, dass Familien- aber auch Tierheimhunde nur dann das leise Futterversteck bevorzugten, wenn es Sinn machte. Nämlich nur in der Situation, in der der Mensch den Diebesakt nicht sehen konnte und deshalb auch nicht hören sollte! Interessant war der Vergleich zwischen den Tierheim- und den Familienhunden: Hier gab es keine Unterschiede in der Fähigkeit, die menschlichen Sinnesleistungen richtig einzuschätzen.

Diskussion
Diese Daten legen die Vermutung nahe, dass Hunde ähnlich wie z. B. die großen Menschenaffen eine Form der „Theory of Mind" haben. Das bedeutet, dass sie einschätzen können, was andere glauben und wissen. Die hier gewonnenen Ergebnisse widersprechen zudem anderen Studien, die nachgewiesen hatten, dass Tierheimhunde nicht so gut wie Familienhunde darin sind, soziale Aufgaben im Zusammenleben mit Menschen zu lösen.

Quelle: Domesticated dogs (Canis familiaris) react to what others can and cannot hear. Shannon M.A. Kundey et al, Applied Animal Behaviour Science, vol 126, 45, 2010.

diese auf Menschen. Sie haben gelernt, dass wir Dinge ähnlich wahrnehmen können wie sie, sie „verhundlichen" uns also. Interessant ist bei all diesen Versuchen, dass Menschenaffen zu dieser Art von „Fähigkeitsübertragung" auf eine andere Art anscheinend nicht in der Lage sind – obwohl sie unsere nächsten Verwandten im Tierreich sind. Das Vermögen, von der eigenen auf die andere Art zu schließen, muss also im Zuge des engen Zusammenlebens mit uns entstanden sein.

Menschen um Hilfe bitten

Wie aber setzen Hunde ihr Wissen um unsere sinnlichen Fähigkeiten ein? Das Budapester Forscherteam um Ádám Miklósi untersuchte, wie sich Hunde verhalten, wenn sie mit einem Problem konfrontiert werden, bei dessen Lösung sie die Hilfe von Menschen benötigen. Würden sie diese gezielt um Hilfe bitten und falls ja – wie würden sie dies tun?
Um diese Fragen zu beantworten, legten die Forscher Futter oder Spielzeuge gut sichtbar so ab, dass der Hund sie nicht erreichen konnte. Dann verließen sie den Raum und der Hundehalter betrat die Szene. Sofort versuchte der Hund, die Aufmerksamkeit des Besitzers auf das versteckte Futter zu lenken. Die Hunde erkannten also, dass sie Unterstützung vom Menschen brauchten und der Mensch wiederum gezeigt bekommen musste, wo das Futter zu finden war. Hierzu suchten sie immer wieder Blickkontakt und rannten zwischen Mensch und dem unerreichbaren Objekt der Begierde hin und her. In einer Vergleichsgruppe wurden von Hand aufgezogene Wölfe in der gleichen Situation getestet, sie versuchten jedoch selten bis gar nicht, die Aufmerksamkeit des Menschen für ihre hilflose Lage zu erregen. Daraus schließen die Forscher, dass die Suche nach Blickkontakt mit dem Menschen im Zuge der Domestikation entstanden sein muss und aller Wahrscheinlichkeit nach den Ausgangspunkt für die Hund-Mensch-Kommunikation gebildet hat.

Kommunikation über körperliche und akustische Signale verstehen Hunde besonders gut.

Signale richtig deuten

Ádám Miklósi hat im Jahr 2000 mit dem bekannten Bechertest nachgewiesen, dass Hunde Hinweise des Menschen nutzen können, um versteckte Objekte zu finden.

Bei der Objekt-Choice-Aufgabe soll sich der Hund für ein richtiges Objekt entscheiden und kann dabei die Hinweise des Menschen nutzen. Getestet wurden in dieser Disziplin nicht nur erwachsene Hunde, sondern auch von Hand aufgezogene Wölfe, Schimpansen, Kleinkinder und Welpen. Die Teilnehmer wurden dazu vor einem Versuchsleiter platziert, der vorher nicht sichtbar eine Belohnung unter einem von zwei umgedrehten Bechern versteckt hatte. Anschließend gab er den entscheidenden Tipp und zeigte mit dem Finger auf den richtigen Becher. Das erstaunliche Ergebnis: Weder Schimpanse noch Wolf konnten mit dem Fingerzeig des Menschen etwas anfangen. Sie suchten nach dem Prinzip „Versuch und Irrtum" nach der versteckten Leckerei. Kleinkinder, Hunde und sogar Welpen jedoch hielten sich an den Hinweis des Versuchsleiters und wählten den richtigen Becher aus. Dabei war es unerheblich, wie weit der Finger vom Objekt entfernt war, ob mit ausgetrecktem Arm oder Fuß gezeigt wurde: Hunde interpretierten alle Signale richtig und kamen so zum Erfolg.

Ich sehe, was du siehst

Dieses Ergebnis faszinierte die Forscher, deshalb wurde nach weiteren Signalen gesucht, die Hunde als kommunikative Hinweise des Menschen verstehen könnten. Dazu sahen Verhaltensbiologen in einer anderen Studie mit dem Kopf in die richtige Richtung oder schielten zum Schluss sogar nur noch mit den Augen zum richtigen Becher. Sogar beim minimalen Hinweis mit den Augen beobachteten die Hunde genau und interpretierten die Augenbewegung des Menschen richtig. Forscher erklären sich diese enorme Beobachtungsgabe und das große Interpretationsvermögen der Hunde als Resultat der Domestikation: In den Jahrtausenden des Zusammenlebens mit uns haben Hunde nicht nur die Fähigkeit entwickelt, durch Blickkontakt mit uns zu kommunizieren, sondern sie sind auch in der Lage, unsere Mimik und Gestik zu analysieren. Außerdem könnte dies ein Hinweis sein, dass Hunde sich aus der Blickrichtung Anzeichen auf eine interessante Information er-

Unter welchem Becher ist wohl das Futter?

hoffen – und deshalb auch in diese Richtung schauen. Von sozial intelligenten Tieren wie Schimpansen und Rabenvögeln ist bereits bekannt, dass sie Blicken von Artgenossen folgen, um darüber Informationen zu erlangen, was der andere weiß. Für Kognitionsforscher ist diese Fähigkeit eine wichtige Voraussetzung, um über die Absichten anderer Lebewesen zu spekulieren und deren kognitiven Zustand zu verstehen. Hunde haben gelernt, dass für sie alles von Interesse sein könnte, was die Aufmerksamkeit des Menschen erregt – ein Grund, warum sie viel lernen, indem sie uns imitieren (siehe S. 143 f.).
Allerdings haben Martha Gácsi mit einem Forscherteam aus Budapest sowie Brian Hare mit einer Gruppe aus Leipzig 2009 in zwei interessanten Studien darauf aufmerksam gemacht, dass nicht alle Hunde gleich gut darin sind, unsere Signale richtig zu interpretieren. Beim Vergleich stellte sich heraus, dass Hunde, die wie z. B. Hüte- oder Jagdhunde im Zuge der Domestikation auf besondere Kooperationsbereitschaft mit dem Menschen gezüchtet wurden, sehr viel besser in der Deutung menschlicher Gesten waren als Hunde, die eher eigenständig agieren und Entscheidungen treffen sollten, wie z. B. Herdenschutzhunde. Auch die Nasenlänge scheint beim „Signale verstehen" eine Rolle zu spielen: Untersuchungen der Hirnstruktur zeigten eine deutliche Differenz bei kurz- und langschnäuzigen Rassen in der Verteilung von Nervenverbindungen in der Netzhaut der Hunde. Dabei traten bei kurzschnäuzigen Rassen Nervenknoten konzentriert in der Retina auf, was eine größere Sehschärfe nahe legt und die Forscher um Gácsi vermuten ließ, dass sich diese Tiere besser auf visuelle Signale des Menschen konzentrieren und Ablenkungsreize besser ausblenden können. Tatsächlich haben sich diese Hypothesen in einem gezielten Vergleich der Bechertest-Ergebnisse unterschiedlicher Rassen und Hunde mit verschieden langen Nasen im Hundekognitionslabor in Leipzig bestätigt. Dies zeigt zum einen, wie schwierig es ist, aus Versuchsreihen mit unterschiedlichen Hunderassen persönlichkeitsübergreifend verallgemeinernde Aussagen zur Hundeintelligenz treffen zu können, zum anderen aber auch, wie stark durch gezielte Auslese einzelne Fähigkeiten von Hunderassen gefördert worden sind.

Gezielte Irreführung

Nun stellten sich Forscher die Frage, inwieweit sich die Versuchstiere und -kinder vom Versuchsleiter in ihrer Wahl bei der Lösung des Bechertestes beeinflussen lassen. Dazu haben die Budapester Forscher um Josef Topal und Ádám Miklósi einjährige Kinder, Hunde und Wölfe erneut dem Test unterzogen, die Belohnung bei diesem Durchlauf allerdings gut sichtbar vor ihren Augen versteckt. Nach dem Verstecken baute der Versuchsleiter dann Blickkontakt auf, nannte den Namen des Kindes oder Tieres und deutete auf den falschen Becher. Das erstaunliche Ergebnis: Kinder und Hunde vertrauten dem Versuchsleiter mehr als ihren eigenen Augen und wählten den falschen Becher! Wölfe dagegen interessierten sich nicht für die Signale und wählten den Becher, unter dem das Futter versteckt worden war. Die Interpretation der Forscher: Kinder und Hunde vertrauen dem Urteil des Pädagogen mehr als ihren eigenen Sinnen. Dieses Ergebnis mache die Unterschiede im Wolf-Hund-Verhalten deutlich und zeige die Ähnlichkeiten im Mensch-Hund-Verhalten. Allerdings gab es einen wichtigen Unterschied zwischen

Kindern und Hunden: Tauschte man in einer weiteren Versuchsvariation den Versuchsleiter nach dem Verstecken der Belohnung aus und ließ einen neuen Menschen auf den offensichtlich falschen Becher zeigen, folgten die Hunde dieser Anweisung nicht mehr und vertrauten darauf, was sie vorher gesehen hatten. Kinder ließen sich jedoch erneut dazu verleiten, zum leeren Versteck zu greifen. Die Forscher erklären dies damit, dass Kinder bis zu einem bestimmten Alter Erwachsenen generell als Übermittler von Kulturtechniken vertrauen. Hunde dagegen unterscheiden je nach Situation, ob es sich lohnt, auf einen Menschen zu hören oder nicht. Zwar konnten auch Schimpansen wie dem berühmten Schimpansenweibchen Washoe kommunikative Signale beigebracht werden. So verstand sie, dass sie bestimmte Zeichen nutzen musste, um z. B. in den Garten zu kommen, und war in der Lage, Zeichensprache des Menschen anzuwenden und zu entschlüsseln. Allerdings gibt es einen wesentlichen Unterschied: In ihrer Evolution hat die Kommunikation mit Menschen keine Rolle gespielt. Washoe hat deshalb während ihres Lebens gelernt, mit Menschen zu kommunizieren, Hunde bringen die Veranlagung dazu dagegen schon von Geburt an mit.

Anders als Kleinkinder entscheiden Hunde situativ, ob es sich lohnt, auf uns zu hören.

Lernen durch Nachahmung

Imitation ist ein wichtiger Faktor beim Lernen – das gilt besonders für Menschen und alle Tiere, die in Sozialverbänden leben.

Der US-Verhaltensbiologe Marc Bekoff von der University of Boulder, Colorado hat bereits vor Jahrzehnten formuliert, dass bei Hunden die Veranlagung zur Kommunikation mit Menschen wahrscheinlich durch gezielte Zucht auf Lernen durch Imitation selektiert wurde. Deshalb liegt die Vermutung nahe, dass Hunde sehr viel lernen, indem sie nicht nur Artgenossen, sondern auch uns beobachten und unser Handeln imitieren. Generell gilt: Wenn Hunde einen anderen Hund oder einen Menschen beim Lösen von Aufgaben beobachten können, sind sie erfolgreicher, als wenn sie ohne Vorbild vor ein Problem gestellt werden. Beim Imitieren von Menschen ist allerdings eine enge Bindung zum Halter wichtig, um Erfolg zu haben (Range et al 2007, Miller et al 2009). Das gilt auch für das Zusammenleben mit Menschen: Ádám Miklósi hat in mehreren Versuchen untersucht, wie Hunde Menschen beobachten und aus diesen Beobachtungen Schlüsse zur Lösung von Problemen ziehen. Ein berühmter Test ist dabei der Zaun-Versuch: Hierzu wurde ein Zaun in V-Form aufgebaut und in die Spitze des V´s ein Spielzeug oder Futterstück gelegt. Dann konnten Hunde entweder einen Menschen dabei beobachten, wie er den Zaun umging und sich die Belohnung holte, oder sie sollten alleine auf die Idee kommen, wie sie das begehrte Stück erreichen konnten. Das Ergebnis: Die Hunde, die vorher ihren Besitzer beobachten durften, lösten das Problem sehr schnell, die anderen brauchten deutlich länger. Dabei stellten Miklósi und sein Team auch fest, dass sich Hunde umso mehr am Menschen orientieren, je ungewohnter die Situation für sie ist. Sobald sie sich in einer Aufgabe sicherer fühlten und Erfahrungen gesammelt hatten, fingen sie an, nicht mehr genau zu kopieren, sondern nach eigenen Lösungswegen zu suchen. So kopierten Hunde, die zum ersten Mal mit einer Zaunaufgabe konfrontiert wurden, genau die Richtung, die der Mensch zum Umlaufen genommen hatte – war er z. B. rechts entlanggegangen, folgten sie genau diesem Vorbild und rannten auch rechts um den Zaun herum. Hunde, die vorher schon in ähnlichen Situationen mit Zäunen getestet worden waren, liefen nicht rechts um den Zaun herum, sondern wählten den Weg auch über links zum Erfolg.

Besonders hat die Budapester Forscher interessiert, wie genau Hunde beim Kopieren hinschauen, was wir tun. Dazu bauten sie einen Apparat, der einen Ball an seiner Rückseite auswarf, sobald man vorne an einem Seil zog. Dann bildeten sie vier verschiedene Gruppen von Hunden und Haltern: Die ersten beiden Hundegruppen konnte zusehen, wie der Besitzer am Seil entweder nach rechts oder links zog, um den Ball zu „befreien" – anschließend wurde gespielt. Die dritte Gruppe sah nur, wie der Mensch zog, ohne dass dadurch ein Ball herauskam, die vierte Gruppe sah den Menschen die Box seitlich, aber nicht den Griff berühren. Bei der fünften, der sogenannten „Vergleichsgruppe", interessierte sich der Mensch nicht für den Apparat. Das Ergebnis fiel eindeutig aus: Je besser das Bedienen des Apparates vorgemacht wurde und je größer die Motivation war, an den Ball zu kommen, desto schneller kamen die Hunde beim Kopieren zum Erfolg.

Allerdings interessierten sie sich dabei nicht dafür, in welche Richtung das Seil vom Menschen gezogen worden war. Die Verhaltensforscher erklären sich diese kleine Ungenauigkeit damit, dass ein Bedienen von Maschinen nicht Schwerpunkt in der Domestikation des Hundes war. Anders als bei der Menschwerdung: Wir müssen verstehen, wie Apparate funktionieren, wie Stifte zu halten sind oder wie man auf Tasten tippt. Ein Grund, warum kleine Kinder sich für Herdknöpfe interessieren und verstehen wollen, wie genau das interessante Gerät funktioniert. Bei Studien zur Imitation des Hundes beim Menschen muss außerdem immer berücksichtigt werden, dass Hunde das Nachahmen an ihre anatomischen Möglichkeiten anpassen müssen. Das bedeutet: Ziehen wir z. B. mit der Hand am Seil, muss der Hund diese Aktion mit dem Maul nachmachen. Dass sie diese „Transformation" meistens so schnell leisten, könnte ein weiterer Hinweis auf eine sehr hohe Anpassung an das Zusammenleben mit uns sein.

Forscherportrait: Dr. Friederike Range

Friederike Range beschäftigt sich mit den sozialen Lernfähigkeiten von Hunden, indem sie z. B. untersucht, ob und wie sie durch Imitation lernen. An der Universität Bayreuth studierte die Verhaltensforscherin Biologie, promovierte 2004 an der University of Pennsylvania (UPENN) in Philadelphia / USA. Als Postdoktorandin untersuchte sie an der Universität Wien die kognitiven Fähigkeiten von Affen und Hunden. Damit die geistigen Leistungen der Hunde effektiver erforscht werden können, gründete sie zusammen mit Ludwig Huber und Zsófia Virányi das „Clever Dog Lab" (www.cleverdoglab.at). Dabei wurde schnell deutlich, dass die verschiedenen Talente von Hunden und ihre Domestikation nur verstanden werden können, wenn parallel dazu auch die geistigen Möglichkeiten von Wölfen untersucht werden. Zusammen mit Kurt Kotrschal, dem Leiter der Konrad Lorenz Forschungsstelle in Grünau und Zsófia Virányi konnte schließlich das Wolfsforschungszentrum WSC (www.wolfscience.at) als sinnvolle Ergänzung zum Clever Dog Lab verwirklicht werden.

Interpretation menschlichen Verhaltens

Wie genau Hunde uns beobachten und ihr Verhalten danach ausrichten, haben Sarah Marshall-Pescini von der Universität Mailand und ihr Team festgestellt.

Sie ließen drei Menschen am Tisch Platz nehmen, zwei davon durften Leberwurstbrote essen. Der Dritte ging leer aus und musste bei den beiden anderen um ein Stück Brot betteln. Vom einen wurde er dafür mit einem scharfen Nein zurückgewiesen, der andere zeigte sich nachgiebiger und gab großzügig von seinem Teller ab. Anschließend wandten sich zwei Drittel der Hunde an den großzügigen Teiler. Daraus schließen die Forscher, dass Hunde im Zuge der Domestizierung so gut beobachten und analysieren gelernt haben, dass sie sogar zwischen großzügigen und geizigen Menschen unterscheiden können (Marshall-Pescini, 2011). Allerdings hat eine Budapester Forschungsgruppe unter Leitung von Enikö Kubinyi nachgewiesen, dass Hunde auch unsinnige Angewohnheiten ihrer Menschen nicht hinterfragen, sobald diese zur Gewohnheit werden: Sie bat Hundehalter, nach jedem Spaziergang vor der Hauseinfahrt noch einen Zirkel und

Hunde betteln nur bei dem, der etwas gibt – sie lernen durch Beobachten wer von uns „geizig" und wer eher „nachgiebiger" ist.

erst danach zur Tür zu gehen. Die meisten Hunde rannten an den ersten Tagen noch auf direktem Weg zur Tür, aber nach drei bis sechs Monaten begann die Hälfte der Testhunde, die Extrarunde mitzugehen, einige überholten dabei sogar ihren Besitzer und rannten den Kreis alleine voraus. Ein Hund hat die Gewohnheit sogar noch zwei bis drei Monate nach Testende beibehalten. In diesem Verhalten sehen die Ethologen einen weiteren Nachweis für die Tendenz, das Verhalten anderer als Vorbild für das eigene zu nutzen – auch wenn es offensichtlich eine sinnlose Handlung ist.

Welchen Einfluss hat die Erziehung?

Dass Hunde unsere kommunikativen Signale am besten deuten und analysieren können, ist also mehrfach untersucht worden. Doch wie sieht es innerhalb der Hunde aus: Dass Rassen unterschiedlich gut mit Menschen kooperieren, konnte schon gezeigt werden (siehe S. 141). Aber welchen Einfluss nehmen die verschiedenen Erziehungs- und Trainingsmethoden auf die Fähigkeit, Probleme zu lösen? Emanuela Prato-Previde von der Universität Parma in Italien hat im Jahr 2008 den Ausbildungsstand der Hunde unter die Lupe genommen: Sie untersuchte, ob eine gute Bildung durch den Menschen Einfluss auf den Erfolg der Hunde beim Lösen von Denksportaufgaben haben kann. Dazu setzte die Forscherin untrainierte Hunde und trainierte Hunde vor die gleiche Aufgabe: Sie sollten eine Box mit der Pfote oder der Schnauze öffnen. Hier wurde deutlich, dass ein reichhaltiges Lernangebot nicht nur zu gehorsamen, sondern auch zu pfiffigen Tieren führen kann. Hunde, die in den Genuss einer Ausbildung gekommen waren, wie z. B. Agility, Mantrailing,

Schutzdienst oder Jagdhundausbildung, verbrachten viel mehr Zeit mit dem Knacken des Kniffs und kamen schneller zur Lösung als die „ungebildete" Vergleichsgruppe, die die meiste Zeit unschlüssig zwischen Box und Halter hin- und herlief. Doch diese Erkenntnis reichte der neugierigen Italienerin nicht: Nun wollte Prato-Previde zusammen mit ihrer Kollegin Sara Marhall-Pescini von der Universität Mailand überprüfen, ob vielleicht auch die Trainingsmethode Einfluss darauf hat, wie erfolgreich Hunde Denkaufgaben lösen. Sie verglichen Hunde, die Agility und Mantrailing gelernt hatten, mit einer „untrainierten" Vergleichsgruppe. Dazu wurden die Hunde vor eine lösbare und eine unlösbare Aufgabe gestellt. Schnell wurde deutlich, dass sich die Hunde besonders darin unterschieden, wie oft sie ihren Menschen bei der unlösbaren Aufgabe ansahen. Hunde suchen den Blickkontakt, weil sie sich Hilfe bei der Lösung des Problems erhoffen oder sich bestätigen lassen wollen, dass sie das Richtige tun (siehe Versuch S. 139). Rettungshunde agierten selbstständig, nicht ausgebildete Hunde schauten häufiger ratsuchend zum Menschen, Agility-Hunde suchten am häufigsten und längsten den Blickkontakt zum Menschen und das auch bei Aufgaben, die eigentlich einfach zu lösen waren. Die Forscher schließen aus diesen Versuchsergebnissen, dass die Art des Trainings einen großen Einfluss auf das Kommunikationsverhalten der Hunde hat. Anstarren gilt als flexible Möglichkeit der Hunde, um Aufmerksamkeit des Menschen zu bekommen und so in Interaktion treten zu können (Miklósi et al 2000; Hare et al., 1998). Diese Annahme wurde in dem Versuch bestätigt, die Forscherinnen vermuten deshalb, dass der Blickkontakt ein wichtiger Faktor in der Interaktion von Hunden mit Menschen ist und wahrscheinlich besonders häufig in schwierigen oder für die Hunde nicht eindeutigen Situationen als Hilfestellung zur Lösung von Aufgaben genutzt wird.

Fest im Blick?

Doch wie am Anfang des Kapitels beschrieben, haben Hunde uns auch im Blick, wenn sie gar keine Hilfe brauchen. Das hat die amerikanische Verhaltensforscherin Sharon Smith bereits 1983 feststellen können. In ihrer Studie „Pet Dogs and Family Members: An Ethological Study" untersuchte sie das Interaktionsverhalten von Menschen und Hunden in Familien. Sie setzte sich bei 10 Familien für jeweils 20 – 30 Stunden ins Wohnzimmer (drei Stunden pro Sitzung) und verbrachte diese Zeit mit passiver Beobachtung des Interaktionsverhaltens. Dabei konnte sie eine „Asymmetrie der direkten Aktion" beobachten, das bedeutet: Der Hund war überall der aktivere Partner, er verfolgte seine Besitzer fast ständig mit den Augen. Dabei beobachtete sie, dass die Hunde zu einer ausdauernden Beobachtung und Interpretation des Menschenverhaltens und der menschlichen Stimmungen fähig waren (Smith, 1983: 30). Ein Verhalten, das im Zuge der Domestikation gefördert wurde, wie Michael Thomasello und sein Team in ihrer Studie „The Domestication of social Cognition in Dogs" vermutet haben. Die Evolutionsbiologen gehen davon aus, dass Hunde nach der Fähigkeit selektiert wurden, wie gut sie in der Lage waren, sich den menschlichen Lebensgewohnheiten anzupassen und die menschlichen Stimmungen zu „lesen." Diese Beobachtung deckt sich mit unserer alltäglichen Erfahrung, denn Hunde scheinen häufig zu wissen, was als Nächstes passieren wird – ohne dass wir es ihnen bewusst gesagt haben. Ein Erlebnis, das bei vielen Menschen zu der durchaus richtigen Erkenntnis führt, ihr Hund „verstehe sie ganz ohne Worte". Hunde, so Smith, beobachten von klein auf unser Verhalten und gewinnen daraus Informationen über die nahe Zukunft. So können sie schon nach ein paar Wochen des Zusammenlebens mit Menschen darauf schließen, was als Nächstes passieren wird. Einfach sind Zeichen zu interpretieren wie der Griff zu Jacke und Leine. Schwieriger wird es, wenn Hunde bereits an Floskeln der Menschen am Telefon („bis gleich!") erkennen, dass bald Besuch kommen wird und anschließend an der Tür freudig warten, bis der Gast endlich eingetroffen ist (Kitchenham-Ode, 2003). Also ist es eigentlich kein Wunder, wenn mein Hund weiß, wann ich mich zum Gassi-Gang und wann für einen beruflichen Termin fertig mache. Wahrscheinlich waren es das Parfum und meine schicken Schuhe, die Erna verraten haben, dass wir nicht gleich gemeinsam durch den Wald stiefeln werden. Deshalb ist sie gleich gemütlich liegen geblieben. Schlauer Hund!

Gibt es Rasseunterschiede in der Fähigkeit, menschliche Signale zu deuten?

Problematik

In den letzten zehn Jahren sind die sozialkommunikativen Fähigkeiten der Hunde in zahlreichen Studien untersucht worden. Viele dieser Studien nutzten hierfür den Objekt-Wahl-Test, bei dem der Hund durch Signale des Menschen erkennen muss, unter welchem Becher sich eine Leckerei verborgen hält. Doch Rassen zeigen durch gezielte Zucht sehr unterschiedliche Talente, die bei den Studien bislang wenig beachtet wurden. Deshalb stellte sich das amerikanische Forscherteam um Nicole Dorey von der Universität Florida die Frage, ob sich Hunde auf Grund der unterschiedlichen Rasseschwerpunkte vielleicht verschieden geschickt bei der Lösung der Aufgabe zeigen würden.

Methoden

Um diese Frage zu beantworten, recherchierte das Team 7 Studien, die nach einheitlichen Kriterien Hunde im Objekt-Zeige-Test geprüft hatten. Die Daten aller teilnehmenden Hunde dieser Studien wurden einzeln nach dem Akt der erfolgreichen Problemlösung ausgewertet. Dabei sortierten die Forscher die Hunde nach Rassen in acht Gruppen. Bei der Gruppenzusammenstellung orientierten sie sich zum einen an den acht Kategorien des American Kennel Club (AKC), zum anderen an einer Kategorisierung der Rassen, die von der amerikanischen Genetikerin Elaine Ostrander vom National Genome Research Institut der USA auf Grund genetischer Verwandtschaftsanalysen vorgenommen wurde. Gehörten die Eltern von Mischlingen einer Gruppe an, wurden die Daten berücksichtigt, andere Mischlinge wurden vom Datenvergleich ausgeschlossen.

Ergebnisse

52 Hunde konnten nach der AKC-Gruppierung, 46 Hunde nach der Gruppierung von Ostrander et al. untersucht werden. Bei der statistischen Auswertung dieser Daten konnten keine Unterschiede in der erfolgreichen Lösung der Signaltests zwischen den Rassen festgestellt werden, weder in der Gruppierung des AKC, noch in der Gruppierung von Elaine Ostrander. Alle Hunde zeigten sich sehr erfolgreich in der Lösung der soziokommunikativen Aufgaben.

Diskussion

Die Daten zeigten bei der Einzelanalyse nur wenige bis gar keine Rasseunterschiede in der Fähigkeit, den Zeigetest erfolgreich zu lösen. Die Forscher vermuten allerdings, dass dieses Ergebnis auch daran liegen könnte, dass nur wenige Rassen bei den Tests untersucht wurden. So gehörten von insgesamt 58 untersuchten Hunden 19 zu den Retrievern und 17 zu Deutschen Schäferhunden. Gefolgt wurden diese beiden Rassen von Dackeln, die mit fünf Exemplaren vertreten waren. Dadurch konnten nur vier der AKC-Gruppen und drei der Ostrander-Gruppen gebildet werden. Durch diese dünne Datendecke bleibt es offen, ob es tatsächlich keine Talentunterschiede zwischen den Rassen bezüglich der Lösung soziokommunikativer Aufgabe gibt. Deutlich angemerkt haben die Autoren jedoch, wie wichtig es für den Fortschritt in der Forschung und die Vermeidung von ständig sich wiederholenden Studien wäre, die Rohdaten freizügig untereinander auszutauschen.

Quelle: Nicole Dorey et al., 2009: Breed differences in dogs sensitivity to human points: a meta-analysis. Behavioural Processes Nr. 81, 409–415.

Können Hunde Physik?

Wie schlau sind Hunde ohne Hilfe des Menschen?

Wie wir im Kapitel „Soziale Intelligenz" (S. 131 ff.) erfahren konnten, ist der Hund anderen Tieren wie Schimpanse oder Wolf anscheinend in der Deutung komplexer menschlicher Gesten überlegen. Doch wie schneiden Hunde in Testsituationen ab, bei denen der Mensch keine Hilfestellung bietet?

Das eigenständige Problemlöseverhalten von Hunden hat Forscher auf der ganzen Welt beschäftigt. Lange Jahre hielt sich in Wissenschaftskreisen die Ansicht, dass mit der Domestizierung des Hundes seine Verdummung einhergegangen sei. Diese These wurde von einer Studie von Harry und Martha Gialdini Franka an der Universität Michigan-Flint Anfang der 80er Jahre zunächst scheinbar bestätigt. Die Wissenschaftler verglichen in ihrer Arbeit Wolfs- und Hundewelpen in ihrer Fähigkeit, Gegenstände zu manipulieren, um an Futter zu gelangen. So wurden Leckerbissen hinter verschieden großen Barrieren versteckt, die überwunden werden mussten. Das Ergebnis schien eindeutig: Die jungen Wölfe waren in dieser Studie deutlich besser darin, den Zusammenhang zwischen ihrem Verhalten und dessen Folgen zu begreifen – anders als Hunde, die immer wieder scheiterten.

Sind Hunde schlau?

Doch sind Wölfe bei diesen Tests wirklich immer talentierter als Hunde? Raymond Coppinger und Richard Schneider erklären in ihrem wissenschaftlichen Aufsatz „Evolution of working dogs" die Ergebnisse der Studie damit, dass Wölfe zwar eine schnellere kognitive Entwicklung zeigten, aber gut trainierte Hunde dafür lebenslang hervorragend neue Dinge lernen könnten. Bei Filmaufnahmen von Immanuel Birmelin und Volker Arzt zur Intelligenz von Tieren scheiterten dann auch erwachsene Wölfe aus dem Universitäts-Tiergarten der Kieler Verhaltensforscherin Dorit Feddersen-Petersen daran, einen Deckel von einem Eimer zur Seite zu schieben, um an das Fleischstück am Grund des Behälters zu gelangen. Eine Aufgabe, die alle getesteten, ebenfalls im Gehege gehaltenen Schäferhunde dagegen ohne Probleme lösen konnten. Generell zeigen diese widersprüchlichen Beobachtungen, dass die Jugendentwicklung von Wolf und Hund anders verläuft. Zusätzlich können soziale Hintergründe eine Rolle spielen, wie gut Hunde physikalische Probleme eigenständig lösen können: Die Intelligenz eines Hundes hängt wahrscheinlich vom sozialen Umfeld aber auch Rasseeigenschaften und seiner Persönlichkeitsstruktur (siehe S. 112 ff.) ab.

Welche Rolle spielt die Umwelt?

Wie stark die Problemlösefähigkeit eines Hundes von der Beziehung zum Halter beeinflusst wird, haben Elisabeth Prato-Previde und Sara Marshall-Pescini in Mailand untersucht. Sie widmeten sich der Frage, inwieweit der Ausbildungsstand auf die Problemlösekompetenz der Hunde Auswirkung haben können.
Die Ergebnisse: Kognitive Leistungen von ausgebildeten Hunden sind größer als von Hunden, die kaum etwas lernen durften. Auch die Art des Trainings hat Einfluss auf die Selbstständigkeit beim Lösen von Aufgaben (siehe S. 146). Eine andere Studie machte deutlich, dass Hunde, die z. B. als

Hofhund die Aufgabe hatten, das Gelände zu bewachen und dabei die meiste Zeit des Tages auf sich alleine gestellt waren, viel mehr Eigeninitiative beim Lösen von schwierigen Aufgaben zeigten als Hunde, die als Familienhunde „arbeitslos" im Haus leben durften.

Sind Rassen unterschiedlich klug?

Die meisten Experten sind sich einig, dass verschiedene Hunderassen unterschiedlich stark ausgeprägte Fähigkeiten haben. Alleine die Größe kann viele unterschiedliche Fähigkeiten begünstigen: So haben große Hunde häufig Vorteile, weil sie von weiter oben einfach einen besseren Überblick haben. Weitere grundsätzliche Unterschiede sind durch die genetische Auslese bei der Zucht verschiedener Rassemerkmale entstanden: So verfügen Rassen z. B. über eine ungleich lange Konzentrationsfähigkeit, Kooperationsbereitschaft und können unterschiedlich viel neuen Lernstoff verarbeiten. Besonders groß waren die Unterschiede bei Rassen, die wie Hütehunde auf starke Kooperation mit den Menschen angewiesen waren, was ein Team um die Ethologin Martha Gázsi in Budapest untersucht hat. Diese Hunde zeigten sich besonders aufgeschlossen für Kooperation und Aufgaben durch den Menschen, während Rassen, die eher eigenständig agieren sollten, weniger Begeisterung bei der Lösung von sozialen Aufgaben zeigten. Als besonders „intelligent" gelten Hunde, die mehrere Fähigkeiten vereinen können und die Gabe haben, alte Erfahrungen schnell auf neue Situationen zu übertragen. Solch ein hoher „Hunde-IQ" ist aber nicht nur angeboren, sondern kann durch Menschen gefördert oder in seiner Entwicklung unterdrückt werden.

Welche Rolle spielt die Persönlichkeit?

Innerhalb der rassetypischen Unterschiede gibt es zusätzlich zahlreiche individuelle Abweichungen: „Die Persönlichkeit eines Tieres wurde lange unterschätzt; sie hat große Auswirkungen auf seine Klugheit", meint z. B. Dr. Immanuel Birmelin, Verhaltensbiologe aus Freiburg. Grundsätzlich unterscheiden Verhaltensforscher zwischen wagemutigen und eher scheuen Hunden – das sind die sogenannten A-und B-Typen, die Udo Gansloßer in seinem Persönlichkeitskapitel (siehe S. 112) näher beschreibt. Natürlich liegt die Vermutung nahe, dass ein neugieriger, extrovertierter Hund, der seine Umwelt aufgeschlossen erkundet, auch bereit ist, viel von seinen Menschen zu lernen. Allerdings beeinflusst hier besonders der Mensch, wie schlau der Hund werden kann: Solange Hundebesitzer die Stärken und Schwächen ihres Tieres richtig einschätzen, wird sich auch eine schüchterne Persönlichkeit entfalten und zum Prüfungsprofi werden können.

Studien haben gezeigt, dass Hütehunde wie der Border Collie besonders gut mit Menschen kooperieren können.

Was wissen Hunde von der Umwelt und über Gegenstände?

Studien von Psychologen haben gezeigt, dass ein gewisses Grundwissen über physikalische Gesetzmäßigkeiten anscheinend in allen Menschen vorhanden ist. So „wissen" schon Kleinkinder, dass alles, was nach oben geworfen oder von oben fallen gelassen wird, auf dem Boden landet.

Dabei vermuten die Forscher, dass diese Kenntnisse durch Erfahrung und Beobachtung gelernt werden, ohne dass dadurch ein exaktes Wissen über z. B. die Erdanziehungskraft vorhanden sein muss. Evolutionsbiologen fragten sich nun, ob solch ein „physikalisches Basiswissen" auch Tieren wie Schimpanse oder Hund eigen ist. Der Budapester Verhaltensbiologe Ádám Miklósi rät in seinem Buch „Hunde – Evolution, Kognition und Verhalten" bei der Untersuchung dieser Bereitschaft zu Vorsicht: Seiner Meinung nach setze dieses „innere Vermögen" voraus, dass ein Tier im Leben generell Gegenstände in verschiedener Art und Weise bedienen oder handhaben muss. Dies sei bei Menschen und anderen Primaten, nicht aber bei Hunden der Fall. Trotzdem hat dieses Thema in den letzten Jahren viele Forscher zu interessanten Studien inspiriert.

Verstehen Hunde das Prinzip „Mittel zum Zweck"?

Ein Team um die Verhaltensbiologin Britta Osthaus von der Canterbury Christ Church University brachte 2005 Hunden bei, durch Ziehen an einem Seil an ein Stück Futter zu kommen, das am Ende festgebunden war. Das Ziel der Forscher aus Neuseeland: Sie wollten herausfinden, ob die Hunde in der Lage waren zu erkennen, dass das Seil das Mittel war, um an das Futter zu gelangen. Nachdem die Hunde das Prinzip des Ziehens am Seil gelernt hatten, legten die Wissenschaftler zwei Seile nebeneinander oder kreuzten sie, doch nur an einem Seil befand sich am Ende der leckere Happen. Würden die Hunde verstehen, welches Seil zum Ziel führte und gezogen werden musste? Leider zeigten Hunde hier wenig Einsicht: Es konnte nicht nachgewiesen werden, dass sie gezielt vorgingen. Allerdings müssten hier noch mehr Studien durchgeführt werden, bevor eine eindeutige Aussage getroffen werden kann.

Verstehen Hunde etwas von der Erdanziehungskraft?

In einem Versuch an der Universität Exeter in England untersuchten Britta Osthaus, Alan Slater und Stephen Lea, ob Hunde „wissen", dass sich Gegenstände zum Boden bewegen, wenn Menschen sie fallen lassen. Dazu bauten die Forscher vor den Hunden eine lange, undurchsichtige Röhre auf, deren Ende in eine Futterschüssel mündete. Rechts und links von ihr wurden zwei weitere Schüsseln platziert, über denen sich aber keine Rohre befanden. Nun warfen die Ethologen für den Hund gut sichtbar ein Futterstück oben in die Röhre – ohne dass der Hund sehen oder hören konnte, wo genau es hinunterfiel. Der Hund durfte nach dieser Beobachtung nach der Leckerei suchen. Das Ergebnis: Die Hunde liefen gezielt zur richtigen Futterschüssel. Anscheinend hatten sie die Erwartung, dass die Belohnung nach unten in die Schüssel fallen würde. In einem Parallelversuch ließen sie eine Röhre diagonal zum Boden verlaufen, das Futterstück fiel also nicht senkrecht, sondern rutschte seitwärts in den Futternapf. Doch auch hier liefen die Hunde zur Schüssel, die unter der senkrechten Röhre stand. Damit war klar: Hunde erwarten, dass ein Gegenstand auf direktem Wege nach unten fällt. Interessant wäre hier eine weiter Untersuchung an Welpen: Sie könnte zeigen, ob dieses Wissen angeboren oder im Zuge von Erfahrungen erlernt wurde.

Kennen Hunde das Geheimnis der Objektpermanenz?

Scheinbar einfach ist nachzuweisen, dass Hunde ein physikalisches Objektverständnis haben: Sie wissen, dass Gegenstände existieren, die nicht zu sehen sind. Das können auch wir Menschen: Stellen Sie sich z. B. vor, ich würde Sonntag zum Kaffee zu Besuch kommen und einen Behälter über Ihre frisch gebackene Sahnetorte platzieren. Ich bin mir sicher, dass Sie sich zwar wundern, aber keine Angst um Ihren Kuchen bekommen würden: Denn Sie wissen, dass etwas unter dem Behälter ist, auch wenn es nicht mehr zu sehen ist. Dieses Wissen nennen Forscher „Objektpermanenz". Entdeckt und näher beschrieben hat diese Fähigkeit Anfang des 20. Jahrhunderts der Schweizer Entwicklungspsychologe Jean Piaget. Babys entwickeln diese Erkenntnis ab einem Alter von acht Monaten, voll ausgereift ist die Objektpermanenz erst mit einem Jahr. Mit uns Menschen teilen z. B. noch Orang Utans, Schimpansen, Bonobos und Gorillas, Papageien, Katzen und Haushunde diese Kenntnis. Dabei ist aber wichtig zu beachten, dass es sich bei der Objektpermanenz

Wenn wir den Ball verstecken, wird er ihn suchen. Denn er weiß, dass er zwar nicht mehr zu sehen, aber trotzdem noch da ist.

um eine Fähigkeit handelt, die sich unter verschiedenen Umweltbedingungen wahrscheinlich parallel entwickelt hat und deshalb schwer miteinander vergleichen lässt. Sicher ist nur, dass sie bei verschiedenen Tieren auf unterschiedlich hohem Niveau auftritt. Ein gängiger Versuch, die Objektpermanenz nachzuweisen, ist das Versteckspiel: Vor den Augen der Tiere wird ein begehrtes Objekt, z. B. der Ball des Hundes, hinter einer von mehreren Barrieren versteckt. Dann wird geschaut, ob der Hund nach seinem Spielzeug sucht. Diese einfache Stufe des Wissens um nicht sichtbare Objekte beherrschen Hunde, das ist in vielen Studien nachgewiesen worden. Doch manche Wissenschaftler bezweifeln, dass es sich um eine mit den Menschen vergleichbare Art von Objektpermanenz handelt. Um dies zu zeigen, ließen Forscher aus Budapest Hunde und Kinder zum Suchtest antreten (Watson, 2001). Sie erhöhten den Schwierigkeitsgrad der Prüfungssituation etwas, indem sie dieses Mal das Spielzeug in einem Container versteck-

Forscherportrait: Prof. Dr. Vilmos Csanyi

Der Chemiker war lange Jahre vor Miklósi der Leiter der weltweit größten Arbeitsgruppe zur Erforschung des Verhaltens der Hunde an der Eötvös-Lorand-Universität in Budapest. Geboren 1935 in Budapest, arbeitete er nach seiner Doktorarbeit an der Semmelweis Universität Budapest als Biochemiker und Molekularbiologe. Nach zwei Jahren in den USA/ Harvard University wurde er 1973 eingeladen, an der Fakultät für Naturwissenschaften der Eötvös Universität eine Professorenstelle anzutreten. Nachdem er im Urlaub seinen Hund „Flip" gefunden und aufgepäppelt hatte, begann er, sich für die kognitiven Fähigkeiten der Hunde zu interessieren. Deshalb wandelte er kurzerhand 1990 das Verhaltenslabor um und gründete das „Family Dog Project." Hier wurde unter seiner Leitung unter anderem die Mensch-Hund-Beziehung, Hunde-Kognition und der Vergleich der geistigen Fähigkeiten von Kindern und Hunden untersucht. Bis zum Jahr 2000 arbeitete er als Leiter der Ethologie-Forschungsgruppe an der Universität, noch heute ist er als Mitglied der Ungarischen Akademie eine der bedeutenden Persönlichkeiten in der Erforschung des tierischen und menschlichen Verhaltens. Vilmos Csanyi ist Autor von 34 Büchern und mehr als 200 wissenschaftlichen Artikeln. 2005 wurde Csanyi zum Professor Emeritus der ELTE Universität, seitdem widmet er sich seiner Leidenschaft, dem Schreiben. Insgesamt sechs Fiktions-Romane sind bislang von ihm erschienen.

---

ten. Mit diesem verschwanden sie hinter einer der Trennwände und tauchten dann mit einem leeren Gefäß wieder auf. Der Clou: Bei diesem Versuchsdurchgang wussten die Hunde nicht genau, wo der Ball verschwunden war – sie mussten ihn länger suchen. Das taten die meisten Hunde auch – allerdings brauchten sie deutlich mehr Zeit, benutzten beim Suchen zusätzlich zum Seh- ihren Geruchsinn und beschnüffelten dabei auch intensiv den leeren Behälter. Forscher vermuten, dass der Behälter durch den Ball „besonders", also „gemarkert" (siehe S. 156), wurde und dadurch die Aufmerksamkeit des Hundes von der Problemlösung etwas abgelenkt haben könnte. Der Vergleich mit Kindern in dieser Situation hat aber noch etwas anderes gezeigt: Die Motivation zu suchen ließ deutlich nach, wenn die Suche auch nach der zweiten Trennwand ergebnislos blieb. Anders als bei den parallel getesteten vier- bis sechsjährigen Kindern: Sie wussten anscheinend, dass das Spielzeug existierte und hinter einer der drei Wände versteckt sein musste, und hielten die intensive Suchspannung bis zur letzten Trennwand durch. Das gelang auch Hunden, aber sie brauchten viel länger zum Wiederfinden des Objektes. Daraus schließen die Forscher um John Watson und Vilmos Csanyi, dass Hunde nicht über die gleiche Fähigkeit der mentalen Repräsentation von Gegenständen verfügen wie vier- bis sechsjährige Kinder, sondern dass es womöglich der Ort ist, an dem das Objekt zuletzt gesehen wurde, welcher die Suchfreude auslöst. Verhaltensbiologen erklären die biologische Herkunft der ortsgebundenen Objektpermanenz beim Hund damit, dass der Hund eine Beute verfolgen können muss, auch wenn sie für kurze Zeit aus seinem Sichtfeld verschwindet. Er „weiß", dass sie sich weiterhin in der Nähe befinden muss und sucht deshalb gezielt nach Objekten an den Orten, an denen er sie zuletzt gesehen hat.

Warum versagen Hunde beim Hütchenspiel?

Diese gezielte Suche nach versteckten Objekten am Ort des Verschwindens könnte auch der Grund sein, warum Hunde beim Hütchenspiel im Vergleich mit Schimpansen so schlecht abschneiden. Beim Hütchenspiel verschiebt der Spieler Hütchen auf einem Tisch in einer Geschwindigkeit, bei der der Zuschauer sich darauf konzentrieren muss, das richtige Hütchen mit den Augen zu verfolgen. Es geht also darum, das Versteck eines verborgenen Objektes mit den Augen zu fixieren und zu verfolgen, während sich seine Position verändert. Dies setzt Objektpermanenz und räumliches Vorstellungsvermögen voraus, Fähigkeiten, die das Forscherteam aus Leipzig interessierten. Eveline Rooijakkers, Juliane Kaminski und Josep Call arbeiten in der Abteilung für Vergleichende und Entwicklungspsychologie des Instituts für Evolutionäre Anthropologie. Um die Konzentration auf versteckte Objekte in Bewegung zu testen, spielten sie mit Schimpansen, Orang Utans und Hunden das „Hütchenspiel" (Rooijakkers et al., 2009). Diese Aufgabe erfordert höchste Konzentration, deshalb haben sich die Forscher beim Versuch mit den Tieren auf die Verwendung von zwei Hütchen beschränkt. Zuerst wurde für Hund und Affe gut sichtbar ein Leckerbissen unter einem der zwei Behälter versteckt. Dann wurden die „Hütchen" umeinander, über Kreuz oder hin- und hergeschoben. Für die Schimpansen war das Verfolgen des richtigen Bechers ein Kinderspiel: Sie konnten sich trotz Bewegung auf das richtige „Hütchen" konzentrieren und lösten die Aufgabe ohne Probleme. Sie konnten sich anscheinend vorstellen, dass sich das versteckte Objekt mit bewegt. Doch Hunde schnitten in dieser Versuchsreihe schlecht ab. Besonders wenn die Becher gekreuzt wurden, konnten sie dieser Positionsänderung nicht mehr folgen. Sie suchten bevorzugt immer unter dem Becher, der an der ursprünglichen Stelle stand, an welcher sie das Verstecken beobachtet hatten. Hier zeigt sich also ein deutlicher Unterschied in der Objektpermanenz: Nur die Schimpansen waren in der Lage, Bewegungen von „unsichtbaren" Gegenständen kontrolliert zu verfolgen, Hunde scheinen mit diesem Problem überfordert zu sein.

Kennen Hunde das Ausschlussprinzip?

In einem weiteren Versuch setzten die Budapester Forscher Hunde vor zwei Container und versteckten unter einem von den Behältern das Spielzeug des Hundes. Dann zeigten sie dem Hund den leeren Container, indem sie ihn beim Namen riefen und kurz ansahen, während sie den Becher für drei Sekunden lüfteten. Danach wurde der Becher wieder hingestellt und der Hund sollte aus dieser Aktion schlussfolgern, dass sich das gesuchte Objekt unter dem anderen Becher befinden musste, der nicht bewegt worden war. Anschließend wurde der gleiche Versuch noch einmal durchgeführt, dieses Mal aber ohne die Anwesenheit eines Menschen. Der Container wurde mit Hilfe eines Seiles angehoben und wieder gesenkt. Interessanterweise scheiterten die Hunde, wenn der Mensch den leeren Container gelüftet hatte. Sie untersuchten zuerst den Becher, der vom Menschen gehoben worden war (Erdhögyi et al., 2007). Im Gegenversuch mit den Seilen zeigten sie sich aber erfolgreicher: Durch den Blick hinter den Container schlossen sie richtig und rannten zum Container, unter dem das Spielzeug lag. Wie ist das Versagen im Beisein von Menschen zu erklären? Wissenschaftler nennen dieses Phänomen den „Markiereffekt". Dadurch, dass der Mensch ein Objekt berührt hat, ist es für den Hund interessant

Forscherportrait: Dr. Juliane Kaminski

Schon als Kind wusste sie, dass sie mit Tieren arbeiten wollte. Deshalb hat sie nach einem kleinen Umweg über die Medizin, 1996 in Leipzig, schließlich doch ihren Weg zum Biologiestudium gefunden. Bis 2001 studierte sie hier mit dem Schwerpunkt Verhaltensforschung, ihre Diplomarbeit schrieb sie über die soziale Intelligenz von Ziegen. Die tierischen Intelligenzleistungen haben es ihr angetan: Für Kaminski ist die Erforschung der Talente und Fähigkeiten von sozial lebenden Tieren eine Möglichkeit, die Wurzeln und die Entwicklung der sozialen Interaktion und die Kooperationsfähigkeit des Menschen besser verstehen zu können. Neben Ziegen hat sie sich deshalb von Anfang an für Schimpansen und auch für die Fähigkeiten von Hunden interessiert. Schimpansen untersucht sie nicht nur im Leipziger Zoo, sondern auch in ihrer natürlichen Umwelt: Dafür forscht sie für zwei bis vier Monate im Jahr in Uganda auf der Insel „Ngamba Island", die als Asylstation für gerettete Schimpansen eingerichtet wurde. Ihre Dissertation (2005) hatte die Untersuchung der sozialen Intelligenz verschiedener Säugetiere zum Thema, später hat sie zusammen mit Michael Tomasello und Juliane Bräuer viele bahnbrechende Hundestudien im Leipziger Institut durchgeführt. Berühmt

wurde Kaminski mit der 2004 veröffentlichten Studie an Border Collie „Rico", in der sie nachweisen konnte, dass Hunde auf ähnliche Weise wie Kinder neue Wörter lernen (siehe S. 134). Nach einem Abstecher an die Universität Cambridge in England leitete die Wissenschaftlerin viele Jahre in Leipzig die Forschungsgruppe „Evolutionäre Wurzeln der menschlichen sozialen Interaktion". Seit August 2011 arbeitet sie an der Univerity of Porsmouth in Großbritannien im neu eröffneten Hunde-Kognitions-Labor.

geworden und lenkt seine Aufmerksamkeit vom eigentlichen Problem ab. Das kennen auch wir Menschen z. B., wenn wir von Handlungen durch eine spontane Wahrnehmung abgelenkt werden. So kann z. B. ein quietschender Baum unsere Aufmerksamkeit vom Spaziergang ablenken und wir entdecken in der Folge ein Eichhörnchen in seinen Ästen – durch das Quietschen wurde der Baum „markiert" und hat unser Interesse gewonnen, dadurch wurden wir von unserer eigentlichen Handlung, dem Spazierengehen, abgelenkt. Aus den Ergebnissen schließen die Forscher, dass Hunde leichte Versteckaufgaben durch Schlussfolgern lösen können, solange sie nicht durch soziale Hinweise von der eigentlichen Aufgabe abgelenkt werden. Dies ist ein generelles Problem bei der Durchführung von Versuchen, die kognitive Leistungen der Hunde testen sollen.

Hunde sind durch ihre enorme Bereitschaft zur sozialen Interaktion sehr leicht abzulenken. So können sie eine Aufgabe auch schnell als soziales Spiel „missverstehen" und suchen in Spielmanier übermotiviert auch an unmöglichen Stellen nach verschwundenen Objekten.

Fähigkeiten zum Überleben

Die Ergebnisse dieser Studien zeigen, dass Hunde zwar bestimmte Vorstellungen von der unbelebten Umwelt wie Schwerkraft und Objektpermanenz besitzen, die aber nicht sehr weit ausgereift sind. Sind sie deshalb „dumm"?
Die Verhaltensökologie sieht hier eine einfache Erklärung: Wölfe und Hunde brauchen andere Fähigkeiten zum Überleben als Schimpansen und Menschen. Für Wölfe und Hunde steht besonders die Kooperation im Vordergrund, eine Veranlagung, die im Zuge der Domestikation mit dem Menschen beim Hund immer weiter geschärft wurde. Deshalb sind sie unschlagbar gut darin, soziale Hinweise des Menschen zu erkennen, zu interpretieren und richtig umzusetzen. Zusätzlich wurde bei Hunden der Drang, sich selbst mit Futter zu versorgen, nahezu „abgeschafft", da sich Menschen um die Versorgung mit Nahrung kümmern. Menschenaffen existieren dagegen in einer ganz anderen Umwelt: Sie leben mit vielen Gruppenmitgliedern in Clans zusammen und hier herrscht große Futterkonkurrenz. Dass ein Affe dem anderen mit dem Finger zeigt, wo ein leckeres Futter versteckt ist, wird hier nicht stattfinden. Dafür beweisen die Menschenaffen bei der Suche nach Futter einen beeindruckenden Einfallsreichtum: Sie bauen sich „Angeln" aus Halmen, um an Termiten zu kommen, und sie schütteln Nüsse, um auf deren Inhalt schließen zu können. Beide Tiere sind mit ihren Talenten also perfekt an ihre Lebensumgebung angepasst.

Für ein erfolgreiches Hundeleben bedeutet das: Für Hunde ist es überaus lohnenswert, uns und unsere Zeichen richtig zu verstehen und mit uns zu kooperieren. Auf diese Weise hat sich die hundliche Intelligenz derart stark auf die soziale Interaktion mit uns ausgerichtet und damit den Hund zum idealen Menschenbegleiter für verschiedenste Aufgaben in unserer Gesellschaft gemacht.

Sozial denkende Hunde, kausal denkende Schimpansen

Problemstellung
Hunde zeigen großes Talent darin, den berühmten Objekt-Choice-Test richtig zu lösen: Hier weist der Versuchsleiter durch den Fingerzeig auf einen von zwei Bechern und „verrät" dadurch, wo eine Leckerei versteckt worden ist. Schimpansen können mit der Geste wenig anfangen, während Hunde sofort und schon als Welpen richtig darauf reagieren. Das Forscherteam um Juliane Bräuer, Juliane Kaminski, Julia Riedel, Josep Call und Michael Tomasello vom Max Planck Institut für Evolutionäre Anthropologie in Leipzig stellte im Vorfeld die Hypothese auf, dass sich im Zuge der Evolution bei den großen Menschenaffen die Fähigkeit entwickelt hat, kausale Zusammenhänge gut erkennen zu können, während der Hund durch die Domestikation die Fähigkeit erworben hat, sozialkommunikative Hinweise besser umsetzen zu können. Um diese Hypothese zu überprüfen, wurden verschieden Arten von Objekt-Choice-Aufgaben durchgeführt.

Methoden
In dieser Studie verglichen die Leipziger Forscher 21 Haushunde mit 16 Menschenaffen der Art Schimpanse in ihrer Fähigkeit, verschiedene Hinweise zu nutzen, wo ein Futter versteckt worden war. Diese Hinweise waren kausal, z. B. indem im akustischen Test vor dem Versuchstier der volle Becher geschüttelt wurde, im visuellen Test der Becher in eine Schräglage versetzt wurde (als würde etwas darunter liegen), sowie auf kommunikativer Ebene, indem im Test durch bestimmte Gesten wie der Fingerzeig oder Anstarren auf den Becher gewiesen wurde oder im Test mittels Verhaltenshinweisen, indem der Forschungsleiter z. B. versuchte, den richtigen Becher durch Ausstrecken des Armes zu erreichen, ihm dies aber nicht gelang. Alle Hunde lebten als Familienhunde bei ihren Besitzern und waren gut trainiert, alle Schimpansen lebten in stabilen Gruppen im Menschenaffenpark des Leipziger Zoos.

Ergebnisse
Beim Vergleich der kausalen Tests (Schütteln, Schräglage des Bechers) mit den sozialen Tests (Verhaltenshinweise und kommunikative Gesten) zeigte sich, dass Hunde die kommunikativen Hinweise gut zu nutzen, aber mit den kausalen Hinweisen wenig anzufangen wussten. Bei den Schimpansen war es genau umgekehrt: Sie versagten meist bei der Interpretation der Zeigegesten, brillierten aber bei der Umsetzung der akustischen oder optischen Hinweise.

Diskussion
Die Ergebnisse unterstützen die „social dog-causal-ape"-Hypothese. Die Forscher erklären sich dieses Ergebnis mit den Anpassungen der Affen an eine hoch komplexe, besonders aufwändige Futtersuche und den domestikationsbedingten Anpassungen der Hunde an die kooperative Kommunikation mit Menschen.

Quelle: Making Inferences About the Location of Hidden Food: Social Dog, Causal Ape. Juliane Bräuer, Juliane Kaminski, Julia Riedel, Josep Call and Michael Tomasello. Journal of Comparative Psychology ,2006, Vol. 120, No.1, 38–47.

Spielzeit

Der Sinn des Spielens

Alle höheren sozialen Wirbeltiere spielen: einige besonders in ihrer Jugendzeit, andere Arten sogar lebenslang. Spiel ist also offensichtlich ein für Tier und Mensch enorm wichtiges Verhalten. Trotzdem sind sich Forscher bis heute nicht immer einig, wozu all das Toben, Rennen und Spaßhaben gut sein soll.

Über den tieferen Sinn des Spielens zerbrechen sich Verhaltensforscher auf der ganzen Welt seit Jahrzehnten den Kopf. Das Problem für die Wissenschaftler: In dieses Verhalten wird zum einen wertvolle Energie investiert und es ist zum anderen nicht ganz ungefährlich. Immerhin ist ein spielendes Tier abgelenkt von Gefahren, die ihm aus der Umwelt drohen, und man kann sich besonders bei rabiaten Spielen leicht verletzen. Wenn sich Tiere trotzdem fürs Spielen entscheiden, muss es ihnen also enorme Vorteile bieten. Diesen Nutzen des Spiels zu erkennen, ist Ziel vieler Forschungen der letzten Jahrzehnte gewesen. In diesem Kapitel möchten wir deshalb versuchen, einen Überblick über die gefundenen Funktionen des Spiels von Hundeartigen mit Artgenossen und mit Menschen zu geben.

Spielarten bei Caniden

Sicher ist, dass soziale Tiere unterschiedlich viel spielen, und zwar umso intensiver, je komplexer die Sozialstrukturen sind, in denen sie leben. Das wird am Beispiel der Caniden-Gruppe deutlich: Kojoten und Schakale leben – abhängig von Variablen wie etwa dem Nahrungsangebot – meist in nicht vergleichbar stark ausgeprägten Sozialverbänden und spielen im sozialen Kontext relativ seltener und weniger leidenschaftlich und flexibel als z. B. Wölfe und Hunde (vgl. Feddersen-Petersen, 2007, Abb. rechts).

Vergleicht man jedoch die Intensität und Qualität des Sozialspiels von Wolf und Hunden verschiedener Rassezugehörigkeit, fallen die Ergebnisse recht unterschiedlich aus. Dorit Feddersen-Petersen hat hier zahlreiche Studien zur Entwicklung von Verhaltensweisen während der Jugendzeit von Hunden 23 unterschiedlicher Rassen und Wölfen durchgeführt, die unter vergleichbaren Gehegebedingungen aufwuchsen und lebten. Ihre Ergebnisse zeigen deutlich, dass z. B. Pudel weniger spielen als Wölfe. Das Spiel der Lockenköpfe war außerdem relativ vergröbert, während etwa Alaskan Malamutes, Terrier, Windhunde und Jagdhunde über ausgeprägte Spielrepertoires verfügten. Allerdings kam es dabei teilweise zur Übersteigerung von Verhaltensweisen, je nach züchterischer Förderung. Im Zusammenleben mit Menschen hingegen spielten Pudel variabel und „hingebungsvoll", zeigten sich mehr auf den Menschen konzentriert als etwa die Malamutes. Dieses Ergebnis macht deutlich, dass es für Hunde anscheinend ein Unterschied ist, ob sie mit Menschen oder Hunden spielen. Marc Bekoff dagegen konnte feststellen, dass sich eine untersuchte Beagle-Gruppe wiederum spielfreudiger zeigte als Wölfe. Welchen Einfluss Rassemerkmale und Persönlichkeiten innerhalb einer Gruppe auf das Spielverhalten im Rudel haben, ist noch nicht ausreichend untersucht worden, sollte aber bei der Interpretation dieser anscheinend widersprüchlichen Ergebnisse auch eine Rolle spielen. Weitgehend einig sind sich Forscher darüber, dass Hunde anders spielen als Wölfe. Studien der Forscherin Jane Packard von der Universität Chicago zeigten, dass die Urahnen unserer Hunde viel körperlicher spielen: Sie lieben es, aufeinander zu steigen, zu ringen, sich zu jagen und zu stellen, um dann wieder zu ringen. Hunde dagegen sind leidenschaftliche Objektspieler: Egal ob ein echtes Spielzeug oder der am Wegrand gefundene Stock, alles wird zur kostbaren Beute, sie verfolgen sich gegenseitig, versuchen, sich Gegenstände zu stehlen, oder zerren gemeinsam an Spielzeugen, wie das z. B. der Amerikaner Robert Mitchell von der Kentucky University beobachtet hat. Marc Bekoff konnte bei seiner Beagle-Gruppe wiederum beobachten, dass diese eine besondere Vorliebe für sexuelle Spiele hegten, was von Wölfen in diesem Ausmaß nicht bekannt ist. Doch wenn es auch hier persönliche oder rassebedingte Unterschiede und Faibles geben wird, durch die Intensität, mit der sich besonders junge Hunde und Wölfe beim Jagen, Toben und Kämpfen verausgaben, wird deutlich, wie wichtig Spielen für die Entwicklung ist. Mehrere Langzeitstudien haben ihren Fokus deshalb auf das Spielverhalten während verschiedener Lebensphasen gerichtet. So hat z. B. der Indische Verhaltensbiologe Sunil Kumar Pal im Jahr 2010 die Entwicklung des Spielverhaltens von insgesamt 24 verwilderten Haushundewelpen aus sechs Würfen in einer Kleinstadt in Indien dokumentiert. Bereits ab der dritten Lebenswoche zeigten diese Welpen trotz schlechter Umweltbedingungen erstes Spielverhalten in Form von kleinen Kampf-, Objekt- und sexuell motivierten Spielen, die mit zunehmenden Alter immer häufiger und intensiver gezeigt wurden.

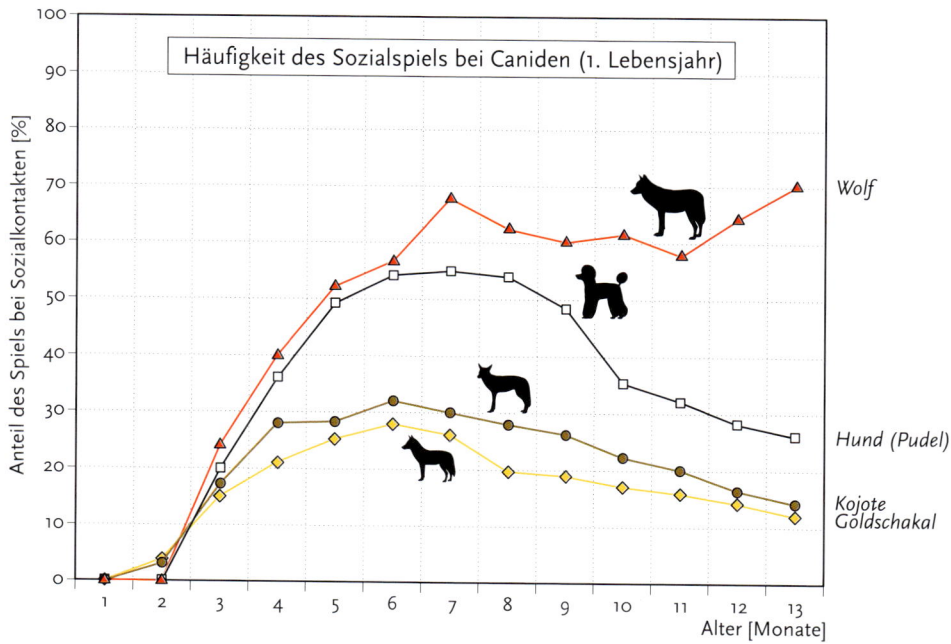

Häufigkeit des Sozialspiels bei Wölfen (Canis lupus L.), Pudeln (Canis lupus f. familiaris), Kojoten (Canis latrans SAY) und Goldschakalen (Canis aureus L.) während des ersten Lebensjahres unter vergleichbaren semi-natürlichen Lebensbedingungen. (Abdruck mit freundlicher Genehmigung von Dorit Feddersen-Petersen).

Auch Spielen will gelernt sein. Welpen brauchen andere Welpen, um sich und das Gegenüber besser einschätzen zu können.

Die wichtigsten Ergebnisse:
Die einzelnen Würfe zeigten deutliche Unterschiede in der Häufigkeit des Spielens. Daraus könnte man interpretieren, dass die unterschiedlichen Persönlichkeiten innerhalb eines Wurfes beeinflussen, auf welche Weise, wie stark und wie intensiv gespielt wird. Weitere Resultate der Studie: Umso größer der Wurf, umso häufiger wurde gespielt, was bedeuten könnte, dass die Spielfrequenz mit der Anzahl potentieller Spielpartner steigt. Männliche Welpen stifteten ihre Geschwister häufiger zum Spielen an als weibliche: Insgesamt 65 Prozent der Spiele gingen auf das Konto der kleinen Rüden, während die Hündinnen nur ein Drittel der spielerischen Aktionen initiierten.

Es gab eine deutliche, geschlechtlich orientierte Vorliebe bei der Wahl der Spielpartner: Kleine Rüden spielten bevorzugt

Wie Spielsignale im Sozialspiel der Caniden eingesetzt werden

Problemstellung

Spielsignale werden von vielen spielenden Tierarten eingesetzt, um zum Spiel aufzufordern. Doch nicht nur zur Einleitung, sondern auch zur Aufrechterhaltung des Spiels werden Spielsignale immer wieder gezeigt. Bekoff untersuchte in dieser Studie Spielsignale, die zum Aufrechterhalten des Spiels („Ich möchte weiterspielen") genutzt werden. Dabei hat sich der Forscher auf das sehr stereotype Spielsignal „Play Bow" (Vorderkörpertiefstellung, der Hund lässt sich mit dem Vorderkörper auf seine Vorderbeine fallen, das Hinterteil wird hoch in die Luft gereckt, er zeigt ein Spielgesicht, wedelt mit dem Schwanz, eventuell bellt er) konzentriert, das für den Erhalt des Spiels z. B. von jungen und erwachsenen Haushunden, jungen Wölfen und jungen Kojoten genutzt wird. Dabei interessierten ihn besonders Bows, die vor Spielaktionen oder im Anschluss an Spielaktionen gezeigt werden, die leicht missverstanden werden können. Solche Spielaktionen leiten sich aus anderen Kontexten ab, z. B. dem Beutefang oder dem Dominanzverhalten. So wird im Spiel z. B. häufig nicht zimperlich zugebissen, oder auch schnelle Schüttelbewegungen mit dem Kopf gezeigt. Bekoff vermutet, dass die Bows kurz vor oder nach solchen Aktionen nicht willkürlich gezeigt werden, sondern dem Spielpartner signalisieren sollen, dass es sich hier weiterhin um ein Spiel handelt. Diese Bows kurz vor und nach derlei Aktionen sollen laut der Hypothese Bekoffs also den Weitergang des Spiels sicherstellen.

Methoden

Es wurden Spielsequenzen von vier jungen Wölfen, vier jungen Coyoten und vier jungen Beaglewelpen (alle Canidenwelpen drei bis vier Wochen alt) und 10 erwachsenen Hunden (Beagles) auf Video aufgezeichnet. Die Spiele fanden unter kontrollierten, einheitlichen Bedingungen statt, alle Jungcaniden sind vom 10. Lebenstag an mit der Flasche unter gleichen Bedingungen aufgezogen worden. Jeweils zwei Individuen einer Art wurden für jeweils 15 Minuten am Tag zur jeweils gleichen Tageszeit, immer genau eine Stunde nach dem Füttern beim Spielen beobachtet und gefilmt. Die Filme wurden Bild für Bild analysiert, dabei konnten 35 einzelne Spielaktionen beschrieben und katalogisiert werden. Unterschieden wurde bei der Analyse weiterhin, ob die Spielrunden mit einem Bow initiiert worden waren oder aus anderen Kontexten heraus ohne Bow begonnen hatten.

Ergebnisse

Spiele, die mit Bow initiiert wurden, hatten eine längere Dauer, zeigten eine größere Vielfalt in den individuellen Aktionen oder Interaktionen zwischen den Spielpartnern und waren weniger stereotyp in ihrem Ablauf als Spielsequenzen, die sich auf andere Weise ergeben hatten. Alle Caniden zeigten Bows kurz vor oder nach einer mutmaßlich missverständlichen Aktion. Bei Hunden wurden die Bows in 74%, bei Wölfen in 79% und bei Coyoten in 92% dieser Spielaktionen gezeigt.

Diskussion

Die Ergebnisse unterstützen die Annahmen, dass Spielsignale dazu genutzt werden, das Sozialspiel zu verlängern, wenn die Gefahr besteht, dass aufgrund von aggressiven, sexuell motivierten Verhaltensweisen oder Beutespiel von einem der beiden Spielpartner das Spiel abgebrochen werden könnte. Der hier präsentierte vergleichende Nachweis unterstützt ebenfalls die Annahme, dass in Situationen, in denen es wahrscheinlich ist, dass Spielkämpfe in Aggression überschlagen könnten die Wahrscheinlichkeit noch größer ist, dass Bows gezeigt werden, wahrscheinlich um dieses zu verhindern. Spiel bei Caniden und anderen Arten braucht eine ähnliche Grundstimmung der Spielpartner. Diese Einheitlichkeit kann durch die Nutzung von Spielsignalen erreicht werden, besonders wenn diese kurz vor oder nach missverständlichen Aktionen eingesetzt werden. Dabei vermutet Bekoff, dass Bows als Schlüsselsignale eingesetzt werden, die in ihrer stereotypen Vorführung unmissverständlich dem Spielpartner die Spielgestimmtheit signalisieren sollen. Die abweichenden Ergebnisse zwischen den verschiedenen Arten erklärt sich Bekoff mit den Unterschieden in der Frühentwicklung dieser Caniden, die auch schon Dorit Feddersen-Petersen beschrieben hat (siehe Tabelle S. 161): So zeigen junge Coyoten ein größeres aggressives Spielverhalten und engagieren sich viel häufiger in rangaustestenden Dominanzspielen als Hunde- oder Wolfswelpen. Die gewonnenen Daten legen nahe, dass Bows nicht ohne Absicht in bestimmten Situationen wiederholt werden, sondern signalisieren sollen, wie Bekoff schreibt: „I want to play despite what I am going to do or just did -- I still want to play."

Quelle: Bekoff, Marc (1995): Play Signals as Punctuation: The Structure of Social Play in Canids. Behaviour 132, 419–429.

mit ihren Schwestern, Schwestern lieber mit ihren Brüdern. Bei diesen untersuchten Welpen gab es also eine schon früh erkennbare Tendenz, mit einem Individuum des jeweiligen Paarungspartners zu spielen. Wie schon einige Canidenforscher vor ihm, konnte Kumar Pal auch bei seinen Welpen beobachten, dass sich innerhalb der beiden Geschlechtergruppen ungefähr ab der fünften Woche erste Dominanzstrukturen etablierten. Werden später aus Welpen Junghunde, wird Spielen immer wichtiger, um komplexe soziale Beziehungen entwickeln, vertiefen und Fähigkeiten trainieren zu können (siehe S. 166). Dass hinter all dem Spaß also auch sehr viel Nutzen für die Hunde steckt, zeigen weitere Studien.

Forscherportrait: Prof. Dr. Marc Bekoff

Marc Bekoff ist Professor Emeritus für Ökologie und Evolutionäre Biologie an der Universität Colorado, Boulder. Seine Studien zum Spiel- und Ausdrucksverhalten, aber besonders seine Theorien über ein reiches und differenziertes Gefühlsleben von Tieren haben ihn berühmt gemacht. Er war ein Vordenker, der seine neue Sicht auf Tiere in den siebziger Jahren gegen großen Widerstand der Wissenschaft durchsetzen musste. Zu dieser Zeit wurden Tiere von „Behavioristen" als „Black Boxes" betrachtet, die ohne Gefühl auf Reize reagierten. Von dieser Art zu forschen hat er sich früh distanziert und sich für eine Erforschung der Tiere in ihrer natürlichen Umgebung oder stark verbesserten Laborbedingungen eingesetzt. Zusammen mit seiner Freundin, der berühmten Primatenforscherin Jane Goodall, hat er zu diesem Zweck die Gesellschaft „Ethologists for the Ethical Treatment of Animals" gegründet (www.ethologicalethics.org). Marc Bekoff hat mehr als 200 Texte und 22 Bücher veröffentlicht. Er engagiert sich heute aktiv im Tierschutz, insbesondere gegen die Haltung von Zirkus- und Zootieren, den Handel mit exotischen Tieren,

besucht einmal in der Woche das Gefängnis in Boulder und hält dort für die Insassen Vorlesungen in Verhaltensforschung. Marc Bekoff lebt mitten in der Natur an den Ausläufern der Rocky Mountains und begleitet von hier weiterhin Verhaltensstudien, hält Lesungen an Universitäten zum Thema Gefühlsleben und Kognition der Tiere und reist für Vortragsreisen rund um die Welt.

Allgemeine Funktionen des Spiels für Hunde

Eigentlich verbringen sozial lebende Tiere wie Hunde viel mehr Lebenszeit beim Spiel als nötig wäre, um sich fürs Leben zu rüsten. Da in der Verhaltensökologie der bewährte Grundsatz gilt, dass besonders in freier Natur kein Verhalten ohne Sinn erfolgt, bleibt bis heute die Frage offen, wozu unter Hunden und Wölfen so viel und vielseitig gespielt wird. Der Entwicklungspsychologe Jean Piaget hat sich als einer der ersten auf die Suche nach der Funktion von Spiel bei Kleinkindern begeben, noch heute greifen Kognitionswissenschaftler auf seine Forschungsergebnisse zurück. Denn es ist ziemlich gleichgültig, ob es sich bei den untersuchten Objekten um spielende Kinder, Affen, Ratten oder eben Haushunde handelt: Ziemlich einig sind sich die Wissenschaftler der verschiedenen Disziplinen mit Piaget, dass Spiel artübergreifend dazu dient, komplexe geistige, soziale und körperliche Fähigkeiten zu schulen. Um die allgemeinen Funktionen für Spiel zu beschreiben, widmen wir uns zunächst nur den Studien, die das Spielverhalten von Hunden und Wölfen unter Artgenossen im Blick hatten, um anschließend dann die Forschungsergebnisse der Studien anzusehen, die ganz gezielt das Spiel zwischen Hund und Mensch in ihren Fokus genommen haben.

1. Spielfunktion: Fitnesstraining für die Zukunft

Kinder spielen in einer bestimmten Phase gerne „Mutter, Vater, Kind" oder „Kaufmannsladen". Dabei spielen sie den Alltag der Erwachsenen nach, üben Aktionen rund ums Einkaufen, von der Warenauswahl übers Bezahlen bis hin zur Verabschiedung an der Kasse. Welpen und erwachsene Hunde machen das auch: Ihr Spiel setzt sich immer aus einzelnen Sequenzen aus dem echten Hundeleben zusammen wie des Jagd-, Beutefang- und Sexualverhaltens. Das alles wird im Spiel bunt durcheinander gewürfelt gezeigt und wechselt schnell und unregelmäßig. Doch wieso haben Hunde so viel Spaß daran, Alltagserlebnisse wie Hasenjagd, Rudelattacke oder Paarungslust mit ihren besten Hundekumpels nachzuspielen? Ray Coppinger und Kenneth Smith vermuten, dass Spiel dazu dienen soll, das Verhalten von Junghunden in erwachsene Formen zu bringen. Marc Bekoff und John Byers sehen das ähnlich: Für sie hilft Spiel dabei, routinierte Verhaltensabläufe zu etablieren, gleichzeitig bietet es ein gutes körperliches Training, welches wiederum die Fitness erhöht und Bewegungsabläufe perfektioniert.

2. Spielfunktion: Training für Überraschungen

Viele Spielideen von Tieren erscheinen besonders sinnlos: so wie mein Hund Rupert, der an einem heißen Sommernachmittag am See plötzlich anfing, mit der Pfote im trüben Wasser nach versunkenen Stöcken zu fischen. Hatte er einen gefunden, dann tauchte er nach ihm, holte ihn hoch – und ließ ihn wieder untergehen, damit das Ganze von vorne losgehen konnte. Es gibt viele weitere Beispiele solcher „unnützer" Spiele, die meistens alleine gespielt werden: Berühmt sind die Bilder vom Orang Utan, der sich kopfüber vom Baum hängen lässt und mit dem Stock auf die Wasseroberfläche schlägt. Der Biologe und Rabenforscher Bernd Heinrich hat eine Rabendame dabei beobachtet, wie sie immer wieder begeistert, im Schnee auf dem Rücken liegend, einen Hang hinunterrodelte. Doch die Suche für die Funktion solcher „unsinnigen" Spieleinheiten spaltet die Forscherwelt: Manche interpretieren diese Spiele als ein generelles körperliches Training, es soll dabei helfen, sich selbst und die Umwelt besser einschätzen zu können, meint z. B. John Byers im Buch „Animal Play", das er 1998 zusammen mit Marc Bekoff herausgegeben hat. Der amerikanische Verhaltensbiologe und Spielforscher Bekoff stimmt seinem Kollegen John Byers zu, entwirft aber noch zwei neue triftige Gründe für scheinbar sinnlose Spielereien: Für ihn sind sie zum einen das „Training für das Unerwartete" und sollen zum anderen schlicht Freude bringen – denn Spaß fühlt sich gut an und auch das mache lebenstüchtig (Bekoff & Spinka, 2001). All diese Theorien erscheinen mir einleuchtend: Wenn wir eine Situation gut kennen und positiv in Erinnerung behalten, dann haben wir weniger Angst, wenn später tatsächlich z. B. in einer Gefahrensituation etwas Ähnliches von uns verlangt wird, und wir können mit dieser Herausforderung besser umgehen. Die Kieler Verhaltensforscherin Dorit Feddersen-Petersen hat jahrzehntelang im Tiergarten der Universität Kiel das Verhalten von Wölfen und Hunden studiert und fasst den Sinn sinnloser Spiele so zusammen: „Das Ziel dabei lautet: spielerisches Trainieren der Körperkontrolle oder die Überwindung von Ängsten." Mit besonderen Herausforderungen können wir also durch Training besser umgehen. Mein Hund Rupert könnte z.B. einen versunkenen Knochen im Wasser wiederfinden, falls er jemals in eine solche Situation kommen sollte.

3. Spielfunktion: Mitgefühl und Selbstkenntnis entwickeln

Grundsätzlich gilt die These, dass die Länge und Intensität der Spielzeit in Kindheit und Erwachsenenalter einen Hinweis darauf gibt, wie schwierig die Aufgaben sind, die ein Tier in seinem Leben zu erwarten hat. Schimpansen werden z. B. bis zu fünf Jahre von ihren Müttern versorgt, bevor diese wieder ein neues Baby bekommen. In dieser langen Zeit spielen unsere nächsten Verwandten im Tierreich ausgiebig mit ihrer Mutter und anderen Gruppenmitgliedern und lernen dabei, die eigenen Fähigkeiten und die Persönlichkeiten der anderen Schimpansen besser einzuschätzen. Auch Hunde und Wölfe zeigen ein ausgeprägtes, lebenslanges Spielverhalten – dies könnte ein Hinweis auf ihre ebenfalls sehr hohen sozialen und körperlichen Herausforderungen sein, die sie bei einem Leben im Rudel erwartet. Welpen und Junghunde verbringen am meisten Zeit mit Spielen, besonders beliebt sind dabei Kampfspiele. Günther Bloch deutet diese Vorliebe als ein Zeichen dafür, wie wichtig in der sozialen Gruppe die erfolgreiche Bewältigung von Konflikten ist. Hundewelpen üben bei diesen kleinen Kämpfen, wie stark sie zubeißen können, bis es weh tut, wie man gefährlich aussieht und wie man signalisiert, dass man Angst hat. So bringen sich die Spielpartner gegenseitig die feinen Nuancen der Kommunikation bei. Doch beim Spielkampf wird viel mehr gelernt: Hunde lernen die eigenen Grenzen und die ihrer Geschwister besser kennen. Oder ein Spielpartner versucht den anderen zu manipulieren. Dann wird Spiel von Tieren genutzt, um sich gegenseitig in ihren Sozialbeziehungen auszutesten. Zum Beispiel: Ich kann dich doller beißen als meinen dicken Bruder, bei dem darf ich das nicht, aber bei dir – damit testen Hunde individuelle Unterschiede aus und entwickeln Freundschaften. Sie spielen intensiver mit dem einen als mit dem anderen, weil man im Spiel besser miteinander harmoniert – sie werden mit der Zeit „feinsinniger" im Umgang miteinander, lernen sich immer besser kennen, entwickeln enge Bindungen zueinander. Die Kognitionswissenschaftlerin Alexandra Horowitz vermutet in ihrer 2002 veröffentlichten Doktorarbeit, dass Spielen auch und be-

Forscherportrait: Dr. Dorit Urd Feddersen-Petersen

Die Kieler Verhaltensforscherin hat am Institut für Haustierkunde und am Zoologischen Institut der Christian-Albrechts-Universität insgesamt über 35 Jahre lang verhaltensbiologische Untersuchungen an Haushunden und verschiedenen Caniden-Spezies betrieben und dabei unter anderem die domestikationsbedingten Verhaltensänderungen der Hunde (ca. 22 verschiedener Rassen) erforscht. Im Fokus hatte sie dabei besonders die Verhaltensentwicklung, das Lautäußerungsverhalten, das gesamte Ausdrucks- und Spielverhalten sowie die Kooperation und das Lernverhalten von Hunden unterschiedlichster Rassen, von Wölfen, Schakalen, Kojoten, Neuguinea und Australischen Dingos und verschiedenen Fuchsspezies. Ursprünglich studierte Feddersen-Petersen Veterinärmedizin an der Tierärztlichen Hochschule Hannover. Für ihre Promotion untersuchte sie als letzte Doktorandin von Professor Dr. Dr. Wolf Herres von 1975–1978 am Institut für Haustierkunde der Christian-Albrechts-Universität zu Kiel das Ausdrucksverhalten und die soziale Organisation von Goldschakalen und Zwergpudeln. Später gründete sie die Gruppe „Verhaltensbiologie an Wild- und Hauscaniden", einer nicht nur in Deutschland einzigartigen Forschungsstation, der sie bis heute vorsteht. Neben den vergleichenden Untersuchungen im Tiergarten der Universität betreute sie Dissertationen zur Kommunikation Blinder mit ihren Führhunden oder etwa das Verhalten von Border Collies unter verschie-

denen Lebensbedingungen sowie Arbeiten zum Lernverhalten von Dingos und Haushunden. Ihr Untersuchungsspektrum ist sehr weit und bezüglich der Hundeforschung als besonders herauszustellen. Sie ist Fachtierärztin für Verhaltens- und Tierschutzkunde und Trägerin des Felix-Wankel-Tierschutz-Forschungspreises von 1993. Feddersen-Petersen hat neben etlichen Fachartikeln fünf Fachbücher über Wild- und Haushunde publiziert. Dorit Feddersen-Petersen engagiert sich stark in der Tierschutzforschung, ihr Ziel ist dabei stets, die Lebensbedingungen der Hunde und die Beziehung zwischen Hund und Menschen zu verbessern. Aktuell untersucht sie – wieder einmal – den Einfluss des Menschen auf die Entstehung von Gefährlichkeit bei Hunden. Im Rahmen der Kampfhundedebatte hat sie zahlreiche Statements abgegeben, u.a. vor dem Bundestag in Berlin.

sonders dazu dient, Mitgefühl entwickeln zu können. Psychologen und Ethologen untersuchen und diskutieren schon seit langer Zeit, ob Tiere über eine Theory of Mind (ToM; Theorie des Geistes) verfügen. Darunter verstehen Wissenschaftler die Fähigkeit, von Bewusstseinsvorgängen anderer Personen oder Artgenossen zu wissen. Dies setzt voraus, dass die Tiere diese Bewusstseinsvorgänge selber kennen, also ihre eigenen Absichten, Erwartungen und Gefühle auch bei ihrem Gegenüber erwarten. Ob Hunde über eine Theory of Mind verfügen, meinte Horowitz am besten beim Spielen studieren zu können: Denn hierbei könne am besten gesehen werden, ob Hunde ein Verständnis für das Innenleben ihrer Spielpartner zeigen. Dazu zeichnete sie Hundespiele auf Video auf, analysierte die Filmsequenzen Sekunde für Sekunde, erstellte aus den Verhaltensweisen Ethogramme und unterzog ihre Ergebnisse theoretischen und statistischen Analysen. Die Auswertung dieser Daten ergab, dass Hunden eine Art rudimentärer Theory of Mind (rToM) zugestanden werden kann. Nach Horowitz reflektieren Tiere beim Spielen ihr eigenes Anliegen und zeigen eine Sensibilität für die Aufmerksamkeit und Reaktion ihrer Spielpartner. Diese Annahme ihrer Dissertation hat Horowitz 2008 vertiefend weiter untersucht. Dieses Mal konzentrierte sie sich auf die Fragestellung, ob ein Hund in der Lage ist zu erkennen, wann ein potenzieller Spielpartner aufmerksam ist und zum Spiel eingeladen werden kann. Für diese Studie filmte sie 39 Hundepaare auf einer Hundewiese in Süd-Kalifornien beim Spielen. Anschließend analysierte sie die Verhaltensweisen, die vom Spielinitiator gezeigt wurden und die darauf folgende körpersprachliche Reaktion des potenziellen Spielpartners.

Das Ergebnis: Gab es einen direkten Blickkontakt wurde sofort ein Spielsignal wie z. B. die Vorderkörpertiefstellung gezeigt. Richtete der Spielpartner seine Aufmerksamkeit auf andere Dinge, versuchte der spielwillige Hund sich ins Zentrum des Interesses zu rücken, indem er zusätzliche Signale wie Bellen oder Anstupsen mit der Pfote zeigte, um dann, sobald der andere Hund ihm Beachtung schenkte, mit einem deutlichen Signal zum Spiel einzuladen. Diese Studie zeigt eine große kognitive Fähigkeit von Hunden, die auch in anderen Studien vertiefend untersucht wurde: Hunde wissen, was andere sehen und hören können, sie können sich in andere hineinversetzen und haben eine Vorstellung von der Perspektive Ihres Gegenübers. Fazit aus diesen interessanten Studien: Viel spielerischer Kontakt zu Artgenossen scheint vor allen Dingen in der Kindheit besonders wichtig zu sein. Die Intensität des Spielens könnte eventuell darüber entscheiden, wie gut ein erwachsener Hund mit Artgenossen kommunizieren, spielen und Spaß haben kann.

4. Spielfunktion: Moral & Fairness trainieren

Spielsignale helfen nicht nur dabei, ein Spiel einzuleiten, sondern können auch dazu dienen, deutlich zu machen, dass Aktionen wie Jagen und Beißen harmlos gemeint sind und nicht ernst genommen werden sollen. Der amerikanische Verhaltensbiologe Marc Bekoff, der das Spielverhalten sozialer Tiere seit fast 40 Jahren studiert, hat dabei beobachtet, dass Signale wie die Vorderkörpertiefstellung zum Spielauftakt oder während des Spiels immer wieder gezeigt werden. Er vermutet, dass diese Verhaltensweise während des

Spiels wiederholt wird, um das Spiel aufrechtzuerhalten, aber auch, um sich zu „entschuldigen", falls ein Spielpartner einmal zu stark gebissen oder zu grob angegangen worden sein sollte (siehe Kasten S. 162). Dies zeigt, dass es bei aller Spielspontaneität immer klare Spielregeln gibt, an die sich alle Mitglieder einer sozialen Gruppe halten. Bekoff vermutet in seinem Buch „Vom Mitgefühl der Tiere" sogar, dass die Einhaltung von Spielregeln eine wichtige Voraussetzung dafür ist, dass sich in der Evolution Fairness und Moral überhaupt erst entwickeln konnten. Eine wichtige Spielregel, die Fairness voraussetzt, ist z. B. der Rollentausch: Beide Parteien sind mal Jäger oder Gejagter, unterlegen oder Gewinner, unabhängig von ihrem sozialen Status. Diese Regel wird in der Verhaltensbiologie die 50:50 Regel genannt: Damit das Spiel zwischen zwei Spielpartnern andauern kann, muss es fair bleiben – das heißt unter anderem, dass die Rollen regelmäßig getauscht werden.

Fairness im Spiel ist aber auch eine Frage des Alters, konnten die Verhaltensforscherinnen Camille Ward und Barbara Smuts von der Universität Michigan feststellen. In ihrer Studie aus dem Jahr 2008 untersuchten sie, wie Spielen die Entwicklung sozialer Beziehungen beeinflusst und wie sich die Art zu Spielen während der Entwicklung junger Hunde verändert. Dazu filmten sie spielende Welpen von vier verschiedenen Würfen von der dritten bis zur vierzigsten Lebenswoche. Es wurde deutlich, dass sich ab der 27. Woche Junghunde gezielt Spielpartner aussuchen, die sie dominieren können. Interessanterweise konnten die Forscherinnen dabei beobachten, dass während dieser Zeit des Älterwerdens häufig immer bestimmte Geschwister bevorzugt miteinander spielen. So beobachteten sie z. B. zwei Hündinnen, bei denen eine immer die andere komplett dominierte – dieses war für beide Spielpartner aber anscheinend vollkommen in Ordnung. Auch junge Rüden suchen sich in dieser Entwicklungsphase gezielt andere Brüder zum Raufen, während sie in der vorangegangenen Zeit dagegen genauso häufig mit ihren Schwestern spielten. Die Forscherinnen vermuten, dass sich die Funktion des Spielens beim Übergang vom Junghund zum erwachsenen Hund ändert und dann besonders dazu dient, Rangordnungsstellungen und Beziehungen untereinander zu etablieren, wie das nächste Kapitel zeigen wird. Auch unter erwachsenen Hunden gehört zwar ein regelmäßiger Rollenwechsel durchaus als feste Regel zum Spielen dazu, allerdings ist die Rang-

Die Vorderkörpertiefstellung wird gezeigt, um ein Spiel zu initiieren oder aufrechtzuerhalten.

ordnung während des Spiels zu erkennen, hat Barbara Smuts zusammen mit Erika Bauer in einer weiteren Studie der Universität Michigan dokumentieren können. Dabei zeigten in Parks ranghohe Hunde deutlich mehr Angriffs- und Verfolgungsspiele und brachten sich seltener in eine untergeordnete Position als ihre jüngeren oder rangniederen Spielpartner. Und es wurden Unterschiede in den gezeigten Spielverhaltensweisen deutlich: Spielerisches Aufreiten, ein beschwichtigendes Lecken der Schnauze oder das Überbeißen des Fangs im Spiel wurde immer nur von den jeweils dominanten oder untergeordneten Spielpartnern gezeigt. Das bedeutet: Rangordnungsverhältnisse spiegeln sich auch im Spiel wieder, Rollentausch als wichtiges Spielkriterium tritt auf, aber nicht gleichmäßig verteilt unter den Spielpartnern. Eine wichtige Ausnahme konnten die Forscherinnen auch beobachten: Unter sehr vertrauten Hunden, wie z. B. in einem Mehrhundehaushalt, wurden die Spielverhaltensweisen wieder nahezu in dem von Bekoff beschriebenen 50:50 Verhältnis gezeigt. Es wäre spannend zu sehen, wie stark die Vertrautheit das Rollenverhalten im Spiel beeinflusst – hier wären vertiefende Spielstudien an verwilderten Haushunden hilfreich.

5. Spielfunktion Dominanzstrukturen etablieren

Sind Welpen noch klein, spielen sie ohne erkennbares Muster gleichmäßig mit ihren Wurfgeschwistern. Doch wie die Ergebnisse der Studien von Ward, Bauer und Smuts und Pal gezeigt haben, ändert sich das Spielverhalten im Zuge des Älterwerdens und dient bei Junghunden unter anderem dazu, die Dominanzstrukturen innerhalb der Hündinnen und Rüden und der Gesamtgruppe zu etablieren. Camille Ward hat die Entwicklung von Würfen bis zur 40. Lebenswoche begleitet und konnte in dieser Zeit viele Veränderungen im Spielverhalten beobachten:

– *Es gibt Freundschaften.* Ab der siebten Lebenswoche entwickelten sich deutliche „Freundschaften" bestimmter Welpen. Diese Bevorzugung eines Spielpartners wurde von Camille Ward bis zur 40. Lebenswoche dokumentiert, es ist aber wahrscheinlich, dass sie sich bis ins Erwachsenenalter fortsetzt.

– *Hunde wollen gewinnen.* Besonders beliebt sind Spielpartner, bei denen man mit großer Wahrscheinlichkeit als Gewinner aus dem Spiel hervorgehen wird. Wie wir schon im Kapitel „Moral und Fairness trainieren" sehen konnten, folgen Rollenwechsel und Selbsthandicap nur in einer bestimmten Entwicklungsphase und unter vertrauten Hunden eines Haushaltes der 50:50 Gleichverteilung. Auf der Hundewiese oder in größeren, verwilderten Rudeln zeigen sich dominante Hunde im Spiel fordernder und sind häufiger die Gewinner als submissive Hunde, die häufiger in Rückenposition liegen oder zum Gejagten werden. Deshalb stellten sich die Junghunde aus Wards Studie auch häufig auf die Seite des Gewinners, wenn sie bei einem Zweierspiel mitmischen wollten: Eindeutig war der Trend zu erkennen, dass der dazugekommene Welpen sich mit dem potentiellen „Gewinner" unterstützte und sie gemeinsam „Jagd" auf ein unterlegenes Tier machten. Wissenschaftlerin Ward vermutet außerdem, dass durch diese Dreierspiele wichtige kooperative Verhaltensweisen, wie z. B. Jagdstrategien oder Verteidigung gegen Fressfeinde, trainiert werden könnten.

Das Spiel mit Objekten wie diesem Seil ist besonders unter Hunden sehr beliebt.

– *Ich will doch nur Spielen!* Egal ob überlegen oder unterlegen im Spiel – damit für alle Beteiligten deutlich wird, dass es sich trotz der Ungleichverteilung um keine ernsthafte Situation handelt, zeigen besonders die „Gewinnerhunde" immer wieder Spielsignale wie die Vorderkörpertiefstellung oder manchmal auch ein Selbsthandicap wie das Hinlegen. Wahrscheinlich, so vermutet Ward, um damit den Spielcharakter der Situation immer wieder zu betonen und zum Weiterspielen zu motivieren.

All diese Studien machen deutlich, wie wichtig das Spielen für die Entwicklung sozialer Kompetenzen und die Pflege von Beziehungen für Hunde ist: Durch Spielen mit Artgenossen lernen Hunde, ihre eigenen Fähigkeiten und Grenzen besser einzuschätzen, und können einen festen Platz in ihrer Gruppe finden. Sie begreifen ihre Welt und lernen, sich in die Perspektive ihrer Spielpartner hineinzuversetzen. Durch Spiel können sich dadurch teilweise innige Beziehungen zu Gruppenmitgliedern entwickeln, die Hunde trainieren Fertigkeiten, die sie später z. B. für die Jagd, Konfliktlösung und Paarungsverhalten brauchen und machen sich durch „sinnlose" kreative Spiele auch bereit für unerwartete Lebensaufgaben. Diese vielfältigen und vor allen Dingen spaßigen Lerneffekte des Spiels gelten aber nicht nur für das Spielen mit Artgenossen: Sie können ihre Wirkung auch in der Beziehung zwischen Mensch und Hund entfalten. Diese potentielle Wirkung der besonderen, spielerischen Beziehung zwischen uns und unseren Hunden haben andere Verhaltensforscher in den Blick genommen.

Spiel zwischen Mensch und Hund

Ein wichtiger Unterschied zwischen Haushunden und anderen Canidenarten ist die Tatsache, dass Hunde nicht nur mit Artgenossen, sondern auch mit uns Menschen intensiv spielen. Doch bevor wir uns diese besondere Zweierbeziehung im Spiel näher anschauen, darf nicht unerwähnt bleiben, dass zuweilen anscheinend auch Wölfe in freier Wildbahn Interesse daran zeigen, mit anderen Arten zu spielen. Das zumindest legt eine fotografisch dokumentierte Einzelbeobachtung nahe, bei der Feldforscher Günther Bloch im März 2008 Zeuge werden konnte. Das spielerische Spektakel, das wohl nur wenige Forscher für möglich gehalten hätten, ereignete sich im Banff National Park in Canada zwischen einem jungen Grizzly und einem Wolf. Der Bär hatte ein T-Shirt gefunden und fing an, damit zu spielen. Beobachtet wurde er dabei von einem fast zweijährigen Wolfsrüden, der sich schließlich neugierig näherte und versuchte, dem Bären das Stück Stoff zu klauen. In einem günstigen Moment gelang ihm dies und in der Folge jagten sich die beiden das Stück Stoff immer wieder gegenseitig ab. Dabei zeigten Wolf und Bär eine sehr entspannte Körpersprache und Gesichtszüge – deutliche Kennzeichen, dass es sich hier um ein Spiel gehandelt hat. Vielleicht, so könnte man daraus schließen, hat der Hund seine Fähigkeit zur Kommunikation mit anderen Arten bereits vom Wolf in die Wiege gelegt bekommen.

Durch Domestikation über Jahrtausende hinweg wurde diese Fähigkeit zur Kommunikation mit einer anderen Art weiter geschärft, so dass Hunde heute in der Lage sind, mit uns zu leben und fröhlich zu spielen. Diese besondere, spielerische Begegnung zwischen Mensch und Hund hat in den letzten Jahren besonders ein Team um die Verhaltensforscherin Nicola Rooney vom Institut für Anthrozoologie der University Southampton in England zu einigen Studien inspiriert.

Mit Menschen spielen Hunde anders

Im Jahr 2000 wurde in dieser Arbeit verglichen, ob Hunde mit Artgenossen anders spielen als mit ihren Menschen. Das Ergebnis: Spielzeuge wurden Menschen gegenüber gerne gezeigt und schneller abgegeben, es gab mehr Interaktion als mit Artgenossen und sie zeigten sich im Wettkampf mit dem Menschen schneller bereit aufzugeben. Die Art und Weise, wie mit Artgenossen oder Menschen gespielt wird, unterscheidet sich also für Hunde. Rooney erklärt sich diese Unterschiede mit der Domestikation: Hier wurden Hunde gezielt zum kooperativen Jagen & Abgeben von Beute gezüchtet, daraus ergibt sich für Hunde ein anderes Spielverhalten mit Menschen.

Wie Hunde auf unsere Spielsignale reagieren

Doch woher wissen Hunde, dass es sich beim Spiel mit Menschen um eine Spielsituation handelt? Unter Hunden werden hierzu gezielt Spielsignale wie die Vorderkörpertiefstellung eingesetzt. Solche Signale dienen als Spielaufforderung, sollen den anderen Hund zum Mitmachen motivieren und werden auch zwischendurch immer wieder gezeigt, um die spielerische, von jedem Ernst befreite Situation zu betonen und damit das Spiel zu verlängern. Doch wie verstehen Hunde Spielsignale von Menschen? In einer weiteren Studie untersuchte Rooney mit ihrem Team, wie Hunde auf Spielsignale durch Menschen reagieren. Sie filmte 21 Hundebesitzer bei der spielerischen Interaktion mit ihren Hunden und konnte dabei mehr als dreißig Spielaktionen ausmachen: zum Beispiel verschiedene Arten sich zu positionieren, sich im Spiel zu bewegen, Laute von sich zu geben oder den Hund zu berühren. Dabei analysierten die Forscher genauer, wie die Hunde auf zwei konkrete Spielsignale reagieren: die Vorderkörpertiefstellung und den „Überraschungsangriff". Die Analyse ergab, dass die Darstellung dieser Spielsignale durch den Menschen tatsächlich das folgende Verhalten der Hunde veränderte: beide Signale sorgten dafür, dass die Spielbegeisterung gesteigert werden konnte. Noch enthusiastischer reagierten die Hunde, wenn die Spielsignale durch Laute und Sprache untermauert wurden. Die Forscher vermuten, dass diese durch Laute verursachte Spielsteigerung daran liegen könnte, dass Bellen auch bei Hunden häufig genutzt wird, um eine Spieleinleitung, z. B. die Vorderkörpertiefstellung, akustisch zu begleiten und damit den Aufforderungscharakter zu unterstreichen.

Forscherportrait: Günther Bloch

Der Feldforscher lebt seit 2010 in Kanada und erforscht dort mehrere Wolfsrudel im Bow Nationalpark. Seit 1977 widmete er sich zunächst dem Studium des Hundeverhaltens, indem er in seiner Hundefarm in der Eifel systematisch Hundegruppen beobachtete. Gemeinsam mit Elli Radinger und Erik Zimen gründete er 1991 die „Gesellschaft zum Schutz der Wölfe". Seit 1993 erforscht er frei lebende Wölfe in Polen und Kanada, dabei arbeitet er mit Forschern wie Bernd Heinrich/Universität Vermont in den USA und Paul Paquet von der Universität Calgary in Kanada zusammen. Hundehalter schätzen Bloch als einen Fachmenschen, der Verhalten und Wissen auf anschauliche und unterhaltsame Weise auf Seminaren vermitteln kann. Neben Fachartikeln in diversen Zeitschriften veröffentlichte er insgesamt neun Bücher zum Thema Hundeerziehung und –verhalten. Von 2005 bis 2007 hat Bloch das „Tuskany Dog Projekt" mit begleitet, bei dem junge Forscher wild lebende Hunde unter bestimmten Schwerpunkten beobachteten. Dabei konnten wichtige Erkenntnisse zum Thema Beschwichtigungs- oder Markierverhalten unter wissenschaftlicher Leitung von Dr. Udo Gansloßer gewonnen werden. Vor kurzem hat Bloch unter anderem entdeckt, dass Wölfe mit Raben in freier Wildbahn soziale Gemeinschaften bilden (siehe S. 24).

Wie entsteht Spielfreude beim Hund?

Doch was macht einen Hund zu einem verspielten Hund – ist es sein Geschlecht, das Alter oder die Rasse? Oder hat es etwas mit der Dauer zu tun, die sich ein Mensch täglich mit seinem Hund beschäftigt? Ein Team der Universität Budapest um Ádám Miklósi interessierte sich für den Einfluss dieser Umstände auf das Hund-Mensch-Spiel und beobachtete deshalb insgesamt 68 Hunde und ihre Menschen beim Spielen mit einem Ball und einem Zerrseil. Auch diese Spielereien wurden auf Video aufgenommen und anschließend ausgewertet. Der Fokus lag dabei auf verschiedenen Verhaltensweisen der Hunde: Würden sie das Spielzeug freudig abgeben oder wollten sie es behalten? Zeigten sie vielleicht aggressive oder ängstliche Tendenzen beim Spiel? Wurde während des Spielens mit den Menschen die für Hunde klassische Vorderkörpertiefstellung als Spielsignal gezeigt und gab es einen Unterschied beim Spielen mit dem vertrauten Besitzer oder einem Fremden? Die Ergebnisse zeigten deutlich, dass die Hunde das Spiel als wichtiger empfanden als die Vertrautheit zum menschlichen Spielpartner: Sie spielten mit dem Fremden genauso freudig und enthusiastisch wie mit ihrem Besitzer. Dies deuteten die Forscher als gute Sozialisation der Versuchshunde. Die Analyse der anderen Bereiche und ihr Abgleich mit den Untersuchungsschwerpunkten machte deutlich: Unabhängig von Rasse oder Altersklasse zeigten besonders diejenigen Hunde eine hohe Motivation zum entspannten Zusammenspiel, die täglich viel Zeit mit ihren Menschen verbringen durften. Und auch das Geschlecht machte einen Unterschied: Rüden zeigten sich statistisch gesehen spielfreudiger als Hündinnen.

Verhaltensprobleme durch Spiel?

Immer wieder wird darüber diskutiert, ob ungeeignete Spiele zwischen Menschen und Hunden Verhaltensprobleme beim Hund auslösen könnten. Auch gelten Hunde, die eine schlechte Bindung an ihren Menschen haben, als potentiell gefährdeter, zum gefährlichen Hund zu werden. Um hier Gefährdungspotentiale im Umgang mit Hunden erkennen zu können, nahmen Jane Rooney und John Bradshaw verschiedene Spiele wie z. B. die umstrittenen „Zerrspiele" in den Fokus ihrer 2003 veröffentlichten Arbeit. Sie wollten die „Verbindung zwischen Spiel, Dominanz und Bindungsdimensionen in Mensch-Hund-Beziehungen" untersuchen. Zerrspiele werden manchmal kritisch gesehen, weil sie die Neigung zum Beißen und Zupacken erhöhen würden. Um hier zu aussagekräftigen Ergebnissen zu kommen, wurden fünfzig Hund-Mensch-Paare untersucht. Rooney und Bradshaw filmten die Gespanne während einer 3-minütigen Spielzeit. Anschließend mussten sich die Hund-Mensch-Teams einem einstündigen Test unterziehen, der dazu dienen sollte, Beziehungsfaktoren wie Dominanz und Bindung genauer zu untersuchen. Dominanz durch den Menschen wurde dabei z. B. durch Verhaltensweisen deutlich, die Gefügigkeit oder Zufriedenheit im Zusammenspiel zeigten. Die Stärke der Bindung dagegen zeigten Verhaltensweisen wie das Suchen nach Aufmerksamkeit und das Bevorzugen des Besitzers oder einer unbekannten Person beim Spielen. Bindungsrelevant war auch das Verhalten des Hundes, wenn dieser den Raum verließ und es so zu einer Trennung kam. In der Auswertung wurden die verschiedenen Spiele der Mensch-Hund-Teams mit den Beziehungsfaktoren abgeglichen. Dabei wurde deut-

Besonders Zerrspiele sind umstritten: Sie sollen aggressive Tendenzen bei Hunden wie Zupacken, Schütteln und Kontrollverlust fördern.

lich, dass Hunde, die sehr körperlich mit ihren Besitzern rangelten, sich eher gefügig zeigten und ruhig blieben, wenn sie von ihren Besitzern getrennt wurden. Hunde, die mit ihren Menschen Zerrspiele gespielt hatten, erzielten dagegen eine hohe Punktzahl beim vertrauten, zufriedenen Zusammenspiel. Ob der Hund aus den Spielen als Gewinner oder Verlierer hervorging, hatte keine Auswirkung auf die Dominanz oder Bindung. Wenn der Hund aber die Mehrheit der Spiele initiierte, war er weniger gefügig und zeigte schneller Formen von aggressiv motivierten Verhaltensweisen. Diese Studie bietet keinen Beweis dafür, dass Spiele eine große Rolle bei Dominanzproblemen in Hund-Mensch-Beziehungen spielen, aber sie legen nahe, dass abwechslungsreiches, inniges Spielen die Bindung beeinflussen könnte.

Macht Spielen mit Menschen Hunden immer Spaß?

Aber könnte eventuell die Art des Spielens durch den Menschen einen Einfluss darauf nehmen, wie sehr Hunde beim Spielen entspannen können? Diese Fragestellung stellte sich das Budapester Forscherteam um Ádám Miklósi in einer 2008 durchgeführten Studie. Dazu filmten sie Polizei- und Grenzschutzhunde beim Spielen mit ihren Hundeführern. Ausgangspunkt war für die Forscher die Fragestellung, wie sich die Cortisolkonzentration im Blut während einer Spielsituation verändert. Cortisol ist ein „Stresshormon", das z. B. während aggressiver Interaktionen deutlich ansteigt, insbesondere in Situationen, die dem Tier unklar, unvorhersehbar oder unkontrollierbar vorkommen. Ádám Miklósi und sein Team wollten nun untersuchen, wie der Cortisolgehalt im Blut von Hunden durch Spielen beeinflusst werden kann. Interessanterweise sank der Cortisolspiegel bei den Grenzhunden deutlich ab, während bei den Polizeihunden ein Anstieg zu beobachten war. Wie konnte dies erklärt werden? Die Videoanalysen zeigten, dass es Unterschiede im Spielverhalten der Menschen gab. So verlangten die Polizisten immer wieder Kontrolle über das Spiel und disziplinierten ihre Hunde. Die Grenzwächter dagegen zeigten hemmungsloses Spiel und zwischendurch immer wieder zärtliche Gesten und Ermunterung. Die Ergebnisse: Freundliches oder disziplinierendes Verhalten durch Menschen während des Spiels beeinflusst den Cortisolspiegel im Blut der Hunde in genau entgegengesetzte Richtungen. Dieses Ergebnis ist in Übereinstimmung (mehr Einzelheiten zur Studie siehe S. 103 ff.) mit anderen Studien, die bereits ergeben haben, dass Verhaltensweisen, die Kontrolle, Autorität und Aggression zeigen, zu einem Anstieg des Cortisolkonzentration im Blut führen, während nur wirklich entspanntes Spiel, das frei von Disziplinierung ist, diesen Level deutlich absenken kann.

Das Ergebnis all dieser Untersuchungen unterstreicht eine wichtige Funktion des Spielens, der vielleicht bislang zu wenig Beachtung geschenkt wurde: den schlichten Spaß an der Sache. Wenn Hunde sich wild über Wiesen jagen, mit hoch erhobenem Kopf und Rute einen riesigen Stock an uns vorbeitragen oder mein Hund Rupert im Wasser Stöckchenversenken spielt, dann geschieht all das in erster Linie wahrscheinlich, weil es ihnen schlicht Freude bereitet. „Durch Spielen bringen wir uns und anderen nicht nur viel bei, lernen uns gut kennen, üben als Welpen wie es ist, groß zu sein, sondern haben vor allen Dingen sehr schöne Gefühle dabei. Spielen macht glücklich!", meint auch der Spielforscher Marc Bekoff. Das ist doch ein besonders guter Grund zu spielen.

Abseits von vielen wichtigen Funktionen, die abwechslungsreiches Spiel für Hunde hat, soll es vorallen Dingen Spaß machen und sich gut anfühlen.

Konfliktmanagement und Beziehungspflege

Beziehungen müssen planbar sein

Am liebsten würden wir immer in Harmonie miteinander und mit unseren Hunden leben. Aber in jeder sozialen Beziehung kommt es regelmäßig zu Interessenskonflikten, die gelöst werden müssen. Doch wie gehen Caniden mit Konflikten im Rudel um, und was können wir daraus für den Umgang mit dem Hund lernen?

Soziale Beziehungen entstehen dann, wenn mehrere Tiere, zu denen ja auch wir Menschen zählen, über einen längeren Zeitraum hinweg immer wieder Verhaltensweisen austauschen. Das bedeutet, dass wir uns gegenseitig miteinander beschäftigen und infolgedessen auch Informationen über das jeweilige Gegenüber sammeln und verarbeiten können. Soziale Beziehungen sind also nur dann möglich, wenn bereits vorangehende Kontakte mit dem jeweiligen Artgenossen (oder auch einem Angehörigen einer anderen Art, beispielsweise in der Mensch-Hund-Beziehung) stattgefunden haben. Dies ist insbesondere dann zu betonen, wenn man beispielsweise bei der Begegnung von zwei Hunden, die sich noch nie gesehen haben, sofort über Dominanz oder Rangordnung sprechen will. Es ist schlichtweg nicht möglich, eine Dominanzbeziehung, die ja auch eine historische Angelegenheit ist, in einer solchen Erstbegegnung bereits zu erkennen. Es gibt bestenfalls die Möglichkeit, im Laufe des Erstkontaktes durch Austausch von Verhaltensweisen und dadurch auch Austausch von Informationen so viel übereinander zu lernen, dass am Ende dieses Kontakts erste Ansätze zu einer zukünftigen Beziehung gelegt werden könnten. Denn letztlich sind Beziehungen nur dann ausgebildet, wenn nicht nur die

Partnerwahl bei Wölfen

Problemstellung

Die soziale Organisation von Wölfen in einem Rudel ist durch starke Paarbindungen charakterisiert. Wenn ein Rudel aus mehreren Adulten besteht, treten innergeschlechtliche Paarungskonkurrenzen und zwischengeschlechtliche Partnerpräferenzen auf. Von Daten aus der Wildbahn ist bekannt, dass oft nur ein Weibchen im Rudel Junge zur Welt bringt, weshalb angenommen wird, dass weibliche Unterdrückung andere Rudelmitglieder von der Paarung abhält. Welche Mechanismen die Beziehungen in und außerhalb der Paarungszeit beeinflussen und inwiefern die Dominanzunterschiede und das Geschlecht auf die Interaktionen der Rudelmitglieder einen Einfluss haben, wurde von Derix und seinen Kollegen untersucht. Hierbei stellten sie sich die Frage, ob Geschlechtsunterschiede im Level des Konfliktverhaltens bestehen, wobei hier besonders das aggressive Verhalten, das Demonstrieren von Dominanz und Intervention betrachtet wurden. Weiterhin wurde untersucht, wer zwischen wem bei Interaktionen interveniert, bei welcher Art von Interaktionen Interventionen gezeigt werden und ob es Unterschiede in den Kontexten von Konflikten in und außerhalb der Paarungszeit gibt.

Methoden

Es wurden Wölfe in einem Gehege im Burgers Zoo, Arnhem in den Niederlanden untersucht. Hierbei wurden die Interaktionen in Kategorien eingeteilt und die Körperhaltung in niedrig, neutral und hoch. Auch wurden die Kopf- und Schwanzhöhe sowie die Ohrenposition betrachtet. Diese Körperhaltungen wurden für die Festlegung des Dominanzstatus herangezogen. Die Beobachtungen fanden von Januar bis Juli 1977–1981, 1983 sowie 1985 statt und es wurde die Methode des „All Occurences samplings" angewandt, bei welchem jedes Auftreten eines bestimmten Verhaltens in einer Gruppe aufgenommen wird. Die dazu verwendeten Verhaltensweisen wurden in einem Verhaltenskatalog vorher festgelegt.

Ergebnisse

Die Häufigkeit des Demonstrierens von Dominanz war bei den Alphaweibchen höher als beim Alphamännchen, sowohl innerhalb als auch außerhalb der Paarungszeit. Während der Paarungszeit zeigte das Alphamännchen mehr aggressive Interaktionen als das Alphaweibchen. Ebenfalls während der Paarungszeit stieg die Häufigkeit von Interventionen, wobei die meisten hierbei von Männchen im Kontext des sexuellen Wettbewerbs durchgeführt wurden. Dominante Männchen zeigten wesentlich mehr Interventionen während der Paarungszeit als außerhalb, während weniger dominante Tiere eher eine geringe Änderung der Häufigkeit an Interventionen während diesen Zeiten zeigten. Die höchste Anzahl an Interventionen war während der Paarungszeit zu beobachten und gegen Männchen-Weibchen-Interaktionen gerichtet. Sie wurden vor allem von Männchen ausgeführt. Hierbei waren dominante Männchen besonders während der Paarungszeit intolerant gegen andere Männchen in Bezug auf Annäherungsversuche an das vom dominanten Männchen präferierte Weibchen.

Folgerungen

Die Aggression von Männchen ist oft direkt mit der sexuellen Aktivität von anderen gekoppelt. Weibchen zeigen keine solche Reaktion. Das könnte bedeuten, dass innergeschlechtliches Konkurrenzverhalten nicht eine Reaktion auf sexuelle Aktivität ist, sondern eine generelle Reaktion, um ihre Position zu sichern. Innerhalb der Paarungszeit scheint das Alphaweibchen weniger Kontrolle über das Verhalten der anderen Weibchen zu haben. Das könnte erklären, warum verstärkt ein Demonstrieren von Dominanz auftritt. Der Versuch des ranghöheren Männchens, sexuelle Interaktionen von anderen Männchen mit Weibchen zu verhindern, kann dazu dienen, die eigene Nachkommenzahl zu erhöhen, indem der Ranghöhere selbst die Weibchen begattet. Das Weibchen jedoch muss, um ihre Fitness zu erhöhen, den Nachwuchs aufziehen, wobei sie mit anderen Weibchen um limitierte Ressourcen konkurriert. Das erklärt, warum in Wolfsrudeln häufig mehrere Männchen und wenige Weibchen zu finden sind. Die anderen Männchen werden zur Brutpflege akzeptiert, haben aber auf Grund des dominanten Männchens weniger Chancen, selbst Nachwuchs zu zeugen.

Quelle: Derix, R., van Hoof, J., de Vries, H. und Wensing, J. (1993). Male and female mating competition in wolves: female suppression vs. male intervention. Behaviour. 127. 141–174.

beiden Beteiligten selbst, sondern auch ein außenstehender Beobachter Vorhersagen treffen kann. Wenn X und Y sich wieder treffen werden, wird mit hoher Wahrscheinlichkeit X so und Y so reagieren. Eine solche Vorhersage zu treffen, ist die Kernaussage der sozialen Beziehung.

Pflege und Aufrechterhaltung von Beziehungen

Zur Pflege und Aufrechterhaltung von Beziehungen dient eine Reihe von Verhaltensweisen, die überwiegend der sozialen Kommunikation zugeschrieben werden. Kennzeichen von erfolgreichen Beziehungen sind z. B. eine verringerte Individualdistanz der beiden Partner zueinander, soziale Unterstützung insbesondere in stress- und angstauslösenden Situationen, aber auch Grußrituale, und eben die vielen Verhaltensweisen, die dem Beschwichtigungs-, Unterwerfungs- und Versöhnungsverhalten zugeschrieben werden. Gerade diese Verhaltensweisen sind in den letzten Jahren bei Hunden und Hundeartigen zunehmend in den Fokus wissenschaftlicher Forschungen geraten, da Hundeartige hier offensichtlich eine soziale Komplexität aufweisen, wie sie ansonsten nur bei menschlichen Kleinkindern und Menschenaffen gefunden wurde.

Anwesenheit von Artgenossen

Neben der Pflege von Beziehungen im Zweierbereich ist jedoch häufig, insbesondere in größeren Gruppen, auch die Anwesenheit und der Einfluss von weiteren Artgenossen von Bedeutung. Die sogenannte Dyade, also die Zweierbeziehung, bildet zwar die Basis der weiter „oben" angesiedelten sozialen Strukturen, jedoch sind zumindest Triaden, also Einflüsse von Dritten, sehr häufig bestimmend und können auch die Qualität und Intensität einer Beziehung sehr stark beeinflussen. Mit mehreren Bällen gleichzeitig zu jonglieren, ist eine komplizierte Angelegenheit, und die Zahl der Artgenossen, die ein Lebewesen gleichzeitig in engen sozialen Beziehungen halten und mit ihnen in individuell vorhersagbarer Weise interagieren kann, ist daher stark von der Leistungsfähigkeit des Großhirns abhängig. Bei Affen und Menschenaffen liegt die Zahl wohl irgendwo zwischen 20 und 25 (auch beim Menschen), bei Hundeartigen dürfte sie etwas geringer sein. Bemerkenswert ist auch, dass die meisten Rudel beispielsweise von Wölfen oder Wildhunden in der Regel nicht mehr als 15 wirklich erwachsene Tiere beinhalten. Diese Zusammenhänge zwischen der Größe und Leistungsfähigkeit des Gehirns und der Größe und Komplexität des sozialen Systems wurden von dem britischen Verhaltensbiologen Robin Dunbar wiederholt dargestellt, auch im Hinblick auf sozial lebende Raubtiere.

Keine Beziehung zum Nulltarif

Soziale Beziehungen sind wertvoll. Wie der Schweizer Primatenforscher Hans Kummer bereits 1978 erstmals dargelegt hat, ist eine Beziehung ja nicht zum Nulltarif zu bekommen. Man muss in sie investieren, sei es Zeit, Energie, Nahrung, oder auch andere wichtige Ressourcen müssen nun geteilt werden, und man riskiert möglicherweise auch die Attacken von Feinden und übelwollenden Artgenossen. Also muss im Umkehrschluss zu erwarten sein, dass eine Beziehung auch etwas bringt. Sonst würde man diesen Aufwand nicht betreiben. Dieses Konzept der wertvollen

Beziehung, die dann auch durch pflegende Maßnahmen, sei es Körperpflege, gegenseitige Unterstützung durch Allianzen oder auch Teilen von Ressourcen, aufrechterhalten wird, ist ein wesentliches Kennzeichen der Sozialsysteme höherer Wirbeltiere, eben auch der Hundeartigen. Je wertvoller eine Beziehung ist, desto wichtiger wird es auch, sie z. B. nach einer Auseinandersetzung wieder zu reparieren. Versöhnungsverhalten ist daher wichtiges Kennzeichen gerade von solchen Tierarten, die einerseits zu größerer und auch gefährlicher Aggression befähigt sind, andererseits aber auf eine geschlossen bzw. gut funktionierende Gruppenstruktur angewiesen sind. Den Wert von Versöhnungsverhalten hat zum ersten Mal der holländische Verhaltensbiologe Frans de Waal an Schimpansen und später auch an einigen anderen Affenarten belegt. Wir werden jedoch sehen, dass dies auch für Hundeartige zutrifft.

Ritualisierte Verhaltensweisen

Innerhalb sozialer Gruppen, bisweilen jedoch auch zwischen den Gruppen, werden sehr viele Regelungen von Beziehungen und Kontakten durch ritualisierte Verhaltensweisen gepflegt. Unter Ritualisierung versteht man in der Verhaltensbiologie im Allgemeinen ein Verhalten, das an die Übermittlung von Information evolutiv angepasst und als Signalverhalten dadurch auch dem Gegenüber deutlich erkennbar ist. Die Ritualisierungsdefinition der klassischen, deutschsprachigen Verhaltensbiologie ist etwas enger, was uns jedoch hier nicht weiter interessieren muss. Wichtig ist dagegen, dass viele soziale Signale immer einen inneren Konflikt, also einander widerstrebende Handlungsbereitschaften des betreffenden Senders anzeigen. Wer beispielsweise nicht weiß, ob er nun angreifen oder fliehen soll, äußert besonders intensives Drohverhalten. So sind viele soziale Signale aus inneren Kon-

---

Forscherportrait: Prof. Dr. Hans Kummer

Hans Kummer, geboren 1930, studierte Zoologie an der Universität Zürich. Dort schloss er mit einer Diplomarbeit über das soziale Verhalten der Mantelpaviane im Zoo Zürich sein Studium ab. Bewusst entschied er sich beim Thema seiner Dissertation für die Entwicklungsbiologie. Hierbei konzentrierte er sich auf die physiologische Leistung und Lebensdauer der Fruchtfliege „*Drosophila*". Zum Pavian fühlte er sich aber zeitlebens hingezogen, was ihn nach dem Studium dazu veranlasste, deskriptive und experimentelle Feldstudien über soziale Strategien und soziale Kognition an Mantelpavianen und Javaneraffen durchzuführen.

Von 1969 bis 1995 war er Professor für Zoologie, zwei Jahre dieser Zeit besetzte er dabei das Amt des Prodekans an der Universität Zürich. Zusätzlich war er im Forschungsrat des Schweizerischen Nationalfonds tätig und vier Jahre der Präsident der International Primatological Society. 1981 wurde er mit dem „Marcel-Benoist-Preis" ausgezeichnet.

Noch heute gilt er als einer der führenden Verhaltenswissenschaftler der Schweiz, der auch international eine ausgesprochen hohe Reputation genießt.

flikten entstanden, andere sind in ihrem Ursprung durch die Reaktionen des Stresssystems selbst erkennbar (z. B. Haare sträuben, errötende Gesichtsfarbe bei Ärger durch Bluthochdruck). Das Gegenüber kann an solchen Signalen erkennen, wie es im jeweiligen Tier wirklich aussieht. Dies ist keineswegs immer im Interesse des Senders. Man möchte ja gerne „cool" und ruhig in einer Auseinandersetzung aussehen, aber die eigene Physiologie spielt eben Streiche dabei. Diese, für die Entstehung sozialer Signale wichtigen Informationen sind z. B. bei der Diskussion über die richtige Einschätzung von Beschwichtigungsverhalten von großer Bedeutung. Beschwichtigungsverhalten tritt dann auf, wenn z. B. ein rangtieferes oder unsicheres Tier in einem Konflikt ist, ob es sich nun dem gefährlichen, ranghohen oder sonst wie beeindruckenden Artgenossen nähern soll oder nicht. Wenn nun der Ranghöhere dieses Verhalten erkennt, sollte er keineswegs mit demselben Beschwichtigungsverhalten antworten, um damit dem Unterlegenen zu zeigen, dass er selbst auch nicht weiß, was er tun soll. Stattdessen sollte er ruhig, souverän und höchstens mit beruhigendem Verhalten, also mit sozialer Kontaktaufnahme, reagieren. Dasselbe gilt für Verhaltenskontakte, bei denen einer der beiden nicht weiß, ob er nun angreifen oder fliehen soll. Dies wird dem Gegenüber bestenfalls die Entscheidung erleichtern, durch einen eigenen Angriff die Balance in Richtung Flucht zu verschieben. Wer sich also einem aggressiven Hund mit Beschwichtigungsverhalten nähert, noch dazu, wenn er ihn nicht kennt, wird dem Hund die Entscheidung erleichtern, seinerseits anzugreifen, um damit dem sich Annähernden die Entscheidung zur Flucht zu erleichtern. Es ist also hochgradig gefährlich, auf sogenanntes Beschwichtigungsverhalten (wenn es denn wirklich welches ist, siehe S. 188) selbst mit Beschwichtigungsverhalten zu antworten. Ist man bereits in einer sozialen Beziehung mit dem Betreffenden, verspielt man damit seinen Leittierstatus, denn Leittiere sollten eben, wenn es denn geht, cool und abgehoben bleiben. Ist man aber in keiner Beziehung mit dem Betreffenden, provoziert man eventuell eine Attacke.

Körperhaltung, Bewegung und Signalisierung durch Lautäußerung müssen gemeinsam betrachtet werden.

Zweierbeziehungen

Damit Caniden nicht ständig Energie in Rangordnungskonflikte investieren müssen, gibt es ritualisierte Verhaltensweisen, die dabei helfen, Beziehungen in Rudeln zu stabilisieren.

Dominanzverhalten zur Vermeidung von ernsten Konflikten

Zur Regelung von sozialen Kontakten und zur Vermeidung bzw. Verringerung von Konflikten in Gruppen von Hundeartigen finden wir eine Reihe von wichtigen Formen des Verhaltensaustausches. Diese Verhaltensweisen sind in ihrer Bedeutung in den vergangenen Jahren und Jahrzehnten nicht nur an Haushunden, sondern auch an Wölfen, Afrikanischen Wildhunden, Rothunden und anderen in Gruppen lebenden Hundeartigen untersucht worden. Hierzu sollen einige Beispiele genauer dargestellt worden.

Formale Dominanz

Das Konzept der formalen, über lange Zeit stabilen Dominanz und seine Signalisierung durch aufrechte „beeindruckende" Körperposition wurde im Kapitel Ressourcen bereits dargestellt (siehe S. 50). Eine Reihe von Forschern aus der Gruppe des Utrechter Verhaltensprofessors Jan van Hooff, z. B. Ruud Derix und Joep Wensing, haben an Wölfen und Afrikanischen Wildhunden diese Verhaltensweisen in ihrer Bedeutung ausführlich dokumentiert. Dabei war klar erkennbar, dass die Verhaltensweisen der formalen Dominanz über längere Zeit hinweg zur Regelung und auch zur Vermeidung von Konflikten eingesetzt wurden. Bemerkenswerte Ergebnisse zeigten die Untersuchungen beispielsweise im Zusammenhang mit den Geschlechtsunterschieden bei der Ausübung und Signalisierung von Dominanz- und Konfliktbestreben zwischen männlichen und weiblichen Wölfen. Während weibliche Wölfe im Rudel mehr auf die Signalisierung ihres Status allgemein und weniger auf die konkrete Unterbrechung und Intervention bei sexuellen Handlungen ihrer „Untergebenen" setzten, waren männliche Wölfe mehr im Zusammenhang mit der konkreten Unterbrechung von sozialen bzw. sexuellen Kontakten zwischen „Untergebenen" und den weiblichen Tieren aktiv. Besonders stark waren diese Unterbrechungen dann, wenn die eigene bevorzugte Partnerin Gegenstand sexuellen oder auch nur sozialen Interesses eines rangtieferen Geschlechtsgenossen war.

Beschwichtigungsverhalten zur Vermeidung von ernsten Konflikten

Der Regulation der Beziehungen in den Rudeln dienten jedoch sehr häufig auch die Verhaltensweisen „von unten nach oben", insbesondere die als aktive Unterwerfung bezeichneten Verhaltenselemente, die in Form eines Ritualisierungsprozesses aus dem Futterbetteln der Welpen und Jungwölfe abgeleitet sind. Auch David Mech fand in seinen Studien an frei lebenden Wölfen, dass mit diesen Verhaltensweisen von unten nach oben Rangordnungsbeziehungen stabilisiert werden. Er zeigt jedoch auch, dass sich sogar der Leitrüde eines Wolfsrudels mit Verhaltensweisen des ritualisierten Futterbettelns der Wurfhöhle näherte, wenn seine Partnerin dort Welpen betreute. Hier zeigt sich bereits, dass die

Dominanzbeziehung und die Regelung von Rangordnungen wohl ein fließendes Geschehen ist, das keineswegs in einer starren, als Rangordnung vorgegebenen Weise zu lesen ist.

Dominanzbeziehungen

Mit der Signalisierung von Dominanzbeziehungen hat sich beispielsweise auch ein Forscherteam rund um John Bradshaw (2009) beschäftigt. Bradshaw und seine Kolleginnen fanden in einer Gruppe von insgesamt 19 (kastrierten) Hunderüden, dass sich dort drei soziale Kategorien herausgebildet hatten. Es gab zunächst drei Hunde, die er als Einsiedler (Hermits) bezeichnete. Diese hatten so wenig Kontakt mit den anderen, dass keine Berechnung von systematischen Sozialbeziehungen möglich war. Sodann gab es sieben als Außenseiter bezeichnete Hunde, die in allen Beziehungen negative Werte aufwiesen, das heißt, sich überwiegend oder sogar ausschließlich unterwürfig verhielten. Die restlichen acht bezeichnet er als Insider, diese hatten Dominanzbeziehungen zu mindestens zwei, bisweilen auch bis zu fünf der Außenseiter und verhielten sich zu keinem der restlichen Hunde unterwürfig. Jeder der Insider hatte regelmäßigen Kontakt zu den anderen Insidern, aber nur wenig zu den Außenseitern.

Wie Beziehungen entstehen

Gerade John Bradshaw betont, dass die Verteidigungsbereitschaft und die Statussignalisierung eines Hundes gerade bei Erstkontakten viel wichtiger sind als ein ominöses Dominanzbestreben. Je nach Zusammenhang, in dem die Begegnung stattfindet, werden die beiden Hunde unterschiedliche Erfahrungen miteinander machen. Diese Erfahrungen sind es dann, die bei der nächsten Begegnung bereits darüber entscheiden, wer möglicherweise etwas forscher und wer etwas zurückhaltender auftreten wird. In einer Art Rückkopplungsprozess führt dies dann in der Regel zu einer Bestärkung der genannten Ersterfahrungen, der forscher Auftretende wird wahrscheinlich wieder die Situation für sich entscheiden, der Zurückhaltende möglicherweise nochmals einen Misserfolg erleben. Diese Verknüpfung aus Erfahrungen, Assoziationslernen und dem Signalisieren des eigenen Status bzw. der eigenen Handlungsbereitschaft bei den Erstkontakten ist es dann, die schnell einen geregelten Eindruck hinterlässt.

Dominanzbeziehungen sind niemals starr

Die Beziehungspflege in einem Rudel bzw. einer Gruppe ist auch keineswegs jahreszeitlich als konstant zu betrachten. Bereits die Untersuchungen von Derix, Wensing und den anderen holländischen Forschern haben gezeigt, dass sich im Laufe des Jahres die Intensität und Qualität des Signalisierens ändern. Noch stärker sind diese Unterschiede offensichtlich bei anderen in Rudeln lebenden Hundeartigen, etwa dem Asiatischen Rothund. Wolfgang Ludwig am Rothunderudel des Dresdner Zoos (2009) und eine Reihe von Studienarbeiten, beispielsweise Evelyn Wieloch 2007 am Rothunderudel des Schweriner Zoos, haben die jahreszeitlichen Zusammenhänge deutlich herausgearbeitet. Während im Zeitraum rund um die Läufigkeit eher Statusdemonstrationen, bisweilen auch aggressives Verhalten von oben nach unten erkennbar ist, kehrt sich die Situation bereits während der Scheinträchtigkeit oder

Bereits im Sozialspiel werden Verhaltensweisen der formalen wie situativen Dominanz eingeübt.

echten Trächtigkeit der Hündinnen im Laufe der nächsten Monate um. Gerade Verhaltensweisen wie unterwürfiges Begrüßen, Schnauze lecken, Betteln, auch Spielverhalten treten in den Frühlingsmonaten verstärkt auf. Sind dann Welpen geboren, werden diese bisweilen ihrerseits wieder zum Aufrechterhalten und Verbessern der sozialen Beziehungen genutzt. Das Phänomen des agonistischen Pufferns, bei dem gewissermaßen ein Jungtier präsentiert wird, um sein Gegenüber friedlich zu stimmen, wurde ebenso wie das Präsentieren von Nahrung zum Abbau von Spannungen und zur Regelung von möglichen Konflikten bei den Dresdener Rothunden von Wolfgang Ludwig wiederholt beschrieben. Die Hunde setzen hier offensichtlich Nachwuchs und wichtige Ressourcen gezielt ein, um beim Gegenüber gute Stimmung zu machen. Die Sozialstruktur verschiebt sich dann mehr zur kooperativen Jungtieraufzucht und zur Aufgabenteilung. Die Dominanzbeziehungen werden abgemildert, und stattdessen werden mehr den Zusammenhalt fördernde Rituale des Begrüßens und des sozialen Miteinanders gepflegt.

Versöhnungsverhalten

Wenn es zu Auseinandersetzungen kommt, ist im Nachgang die Pflege der belasteten Beziehung durch Versöhnungsverhalten offensichtlich ausgesprochen wichtig. Sowohl bei Wölfen (Giada Cordoni und Elisabetta Palagi 2009), bei Asiatischen Rothunden (Wolfgang Ludwig), bei Haushunden in einer Laborhundkolonie (Annemieke Cools und Mitautoren) und auch beim Afrikanischen Wildhund (Antje Schreiber 2009) waren solche Verhaltensweisen des Versöhnens ganz deutlich. Häufig war nach einem Konflikt eine unmittelbar danach stattfindende oder zumindest im Zeitraum von wenigen Minuten zu beobachtende erneute Annäherung der beiden Kontrahenten mit positiven oder freundlichen Verhaltensweisen zu sehen. Bemerkenswerterweise ging die Versöhnung sowohl vom Gewinner als auch vom Verlierer der Auseinandersetzung aus. Es gab keine Zusammenhänge mit Rangposition oder Geschlecht. Für beide war es offensichtlich gleichermaßen wichtig, im Anschluss an die Auseinandersetzung auch die Versöhnung wieder herbeizuführen.

Signale zur Vermeidung von Eskalation

Um Auseinandersetzungen gar nicht erst eskalieren zu lassen, dienen im Vorfeld ebenfalls eine Reihe von differenzierten Signalen der Kommunikation und der Deeskalation von möglichen Streitigkeiten. Zwei Gruppen von sozialen Signalen sind hier besonders zu vermerken: Abbruch- und Beschwichtigungssignale.

Abbruchsignale

Sogenannte Abbruchsignale vermitteln dem Gegenüber sozusagen: „Hör jetzt auf, du nervst". Diese Abbruchsignale entstammen in der Regel dem Verhaltensbereich, der in den auf Rangordnungs- und Gruppenstrukturen ausgerichteten Arbeiten als situative Dominanzsignale bezeichnet wird. In mehreren Studien über verwilderte wie auch Pensions- und Haushunde sowie Wölfe haben Marie Fengler und Sandra Fischer gezeigt, dass diese Signale sehr wohl Beachtung finden. Es kommt in der Regel nicht zu einer Eskalation, wenn ein Hund dem anderen auf Distanz klar gemacht hat, dass er sich vom anderen belästigt oder genervt fühlt. Normalerweise tut der andere dann, was von ihm erwartet wird, nämlich er hört damit auf. Nur selten musste eine zweite Eskalationsstufe, bei der man dann zumindest die Distanz zum nervenden Gegenüber verringert, eingeleitet werden.

Konfliktmanagement bei sozialen Caniden – Abbruchsignale und Versöhnung

Problemstellung

Das Leben in Gruppen bringt ein hohes Konfliktpotential mit sich, da die Individuen miteinander konkurrieren. Mechanismen um den Zusammenhalt von Gruppen und die Beziehungen der einzelnen Tiere, trotz der Konflikte aufrechtzuerhalten, sind nötig. Diese Mechanismen umfassen Abbruchsignale, die der Vermeidung offensiver Auseinandersetzungen dienen, sowie das Versöhnungsverhalten, welches der Wiederherstellung der sozialen Beziehung zwischen den Individuen dient. Es wurde der Einsatz und das Auftreten von Versöhnungsverhalten und Abbruchsignalen am Hund und am Iberischen Wolf untersucht. Die Fragestellung lautete: Kommt es infolge gesendeter Abbruchsignale zu einer Distanzvergrößerung oder einem Anstieg stressandeutender Verhaltenselemente von Seiten des Empfängers? Kommt es infolge gesendeter Abbruchsignale in der Nachfolgesituation zu einer Intensitätssteigerung oder Eskalation? Kommt es infolge gesendeter Abbruchsignale zu einer Versöhnung zwischen Sender und Empfänger?

Methoden

Von Anfang Februar bis Ende Juni 2009 wurden Beobachtungen an Haushunden im Albert Schweitzer-Tierheim in Bonn sowie in der Begegnungsstätte für Mensch und Tier in Willich-Schiefenbahn und an Iberischen Wölfen im Lobopark Antequera in Spanien durchgeführt. Das Verhalten wurde in beiden Fällen mit einem Camcorder aufgenommen. Mit Hilfe der sequence-sampling-Methode, bei der der Fokus auf einer Abfolge von Verhaltensweisen liegt, wurden alle nach dem Beginn des sequence sampling gezeigten Verhaltensmuster der Fokustiere aufgenommen. Ebenso die Länge der post-conflict-Beobachtungsphase, die Phase in der keine agonistischen Verhaltensweisen mehr gezeigt werden, bis es zur Versöhnung zwischen den beiden Partnern kommt. Auch das Verhalten, unmittelbar bevor das sequence sampling mit einem Abbruchsignal begann, wurde notiert sowie die Gesamtdauer der einzelnen Verhaltensweisen. Auch die Zeit vom letzten Abbruchsignal bis zum versöhnenden Verhalten wurde aufgenommen. Zusätzlich wurden matched-control-Beobachtungen durchgeführt. Hierbei wurde am nächsten Beobachtungstag zur selben Uhrzeit dasselbe Fokustier beobachtet.

Ergebnisse

Sowohl die Hunde wie auch die Wölfe zeigten viele Abbruchsignale. Hierbei war insgesamt das Element Fixieren das häufigste Abbruchsignal, gefolgt von Wegschnappen, Knurren und Drohbellen. Hierbei handelt es sich um Abbruchsignale, die die Individualdistanz nicht unterschritten, während die Verhaltensweisen, bei denen die Individualdistanz unterschritten wurde, deutlich weniger häufig gezeigt wurde. Bei den Wölfen gab es Unterschiede in der Häufigkeit der Abbruchsignale in der Anfangssituation und der Nachfolgesituation. Hierbei wurden die Verhaltensweisen häufiger in der Anfangssituation gezeigt.

Sowohl Wölfe wie Hunde zeigten in den meisten Fällen eine Reaktion auf Abbruchsignale, und nur selten wurde diese ignoriert. Es zeigte sich, dass Wölfe häufiger Sequenzen von Abbruchsignalen einsetzten als Hunde, welche vergleichsweise häufiger Einzelsignale sendeten. Bei den Wölfen konnte gezeigt werden, dass einem Abbruchsignal meist eine Versöhnung folgt. Stressandeutende Elemente wurden sowohl vom Empfänger als auch vom Sender gezeigt. Eine dauerhafte Distanzvergrößerung konnte nicht nachgewiesen werden.

Folgerungen

Abbruchsignale spielen sowohl bei Wölfen als auch bei Hunden eine große Rolle. Ernste Beschädigungskämpfe wurden damit in dieser Untersuchung stets vermieden. Hierbei scheinen die Abbruchsignale bei Hunden weniger effektiv zu sein, als bei Wölfen. Dies könnte ein Effekt des Zusammenlebens mit dem Menschen sein, da dieses sich auf das vererbte Sozialverhalten auswirken kann, sowie durch die Lebensumstände der Hunde zustande kommen. Ein effektives Konfliktmanagement ist in Gruppen von Caniden besonders wichtig, um das Zusammenleben möglich zu machen, ohne Rudelmitglieder zu verletzen. Dies spielt auch eine Rolle beim Artenschutz und der Auswilderung von Gruppen in neue Lebensräume. Hierbei sollte eine Gruppenstruktur schon feststehen, um den Zusammenhalt eines Rudels zu garantieren.

Quelle: Fengler, M. (2009). Konfliktmanagement bei sozialen Caniden. Abbruchsignale und Versöhnung – Bedeutung gruppendynamischer Prozesse für Artenschutzmaßnahmen. Diplomarbeit. Bonn.

Signale, bei denen es wirklich zur körperlichen Zurechtweisung durch Anrempeln oder Ähnliches kam, waren noch seltener. Bemerkenswert ist hier, dass diese Abbruchsignale auch von unten nach oben, also vom formal Rangtieferen gesendet und durchaus vom Ranghöheren befolgt und akzeptiert wurden. Bemerkenswert ist des Weiteren, dass in solchen Konflikten oftmals eine nachfolgende Versöhnung, oder zumindest eine Fortsetzung der Sozialkontakte, als ob nichts geschehen wäre, folgte und keineswegs die Belastung der Beziehung durch eine solche Zurechtweisung erkennbar war. Diese Erkenntnisse sind durchaus wichtig für den Umgang zwischen Mensch und Hund: Man kann also einen Hund durchaus bei nervigem Tun stoppen und zurechtweisen, sollte jedoch hinterher die Versöhnung nicht vergessen. Es ist nicht tierschutzwidrig, einen Hund durch Abbruchsignale zu stoppen oder zurechtzuweisen. Es ist aber sehr wohl tierschutzwidrig, ihn stundenlang oder noch länger zu ignorieren!

Beschwichtigungssignale

Noch mehr emotionsbeladen im Zusammenhang mit Hund-Hund- und vor allem Hund-Mensch-Beziehungen ist der Komplex der als Beschwichtigungssignale bezeichneten sozialen Verhaltensweisen. Hier geht es ganz offensichtlich darum, aus einer bereits verunsicherten oder rangtieferen Position heraus eine mögliche aggressive Attacke des Gegenübers zu verhindern oder zu stoppen. In einer Reihe von Untersuchungen an verwilderten Haushunden, Pensionshunden und Wölfen konnten Mira Meyer, Mareike Reimer und Janine Seitz zeigen, dass die als Beschwichtigungssignale in der ethologischen Literatur bereits bekannten Verhaltensweisen etwa des Sich-klein-Machens oder des Beleckens der Lippen des Gegenübers durch in potenziell konfliktträchtigen Situationen eingesetzt werden. Andere, in der populären Literatur ohne jeden wissenschaftlichen Beleg als Beschwichtigungssignale bezeichneten Bewegungsabläufe, z. B. die Vorderkörpertiefstellung (siehe S. 168 ff.), das Urinieren oder das Gähnen, sind in keinem statistischen Zusammenhang mit konfliktträchtigen Situationen aufgetreten. Mehr noch, diese Verhaltensweisen findet man sehr häufig, wenn gar kein anderer Artgenosse in unmittelbarer Umgebung ist, den man beschwichtigen könnte. Gerade in der Diskussion um Beschwichtigungssignale ist es wichtig, sich die oben gemachten allgemeinen Bemerkungen vor Augen zu führen. Sollte ein Hund durch echte Übersprungshandlungen einen inneren Konflikt zwischen zwei Motivationen, etwa Annäherung an den beeindruckenden Gegner und Flucht oder auch Angriff und Flucht, signalisieren, dann ist es die Aufgabe des souveränen Ranghohen, durch beruhigendes und seinen Status betonendes, gleichzeitig aber entspannendes Verhalten zu reagieren. Sollte in einer Begegnung zwischen zwei Individuen, zwischen denen noch keine Beziehung besteht, solches Verhalten auftreten, besteht sehr wohl die Gefahr, wenn man selbst durch ähnliche Gegensignalisierung seine eigene Unsicherheit zugibt, dem Gegner den Angriff erst schmackhaft zu machen.

Dreierbeziehungen

Wenn Dritte in Konflikte intervenieren, dann kann das zur Besänftigung oder zur Eskalation beitragen.

Wie wichtig und wertvoll offensichtlich soziale Beziehungen nicht nur für die jeweils Beteiligten, sondern auch für die Gruppe insgesamt sind, zeigen mehrere Untersuchungen über das Verhalten unbeteiligter Dritter nach oder während einer Auseinandersetzung in der Gruppe. Sowohl die von Annemieke Cools und ihren Co-Autoren studierten Hunde, als auch die Wölfe von Elisabetta Palagi und Giada Cordoni zeigten nach einem Konflikt oftmals einen Vermittlungsversuch bzw. eine gezielte Handlung von unbeteiligten Dritten.

Mentale Unterstützung für Verlierer

Häufig näherten sich diese unbeteiligten Dritten gezielt dem Verlierer der betreffenden Auseinandersetzung an, selbst wenn sie die Auseinandersetzung selbst gar nicht beobachtet hatten, sondern nur an den Lautäußerungen oder der Körperhaltung des Verlierers schließen mussten, dass es ihm offensichtlich gerade nicht gut ging. Sie näherten sich dann an, zeigten soziale Kontaktaufnahme, Kontaktliegen oder andere Verhaltensweisen der Beziehungspflege. Insbesondere Konflikte, bei denen es nicht sofort zu einer Versöhnung zwischen den Beteiligten kam, reizten unbeteiligte Dritte offenbar besonders zur eigenen Handlung. So wird offensichtlich der soziale Zusammenhalt des Opfers der Konfliktsituation gezielt wiederhergestellt, das Konzept der wertvollen Beziehung scheint auch hier zu greifen: Je mehr Kontakte man auch sonst mit dem Betreffenden hatte, desto größer war die Wahrscheinlichkeit, dass man sich dann als un-

Umso intensiver die Beziehung zu anderen Hunden ist, desto mehr kann der Verlierer eines Konfliktes anschließend mit sozialer Unterstützung durch Dritte rechnen.

Haben Wölfe Gemeinsamkeiten mit Menschenaffen in Bezug auf den Kontakt mit einem unbeteiligten dritten Tier nach einem Konflikt?

Problemstellung

Soziale Tiere, zu denen auch der Wolf gehört, leben in Gruppen. Ein wichtiger Bestandteil dieses Rudellebens ist die Kommunikation der Tiere untereinander. Zur Kommunikation gehören, neben dem Spielen, auch Wettbewerbe und Konflikte. Je mehr Konflikte entstehen, desto größer wird die Bereitschaft zur Aggression in dieser Gruppe. Um das zu vermeiden, nutzen solche Tiere Strategien, die zur Minderung der Aggression dienen. Eine Möglichkeit ist das kooperative Verhalten der Tiere nach einem Konflikt, auch als Schlichtung bezeichnet, um die Beziehung der Gegner wiederherzustellen. Hierbei kann sowohl das Opfer, als auch der Gewinner anschließend mit einem am Konflikt unbeteiligten Dritten in sozialen Kontakt treten. Dieses Verhalten wird beim Menschen bzw. Menschenaffen als „Trösten" beschrieben, bei Krähen oder Hunden als „freiwilliger Kontakt durch Dritte" und bei den restlichen Affenarten ist es gar nicht zu verzeichnen. Vor diesem Hintergrund wurden folgende Hypothesen zur Vermeidung von Stress nach einem Konflikt untersucht:

Der „freiwillige Kontakt durch Dritte" kommt nach einem Konflikt mit geringer Intensität zu Stande und zeigt dem Opfer eine höhere Kooperationsbereitschaft, je geringer dessen Aggression gegenüber dem Dritten ist.

Es finden mehr „freiwillige Kontakte durch Dritte" zwischen den Wölfen statt, die vertrauter sind und generell mehr Kontakte austauschen.

Der „freiwillige Kontakt durch Dritte" wird zur Vermeidung weiterer Konflikte eingesetzt und stellt den Rang des Opfers im Rudel wieder her, oder bindet diesen wieder ins Beziehungsnetz ein.

Methoden

Im Zeitraum von fast zwei Jahren wurde eine Gruppe von neun (5,4), im Zoo von Pistoia / Italien lebenden Wölfen beobachtet. Zur Datenaufnahme wurde zum einen die „all occurences sampling"-Methode angewandt. Hierbei wurde notiert, wer am Konflikt beteiligt war, unter welchen Umständen der Konflikt stattfand (z. B. Fütterung, Wahl des Sexualpartners), wie der Konflikt endete (wer hat gewonnen und wer war das Opfer) und welche Verhaltensmuster gezeigt wurden (z. B. Beißen, Jagen). Der Konflikt selbst wurde dann in eine der drei möglichen Intensitätsstadien eingeteilt (geringe Intensität: drohen und jagen, mittlere Intensität: physischer Kontakt ohne Beißen, hohe Intensität: physischer Kontakt mit Beißen). Nach einem Konflikt wurde notiert, ob es zu einem „erbettelten" oder „freiwilligen" (tröstenden) Kontakt des Opfers mit einem unbeteiligten Tier kam. Der erbettelte Kontakt wurde verzeichnet, wenn das Opfer sich vor der Beschwichtigung einem unbeteiligten Dritten näherte, und der freiwillige (tröstende) Kontakt wurde aufgenommen, wenn sich ein unbeteiligtes drittes Tier vor der Beschwichtigung „tröstend" dem Opfer näherte. Während dieses Kontakts wurde aufgenommen, welche Verhaltensweisen gezeigt wurden (Körperkontakt, Schnüffeln an der anogenitalen Region, Spiel, Lecken des Körpers, Schnüffeln am Körper außer der anogenitalen Region).

Mit der von Primatologen entwickelten PC-MC-Methode wurde die soziale Stellung von Opfer und unbeteiligtem dritten Tier untersucht. Dazu wurde das Opfer noch 10 Minuten lang nach dem Konflikt beobachtet (PC). Eine Kontrollbeobachtung dieses Tieres wurde am nächsten Tag, zur gleichen Zeit wie die PC, ohne Konflikt und während seinen Interaktionen mit den Gruppenmitgliedern beobachtet (MC). Zeit, Individuen, Interaktionen und Dauer dieser Interaktionen zwischen Opfer und unbeteiligtem dritten Tier wurden notiert.

Ergebnisse

Es konnte beobachtet werden, dass der „freiwillige Kontakt durch Dritte" schon in den ersten zwei Minuten nach dem Konflikt auftrat, der „erbettelte Kontakt" in den ersten drei Minuten. Die „freiwilligen Kontakte" traten auch häufiger nach einem Konflikt (PC) als bei der alltäglichen Kommunikation (MC) auf, wenn es sich dabei um einen Konflikt der Intensität gering bzw. medium handelte. Unabhängig von der Intensität traten die „erbettelten Kontakte" auf, hier jedoch ebenfalls wieder häufiger nach einem Konflikt (PC) als bei der alltäglichen Kommunikation (MC). Im Bezug auf die Aggression des Opfers gegenüber dem dritten Tier konnte ein negativer Zusammenhang beim „freiwilligen Kontakt" festgestellt werden. Das heißt, dass die Kooperationsbereitschaft mit dem Opfer größer ist, je weniger Aggression es zeigt. Kein Zusammenhang dagegen ist beim „erbetteltem Kontakt" sichtbar.

Die zweite Hypothese lässt sich bestätigen, da die Auswertung der Daten ergab, dass der „freiwillige Kontakt durch Dritte" häufiger zwischen den Tieren auftritt, die eine engere Beziehung haben. Im Gegensatz dazu wurden keine Unterschiede in der Verteilung des „erbettelten Kontakts" gefunden, die die Qualität der Beziehung der einzelnen Tiere untereinander hätte beschreiben können. Ebenfalls konnte beobachtet werden, dass, wenn nach einem Konflikt der „freiwillige Kontakt durch Dritte" auftrat, die Häufigkeit der Aggression gegenüber dem Opfer sank. Beim Auftreten von „erbetteltem Kontakt" oder überhaupt keinem Kontakt war das erneute Auftreten von Aggression gegen das Opfer deutlich höher. Die Bindung an das Rudel war deutlich besser, wenn nach einem Konflikt der „freiwillige Kontakt durch Dritte" auftrat. Bei keinem Kontakt bzw. „erbetteltem Kontakt" war die Bindung vergleichsweise schlecht.

Folgerung

Die Untersuchungen betätigen das Auftreten von „erbetteltem" bzw. „freiwilligem" Kontakt durch Dritte im Wolfsrudel. Vergleichbare Ergebnisse lassen sich auch beim Menschenaffen feststellen. Durch das Auftreten dieses Verhaltens werden dem Wolf Eigenschaften zugeschrieben, die bis dahin nur dem Menschen und seinen nächsten Verwandten zugeordnet wurden. Es bestätigt sich damit nicht nur die allgemeine Hypothese zur sozialen Komplexität, dass intelligentere Tiere in sozialen Gruppen leben, sondern auch die „Freundschaftshypothese", dass bevorzugte Bindungen zwischen bestimmten Individuen bestehen.

Quelle: Elisabetta Palagi, Giada Cordoni (2009). Postconflict third-party affiliation in Canis lupus: *do wolves share similarities with the great apes?. Animal Behaviour. 78, 975-986.*

beteiligter Dritter nach dem Konflikt um ihn oder sie kümmerte. Geschlechts- und Rangordnungsunterschiede waren wiederum nicht erkennbar. Ein Unterschied zwischen Wölfen und Haushunden, der jedoch möglicherweise nicht systematisch, sondern vielleicht von den betreffenden Gruppen abhängig ist, zeigte sich jedoch: Während bei den Wölfen der italienischen Forscherinnen die Tendenz, sich als unbeteiligter Dritter durch Trost spendendes Verhalten (Consolation) um den Verlierer zu kümmern, stieg, wenn vorher schon Versöhnung zwischen den beiden Streitpartnern stattgefunden hatte, war dies bei den Haushunden der belgischen Gruppe nicht notwendig. Grund dafür könnte das größere Risiko für den Vermittler sein, wenn bei Wölfen das Aggressionspotenzial nach einer Auseinandersetzung erhöht ist.

Soziale Rückendeckung für Gewinner

Jedoch sind keineswegs nur Trostspenden, Vermittlung und Versöhnung nach Auseinandersetzungen Gegenstand von Dreierkontakten bei Hunden. Jeder Hundehalter/in kennt die Situation, dass bei einer spielerischen oder auch ernsthaften Auseinandersetzung auf der Hundewiese oder in anderen Begegnungsstätten plötzlich ein Hund auftaucht, der gezielt Auseinandersetzungen oder auch Spielkontakte splittet. Dass dies häufig mit dem hier völlig fehl angebrachten Begriffs des Mobbings

Forscherportrait: Dr. Elisabeth Palagi

Die italienische Verhaltensforscherin Elisabetta Palagi ist der geistigen Entwicklung von Affen und Menschen auf der Spur und vergleicht diese wiederum mit den Lernprozessen verschiedener Tierarten. Sie arbeitet zur Zeit am „Institute of Cognitive Sciences and Technologies" in Rom, ist aber zusätzlich seit 2005 für den Zoologischen Sektor für Vertebraten der „Centro Interdipartimentale Museo di Storia Naturale e del Territorio" der Universität Pisa verantwortlich. Geboren wurde Elisabetta Palagi 22.12.67 in Livorno, 1993 schloss sie ihr Biologiestudium an der Universität Pisa mit einer Forschungsarbeit mit dem Titel „ Laune, Gesellschaftlichkeit und Freundschaft unter den Weibchen einer Schimpansenkolonie" ab. Bereits im selben Jahr begann sie, für das Museum der Universität Pisa zu arbeiten. 2004 folgte als nächster Universitätsgrad der Doktortitel mit einer Vergleichsstudie zum Thema Spielverhalten in einer

Schimpansenkolonie („Adaptive role of social play behaviour and use of play signals in Pan troglodytes and Pan paniscus: a comparative study") der Universität Pisa.

Schlichtung zwischen Hunden und Kooperation nach einem Konflikt durch unbeteiligte Dritte

Problemstellung

Kommen die Mechanismen der Friedensstiftung bei den Hunden denen bei höheren Affen gleich?

Bei Tierarten, die in sozialen Gruppen leben, kommt es vor, dass sie um verschiedene Ressourcen wie Futter, Sexualpartner konkurrieren. Dabei können diese Konflikte eskalieren und in aggressives Verhalten übergehen, welches negative Konsequenzen für das Rudel haben kann und das Gruppenleben gefährdet.

Arten, die in einem stabilen sozialen System leben, setzen in bestimmten Situationen Schlichtungsverhalten ein, um einer aggressiven Eskalation vorzubeugen, so belegt in Studien über Menschenaffen oder Delfine. Die Verminderung von aggressivem Verhalten wird nicht nur durch die Schlichtung erreicht, sondern auch durch den Kontakt eines dritten, am Konflikt unbeteiligten Tieres. Da der Haushund, neben seinen herausragend kognitiven Fähigkeiten, auch ein sehr soziales Wesen ist, sollen an ihm die Fähigkeiten zur Schlichtung und dem Kontakt durch Dritte nach einem Konflikt untersucht werden. Dabei wird vermutet, dass Schlichtung eher bei den Gegnern einsetzt, deren Beziehung einen höheren Wert hat. In diesem Fall, bei den Tieren, die sich einen Zwinger teilen.

Methoden

Im Zeitraum von zwei Monaten wurden drei Hundegruppen, die in Zwingern einer Produktionsfirma für Heimtierfutter untergebracht waren, beobachtet. Die Hunde bezogen zu zweit oder zu dritt ein Gehege, das aus einem Innen- und einem Außenbereich bestand. Die Tiere waren zwischen drei und zehn Jahre alt; und obwohl die Zwinger nicht allzu groß waren, wiesen alle ein normales Verhaltensrepertoire auf. Die ersten zwei Hundegruppen bestanden aus 7 Individuen, von denen einige die Gehege teilten und auch verwandt waren. Die dritte setzte sich aus 2 Individuen der ersten Gruppe und 4 der zweiten Gruppe zusammen, welche noch nie zusammen gehalten wurden, um oben genannte Hypothese zu unterstreichen.

Die Beobachtungen selbst fanden auf einer Hundewiese statt, die die Hunde einmal am Tag besuchten.

Zur Verhaltensaufnahme wurde eine Kombination aus der „all occurrence sampling"-Methode und der „Fokus"-Methode angewandt. In der ersten Methode wurden alle Verhaltensweisen der Gruppen aufgenommen. Kam es zu einem Konflikt, wurde die zweite Methode genutzt und das Verhalten aller am Konflikt beteiligten Tiere notiert. Dabei wurde eine Unterteilung der Verhaltensweise „aggressiv" vorgenommen (Unterscheidung von leichter und ernsthafter Aggression, wobei Letztere durch physischen Kontakt wie Beißen geäußert wurde). Anhand der sogenannten PC/MC-Methode konnte bei der Auswertung eine Tendenz zur Schlichtung zwischen den beiden Kontrahenten gemessen werden.

Ergebnisse

Im Folgenden wird der Begriff „bekannt" in dem Zusammenhang verwendet, dass die Tiere in der Tat genetisch verwandt sein können oder aber nur eine Box teilen. Als „nicht bekannt" dagegen werden die Tiere bezeichnet, die keine Box teilen. „Noch nie aufeinander getroffen" sind Hunde, die sich keine Box teilen und deshalb vorher noch nie Kontakt hatten.

Die beobachteten Konfliktsituationen waren im Allgemeinen immer sehr kurz. Trat kurz nach dem letzten Konflikt eine Beschwichtigungsgeste eines der Gegner auf, war der aggressive Akt damit beendet, jedoch nicht, wenn die Geste ausfiel. Daraufhin mieden sich die Gegner eine Zeit lang.

Einige wenige Konflikte gingen in ernsthafte Aggression über, allerdings nie ohne Vorwarnung, die sich in einem Knurren oder gehemmten Beißen äußerte. Dies trat meistens auf, wenn ein Rüde ein Weibchen bedrängte. In allen drei Gruppen traten die meisten ernsthaften Konflikte bei einander nicht bekannten Individuen auf.

In den ersten zwei Gruppen konnte das Schlichtungsverhalten häufiger zwischen bekannten Hunden notiert werden, als zwischen einander unbekannten bzw. noch nie aufeinander getroffenen.

In der dritten Gruppe dagegen zeigten die bekannten Hunde deutlich weniger Schlichtung als die einander unbekannten bzw. noch nie aufeinander getroffenen.

In allen Gruppen war die Anzahl der Konflikte zwischen nicht bekannten Tieren signifikant höher als zwischen bekannten bzw. noch nie aufeinander getroffenen.

Noch nie aufeinander getroffene Hunde zeigten etwa dieselbe Häufigkeit an Konflikten wie nicht bekannte Tiere, aber dafür deutlich mehr Schlichtungsverhalten als (nicht)bekannte Tiere.

Des Weiteren konnte festgestellt werden, dass in 56% der Konfliktsituationen, in denen kein Schlichtungsverhalten eintrat, der Kontakt durch dritte, am Konflikt unbeteiligte Tiere eingefordert wurde. Bei ca. der Hälfte der Fälle ging der Kontakt aktiv vom unbeteiligten Tier aus, auch wenn es den Kampf nicht mitbekommen hat. Man vermutet, dass das Winseln des unterlegenen Partners das unbeteiligte Tier dazu veranlasst, zu „trösten". Es konnte allerdings kein Vorzug zwischen bekannten Tieren oder Tieren des anderen Geschlechts festgestellt werden. Ging der Kontakt zu einem dritten Tier vom Opfer aus, geschah dies eher nach einem Konflikt als in einer konfliktlosen Situation. Weiterhin konnte bewiesen werden, dass bei einem Kontakt mit einen unbeteiligten Dritten meist das Opfer und nicht der Gewinner am Kontakt beteiligt war, jedoch nur in Gruppe 1 und 3.

Folgerung

Laut der Ergebnisse kann die Frage „Kommen die Mechanismen der Friedensstiftung bei den Hunden denen in höheren Affen gleich?" bejaht werden.

Die Studie steht als Beweis dafür, dass Hunde, da sie in Konfliktsituationen Schlichtungsmechanismen einsetzen, durchaus eine soziale Wahrnehmung besitzen und in diesem Zusammenhang mit Menschenaffen auf eine Stufe gestellt werden dürfen. Diese Verhaltensweisen zur Verminderung der Aggression spielen eine große Rolle im sozialen Management und zeigen deutlich, dass Hunde in der Lage sind, das freundschaftliche Verhältnis ihnen bekannter Hunde aufrechtzuerhalten.

Quelle: Annemieke K.A. Cools, Alain J.-M. Van Hount, Mark H.J. Nelissen (2008). Canine Reconciliation and Third-Party-Initiated Postconflict Affiliation : Do Peacemaking Social Mechanisms in Dogs Rivial Those of Higher Primates?. Ethology 114, 53–63.

bezeichnet wird, steht auf einem anderen Blatt. Zu diesem Thema gibt es bei Hunden leider noch keine systematischen Untersuchungen. Zur Vorhersage der Kontakte in Dreierbeziehungen hat Hans Kummer aufgrund von Untersuchungen an verschiedenen Affenarten (die jedoch auch durch andere Tiergruppen, beispielsweise Steppenzebra, verwilderte Hauspferde, Kängurus und einige Vogelarten, bestätigt wurden) eine Reihe von Regeln formuliert, von denen einige in den Studien von Julika Pulst 2009 und Sonja Stuhrmann 2009 auch an Hundeartigen untersucht wurden. Julika Pulst konnte an einer Gruppe Europäischer Wolfsrüden, einer anderen Gruppe von Wolfsfähen der Iberischen Unterart sowie an Junghunden einer Hundeschulgruppe die Regeln zur Vorhersage des Ablaufs von Interventionen in einem bereits bestehenden Kontakt überprüfen.

Regel 1
Ein Dritter greift nur dann – oder zumindest mit höherer Wahrscheinlichkeit – in eine bestehende Dyade ein, wenn er zumindest einem der beiden gegenüber ranghöher ist.

Diese Regel konnte sowohl bei den Haushunden wie bei den Wölfen in allen von Julika Pulst studierten Gruppen bestätigt werden, wobei zumindest bei den Haushunden deutlich war, dass auch in gemischtgeschlechtlicher Zusammensetzung Rüden häufiger intervenieren als Hündinnen.

Regel 2
Zwei Dyaden mit gleich hoher Verträglichkeit können in einer Dreierbeziehung nicht existieren, sondern diejenige Dyade, deren Beteiligte den höheren Status haben, wird dann durch Intervention gegen den Dritten geschützt.

Dies klappt bei Haushunden nicht, hier gibt es viel eher eine Geschlechtsabhängigkeit: Rangniedrige Rüden und ranghohe Hündinnen sind öfter das Ziel einer Intervention als die anderen möglichen sozialen Kategorien. Intervention mit freundlicher oder spielerischer Absicht führt meistens dazu, dass der Intervenierende nicht integriert wird, sondern die beiden ihn entweder links liegen lassen oder ihren eigenen Kontakt beenden. Auch bei den Rüden der Europäischen Wölfe konnte Julika Pulst diese Regel nicht bestätigen, fand jedoch heraus, dass aggressive oder imponierende Signale häufiger auf den rangtieferen der beiden Beteiligten gerichtet wurden (ausgehend vom intervenierenden Dritten). Dagegen war es bei den Wölfinnen der Iberischen Unterart eindeutig, dass diese Regel gilt, dass also ein Intervenierender eher seine eigene Beziehung zu dem Ranghöheren der beiden schützt, indem er gezielt gegen den Rangtieferen der beiden vorgeht. Auch bei den von Sonja Stuhrmann in einer Hundepension und einer Hundeschule untersuchten Haushunden zeigte sich, dass der Interventionserfolg von Geschlecht und Alter der Intervenierenden abhängt. Die Intervenierenden wurden umso erfolgreicher im Handeln, je älter sie waren. Die Interventionen fanden bevorzugt einerseits durch offensives Drohen oder Imponieren statt, dann kam es häufig zum Beenden des Kontaktes der beiden ursprünglichen Partner, oder durch Spielverhalten und freundliches Verhalten, dann wurde meistens der Kontakt fortgeführt. Je älter der Intervenierende, desto geringer die Wahrscheinlichkeit, dass er den Kontakt auch fortsetzt. Während sich in einer amerikanischen Untersuchung von Rebecca Anno von der Universität Chicago zeigte, dass befreundete Hunde oder solche, die sich in einem Verwandtschaftsverhältnis zueinander befinden, häufiger intervenierten, ließ sich bei Sonja Stuhrmann nicht zeigen, dass die Intervention oder auch der Erfolg der Intervention vom Bekanntheitsgrad der Hunde untereinander abhängig wäre. Alle genannten Untersuchungen zur triadischen Kombination zeigen jedoch, dass es keineswegs immer als aggressiv motiviertes Mobbing zu bezeichnen ist, wenn ein Hund sich in den Kontakt von zwei anderen einmischt. Auch hier sollten also die beobachtenden Menschen etwas differenzierter hinschauen, bevor sie solche Verhaltensweisen unterbinden oder gar denjenigen, der möglicherweise sozial kompetent durch sein Handeln die Eskalation einer Auseinandersetzung beendet, als „Mobber" diskriminieren und disziplinieren. Es bedarf einer beachtlichen sozialen Intelligenz, um die genannten und bei verschiedenen Caniden immer wieder auftretenden Dreierkontakte und Dreierbeziehungen aufrechtzuerhalten. Gerade das Verhalten des Trostspendens, das beispielsweise von Palagi und Cordoni sowie von Cools beschrieben wurde, tritt bei menschlichen Kleinkindern frühestens im Alter von ca. 2 $^1/_2$ Jahren auf. Manche der geschilderten Einblicke in den derzeitigen Zustand des Gegenübers und dessen innere Gestimmtheiten erfordern also durchaus schon etwas, was in der Humanpsychologie als Theorie des Geistes („Theory of Mind", siehe S. 168) bezeichnet wird. Es ist zu erwarten, dass derartige Einblicke in die Komplexität des Verhaltens von Hunden und ihren Verwandten in Zukunft auch noch mehr interessante und aufregende Ergebnisse bringen werden.

Nicht immer bedeutet Einmischung in eine Konfliktsituation Mobbing; oft dient das Dazukommen der Beruhigung der Situation.

Eine einzigartige Verbindung

Die Freundschaft von Mensch und Hund

Die Verbindung zwischen Mensch und Hund ist einmalig auf dieser Erde: Zwei unterschiedliche Spezies leben gemeinsam am Nordpol, im Buckingham Palast, Reihenhaus oder unter der Brücke. Wenn alles gut läuft, kann sich aus dem Zusammenfinden von Mensch und Hund eine innige Freundschaft entwickeln. Doch warum fühlt sich das Zusammenleben mit Hund so gut an?

Jede Art, so lautet eine wichtige Erkenntnis der Evolutionsbiologie, findet ihre Nische, in der sie maximal erfolgreich überleben und sich vermehren kann. Die überaus erfolgreiche Nische des Hundes sind wir. Allerdings lebt der Hund unter uns nicht als Parasit, sondern in einer engen Symbiose: Egal wie die jeweilige Beziehung zwischen Mensch und Hund beschaffen ist, im Idealfall profitieren beide von diesem Zusammenleben.

Wir bieten Hunden eine enge Bindung und unterschiedlichste Formen von Teamarbeit. Hunde leisten im Gegenzug vielfältige Aufgaben: Sie können z. B. als Familienmitglied Kinder emotional weiterbilden, indem sie die kleinen Zweibeiner dabei unterstützen, wichtige Fähigkeiten wie Einfühlungsvermögen auszubilden. Andere Hunde führen ihre sehbehinderten Menschen durchs Stadtgetümmel, helfen dabei, das Telefon zu bedienen, oder suchen unter Trümmern nach verschütteten Menschen. Wieder andere halten Senioren bei ihrer täglichen Runde durch den Park in Bewegung und sorgen ganz nebenbei in der anonymen Großstadt für viele fröhliche Kontakte und Gespräche zu anderen Menschen.

Lange bevor sich Verhaltensforscher für die soziale Intelligenz der Hunde zu interessieren begannen, wurde die Fähigkeit der Hunde, unseren vielfältigen Bedürfnissen gerecht zu werden und uns gesund und munter zu halten, ins Visier von Forschern verschiedenster Fachrichtungen genommen. Besonders von den USA ausgehend begannen Ethologen, Kulturwissenschaftler und Psychologen damit, die Einzelheiten dieser besonderen Beziehung näher zu untersuchen.

Vertrauen, Liebe und Teamwork: Keine andere Spezies kann so gut unser Leben teilen.

Effekte der Hundehaltung auf Besitzer und Gesellschaft

In Philadelphia hat im Oktober 1981 ein wegweisender Kongress stattgefunden: Verhaltensforscher, Psychologen, Anthropologen, Philosophen und Kulturwissenschaftler kamen zusammen, um sich zum Thema „Beziehung zwischen Mensch und Heimtier" auszutauschen. Die Vorträge der Wissenschaftler wurden später in dem Sammelband „New Perspectives on our Lives with Companion Animals" veröffentlicht. Bis heute sind wenige Studien so eindrucksvoll wie diese, deshalb werden einige von ihnen trotz ihres mittlerweile über 30 jährigen Alters in diesem Kapitel vorgestellt. Sie alle behandeln die möglichen positiven aber auch negativen Auswirkungen, die Hundehaltung auf uns und unsere Mitmenschen ausüben kann.

Der Hund als sozialer Katalysator

Hundehalter kennen das: Kaum haben wir einen Hund an der Leine, lernen wir viele neue Menschen kennen. Fremde Mitbürger, mit denen wir auf andere Weise kaum jemals ins Gespräch gekommen wären, werden plötzlich zu vertrauten Personen. Jeden Morgen treffen wir sie verlässlich zu einer kurzen Plauderei im Park oder am Kiosk an der Ecke – manche mit, manche ohne Hund. Nicht selten entwickeln sich aus einigen dieser Parkbekanntschaften mit den Jahren enge Freundschaften. Wissenschaftler wollten genau dieses Phänomen näher erforschen: Ob Hunde tatsächlich als soziale Katalysatoren bezeichnet werden können, die den Kontakt zu Menschen aus der Umgebung erleichtern und dadurch die Lebensqualität erhöhen. Als einer der ersten machte sich der britische Verhaltensforscher Peter Messent an die Untersuchung dieses Phänomens bereits 1983: Er schickte acht Hundehalter zwei Mal zum Spaziergang in den Londoner Hyde Park und in die Straßen der Umgebung, einmal mit, einmal ohne Hund. Das Gleiche wurde anschließend im vertrauten Gassigebiet von Hund und Halter wiederholt. Ein Beobachter folgte dem Paar in ungefähr 45 Metern Entfernung und notierte alle Interaktionen, die zwischen dem Hundehalter, dem Hund und der Umgebung stattfanden. Aus diesen Beobachtungen konnten sieben Kategorien der möglichen Reaktionen von Passanten erstellt werden:
1. Keine Reaktion,
2. zum Hund gucken,
3. zum Menschen gucken,
4. langsamer werden und umdrehen,
5. anhalten,
6. zum Hund reden,
7. den Hund berühren,
8. zum Menschen reden.

Das Geschlecht und das Alter der Passanten wurde ebenfalls notiert, insgesamt wurden 88 Spaziergänge auf diese Weise protokolliert. Die statistische Analyse ergab eine signifikant erhöhte Anzahl von Kontakten zu Mitbürgern, wenn die Menschen mit statt ohne Hund spazieren gingen – und dies sogar in Gebieten, in denen Hund und Halter „fremd" waren. Die Beobachtungen der Halter auf ihren „normalen" Spazierrouten ergaben, dass sich hier die Halter häufiger und länger mit bekannten Personen unterhielten – auch jeweils, wenn sie von einem Hund begleitet wurden. Dabei war es durchaus üblich, dass der eigene Hund oder ein anderer Hund vom Halter angesprochen und berührt wurde, während man mit dem Menschen sprach. Messent vermutet, dass hier der Hund als „Brücke" genutzt wird, um über ihn mit dem Halter ins Gespräch zu kommen. Diese Ergebnisse stützen die Hypothese, dass Hunde als „soziale Katalysatoren" wirken.

Eine weitere, jüngere Studie wollte überprüfen, ob sich dieser Effekt mit Hunden auch einstellt, wenn die Hunde von sich aus keinen Kontakt zu Fremden suchen oder die Halter „nachlässig" gekleidet sind. Die Forscher um June McNicholas von der Universität Warwick in England baten im Jahr 2000 deshalb Studenten um Mithilfe: Im ersten Durchgang ließen sie eine Studentin als „Lockvogel" mal mit und mal ohne Hund durch das Universitätsviertel spazieren. Als ihren Begleiter wählten sie einen ausgebildeten Blindenhund, der darauf trainiert worden war, nicht von sich aus mit der Umgebung in Kontakt zu treten. Unter diesen erschwerten Bedingungen wollten die Forscher den „Katalysatoreffekt" von Hunden „robust" machen, also nachweisen, dass die soziale Wirkung auch unabhängig von der Interaktion durch den Hund funktioniert. Wieder wurde das Geschlecht der Passanten, die Anzahl und die Dauer der Interaktionen von einer weiteren Begleitperson, die sich mit Abstand aufhielt, notiert. Die Länge der sozialen Interaktion wurde wieder eingeteilt in kurze Kontaktaufnahme über Lächeln, Nicken oder Winken, einem 1-minütigen Gespräch bis hin zu einer mehr als 3-minütigen Plauderei. Die Ergebnisse wiederholten deutlich die Resultate aus Peter Messents Studie: Von den insgesamt 206 Kontaktaufnahmen fanden 50 ohne Hund und 156 mit Hund statt – also die dreifache Anzahl!

Im zweiten Durchgang der Studie kleidete sich ein dreißigjähriger Mann auf zweifache Weise: einmal eher nachlässig, einmal sportlich. Auch der Hund, ein schwarzer Labrador, der ebenfalls als Blindenführhund ausgebildet worden war, bekam einmal ein dickes Halsband mit Stacheln, ein anderes Mal ein schlichtes Halsband umgebunden. In beiden „Outfits" ging der Mann mal mit, mal ohne Hund spazieren. Mit dieser Verkleidungsaktion wollten die Forscher testen, ob der Katalysatoreffekt von Hunden nicht nur unabhängig von der Interaktionsfreude des Hundes, sondern auch unabhängig von der Erscheinung des Besitzers und Hundes („gefährliches" Halsband) gilt. Auf den insgesamt 48 Spaziergängen wurden insgesamt 1.170 Interaktionen notiert.

Gesamthäufigkeit an Interaktionen mit unterschiedlichen Outfits von Hund und Mann				
	Ohne Hund	Mit „nettem" Hund	Mit „derbem" Hund	Total
Ungepflegte Person	27	214	224	465
Schicke Person	30	325	350	705
Total	57	539	574	1170

Aus: McNicholas J. et al (2000): Dogs as social facilitators.

Die Ergebnisse dieses Durchgangs zeigen deutlich, dass der Katalysatoreffekt von Hunden sogar dann eintritt, wenn die Erscheinung des Hundes und die seines menschlichen Begleiters auf Mitbürger eher abschreckend wirken könnte. Lief ein Hund an der Seite des „schmuddeligen" Mannes, erhöhten sich die Interaktionen sofort signifikant, sowohl was nur kurze Kontaktaufnahmen ohne Gespräch (anlächeln, zunicken) als auch längere Gespräche betraf. Überraschenderweise hatte die verschiedene „Aufmachung des Hundes keinen Effekt auf die Anzahl der Interaktionen. Dagegen war zwar die Anzahl an Interaktionen in Begleitung des Hundes beim „unordentlich" gekleideten Menschen immer noch hoch, sank aber deutlich ab. Interessanterweise konnten die Wissenschaftler feststellen, dass Männer, die von Hunden begleitet werden, auf Frauen anscheinend besonders attraktiv wirken: Es gab einen signifikanten Zusammenhang zwischen den Gesprächen mit Frauen und dem „Dog-Faktor": Vergleiche mit der Situation ohne Hund zeigten, dass in dem Fall der Mann nicht auffällig mehr von Frauen als von Männern angesprochen wurde. Die Forscher schließen daraus, dass ein Hund bei Frauen anscheinend die Hemmung senke, einen fremden Mann anzusprechen. Insgesamt fassen McNicholas und ihr Team die Ergebnisse folgendermaßen zusammen:

Hunde haben eine starke Wirkung als sozialer Katalysator, auch wenn sie dazu erzogen wurden, Passanten zu ignorieren. Der Effekt ist also nicht nur eine Konsequenz aus dem gesteigerten Interaktionsverhalten von Hunden und ihren Besitzern.
Der Effekt findet unabhängig vom Ort statt, also nicht nur in Parks, sondern auch in U-Bahnstationen oder auf Einkaufswegen.
Die äußere Erscheinung des Hundes scheint

Mehrfach wissenschaftlich erwiesen: Hunde bringen Menschen miteinander in Kontakt.

seine Wirkung als „soziales Schmiermittel" nicht stark zu beeinflussen. Es ist aber davon auszugehen, dass ein schlecht erzogener oder aggressiver Hund die gegenteilige Wirkung erzielen wird, nämlich abschreckend auf Passanten wirken kann.
Die äußere Erscheinung des Menschen beeinflusst die Anzahl an Interaktionen, sie ist aber unabhängig vom Auftreten in Begleitung eines Hundes immer noch sehr viel höher als ohne Hund.
Die Studien zeigen, dass Hunde eine starke Wirkung als Eisbrecher haben. Gassigehen bewegt deshalb nicht nur den Hund und seinen Halter, sondern kann viele Menschen in anonymen Städten miteinander ins Gespräch bringen. Nette Hunde können also nachgewiesenermaßen für eine Bereicherung des Lebensraumes Stadt sorgen! Doch wie kommt es, dass Hunde auf uns und viele andere Menschen so attraktiv wirken?

Der Hund als Gesundmacher

Eigentlich braucht es für Hundehalter keine Zahlen, um die gesundheitsfördernden Vorteile der Hundehaltung zu beweisen – sie erleben täglich, wie die Bewegung an der frischen Luft und der Kontakt zu vielen Menschen in der Umgebung das eigene Wohlbefinden steigern können. Doch Wissenschaftler und Medien lieben statistisch überprüfbare Daten, um den positiven Effekt nachweisen zu können. Deshalb wurden in den letzten Jahrzehnten viele Studien durchgeführt, die tatsächlich zeigen, wie uns besonders Hunde, aber auch andere Heimtiere seelisch und körperlich gesund halten.

Das Glückshormon Oxytocin

Grundsätzlich dafür verantwortlich, dass uns und unsere Mitmenschen der Kontakt zu einem freundlichen Hund so glücklich macht, ist das Hormon Oxytocin. Dieses Bindungs- und Vertrauenshormon wird immer dann ausgeschüttet, wenn wir etwas betrachten, das unsere Seele berührt. So lösen z. B. Wehen und kurz nach der Geburt der Anblick und das Saugen ihres Babys an der Brust bei Müttern einen wahren „Oxytocin-Rausch" aus. Damit sorgt das Bindungshormon dafür, dass Eltern sich für den Nachwuchs selbstlos aufopfern. Die afrikanischen Forscher Odendaal und Meintjes haben in einem Experiment mit 18 Hundehaltern nachgewiesen, dass Oxytocin vermehrt im Blut zirkuliert, wenn wir mit unserem eigenen Hund umgehen. Aber auch während der Interaktion mit einem fremden Hund steigt das Hormon im Körper an (Odendaal & Meintjes, 2003). Diese „Fremdbeglückung" könnte eine mögliche Erklärung dafür sein, warum Hunde so erfolgreich in der tiergestützten Therapie eingesetzt werden können. Doch nicht nur der Mensch, auch der Hund empfindet ähnliche Glücksmomente beim Kontakt miteinander: Die Forscher konnten auch beim Hund einen deutlichen Anstieg von Oxytocin im Blut feststellen. Hunde eignen sich also hervorragend dazu, Stress zu reduzieren und unser Wohlbefinden zu steigern. Ihr Anblick und die Berührung sorgen für die Ausschüttung von Vertrauenshormonen – eine freundliche und fröhliche Medizin, für die wir kein Rezept brauchen, sondern die sich jeden Tag freiwillig in unserer Nähe aufhält. Doch noch viel mehr können Hunde für unsere Gesundheit leisten: Sie geben z. B. Übergewicht bei Kindern keine Chance, wie die Ernährungs- und Bewegungswissenschaftlerin Jo Salmon von der Deakin Universität in Australien herausgefunden hat. Hunde bieten Kindern nicht nur Vorteile bei der Entwicklung empathischer Fähigkeiten, sondern bieten ihnen vor allen Dingen einen großen Bewegungsanreiz. In ihrer aktuellen Studie konnte die Forscherin zeigen, dass die körperliche Kondition von Kindern, die Hunde halten, eindeutig erhöht ist (Salomon, 2011).

Auch erwachsene Kranke profitieren von der Hundehaltung, wie Karen Allen von der Universität Buffalo feststellen konnte. Sie bat 30 Patienten mit extremem Bluthochdruck, einen Hund aus dem Tierheim zu adoptieren. Eine Kontrollgruppe von ebenfalls 30 Blutdruckpatienten nahm dagegen an einem Meditationsprogramm teil. Alle 60 Teilnehmer der Studie lebten alleine und setzten sich zu jeweils 50 Prozent aus Männern und Frauen zusammen.

Über einen Zeitraum von neun Monaten wurden, bei den Patienten immer wieder unter verschiedenen Belastungssituationen (z. B. alleine auf der Arbeit, unter körperlicher Anstrengung) der Blutdruck gemessen, um Veränderungen protokollieren zu können. Das Ergebnis: Zu Beginn der Studie gab es keine Unterschiede im Bluthochdruck der Teilnehmer während der verschiedenen Belastungssituationen. Doch schon drei Monate später zeigten die Hundebesitzer in allen Situationen einen signifikant gesunkenen Bluthochdruck. Die Hundehaltung schien sogar einen Langzeiteffekt auszuüben, denn der Blutdruck blieb selbst bei der Arbeit im Normbereich, eine Situation, in der Blutdruck in der Regel steigt. Bei der Kontrollgruppe konnte keine signifikante Verbesserung nachgewiesen werden. Um die Art der Beziehung zwischen Patient und Hund besser verstehen zu können, bat Allen die Hundehalter, einen Fragebogen zu beantworten, mit dessen Hilfe erfasst werden sollte, was die Patienten ihrem Hund gegenüber empfinden. Die häufigsten Antworten auf diese Frage waren: „Mein Hund

Kinder, die mit Hunden zusammenleben, sind körperlich aktiver und fühlen sich wohl.

Der Hund als Gesundmacher

bringt mich zum Lachen", „Er lässt mich meine Sorgen vergessen", und „Ich kann Lebensbereiche wiederentdecken, die ich vorher vermisst habe." Die Forscher vermuten auf Grund dieser Angabe, dass Hunde durch ihren nicht bewertenden, sozialen Beistand in Stresssituationen seelische Unterstützung bieten und dadurch den Blutdruck senken können. Allerdings weisen die Wissenschaftler darauf hin, dass für diese positive Wirkung auf die Gesundheit eine gute Bindung zum Hund erforderlich ist. Deshalb haben an der Studie von vornherein nur Menschen teilgenommen, die vorher angegeben hatten, Hunde zu mögen. Dass Hundehaltung die Wirkung von Medikamenten steigern kann, konnte Allen in einer weiteren, ähnlichen Studie mit Börsenmaklern nachweisen (Allen, 2002): Sie ließ 48 Aktienhändler (je 24 Frauen und Männer), die alleine lebten und an Bluthochdruck litten, an verschiedenen Stresstests teilnehmen. Dabei stiegen die Blutdruckwerte enorm an. Die Bänker wurden daraufhin mit dem blutdrucksenkenden Medikament lisinopril versorgt und in zwei gleich große Gruppen aufgeteilt: Die eine Hälfte lebte ohne Tier, die andere Hälfte der Teilnehmer adoptierte einen Hund oder eine Katze.

Sechs Monate später wurde ein weiterer Stresstest vorgenommen. Dieses Mal waren zwischen beiden Gruppen deutliche Unterschiede festzustellen: Die Börsenmakler ohne Heimtier konnten durch die Medikamenteneinnahme zwar eine Verbesserung erreichen, sie hatten aber immer noch vergleichsweise hohe Blutdruckwerte. Dagegen hatten die Patienten mit tierischer Begleitung eine deutliche Besserung erfahren: Sie zeigten nur die Hälfte der Werte der Vergleichsgruppe und bewegten sich damit schon wieder im Normbereich.

Wieder andere Studien haben gezeigt, dass sich Patienten schneller von Krankheiten und Operationen erholen und sich wahrscheinlich sogar ihre Überlebenschancen erhöhen, wenn sie ein Tier halten. Erika Friedmann vom Brooklyn College in New York besuchte Patienten nach schweren Operationen und protokollierte ihren Gesundheitszustand. Die Hälfte der Patienten hatte einen Hund oder einen Katze, die andere Hälfte lebte ohne tierische Mitbewohner. Nach einem Jahr stattete Friedmann den Teilnehmern der Studie erneut Besuche ab. Dabei musste sie feststellen, dass von den Tierbesitzern sechs Prozent verstorben waren – von den Patienten ohne Tier im Haus allerdings 28 Prozent (Friedmann, 1980).

Die Ergebnisse dieser Studien zeigen, dass durch den positiven Einfluss von Hunden auf Heilungsprozesse Krankenhausaufenthalte verhindert oder hinausgezögert werden können. Zusätzlich zur seelischen Unterstützung der Patienten könnte der Einsatz von Heimtieren in der Therapie also gleichzeitig zu enormen Einsparungen im Gesundheitswesen führen. Tatsächlich gibt es eine Langzeitstudie, die den Gesundheitszustand von Menschen mit und ohne Hund über dreißig Jahre lang protokolliert hat. Die deutschen Daten wurden durch ein sozioökonomisches Marktforschungsinstitut erfasst, deren insgesamt 9.723 Interviewpartner seit 1984 einmal jährlich zu ihrem Gesundheitszustand befragt worden waren (Grabka & Headey, 2007). Dabei wurde deutlich, dass deutsche und australische Hundebesitzer um rund 15 Prozent seltener zum Arzt gehen als Menschen, die „hundelos" leben. Diese Zusammenhänge blieben statistisch relevant, auch nachdem die Zahlen nach Geschlecht, Alter, familiärem Status, Einkommen und anderen Variablen abgeglichen worden waren. Die Volkswirtschaftlerin Renate Ohr von der Universität Göttingen hat auf Grund dieser Zahlen eine entsprechende Rechnung aufgestellt: Ihrer Rechnung nach lebten 2006 zehn Millionen Menschen im Alter über 14 Jahren in Deutschland mit einem Hund zusammen. „Wenn nun diese 12,5 Prozent der deutschen Bevölkerung 7 Prozent weniger Arztbesuche aufweisen als Nicht-Hundebesitzer, so bedeutet dies, dass die Ausgaben für ärztliche Behandlungen und Medikamente um 0,875 Prozent höher wären, wenn es keine Hundehaltung gäbe. Bei Gesundheitsausgaben von mehr als 240 Mrd. Euro (im Jahr 2003) ergibt dies für das Gesundheitssystem eine Ersparnis von 2,1 Mrd. Euro durch die Hundehaltung (Ohr & Zeddies, 2006)."

Diese Auswahl an Studien zeigt, dass das Zusammenleben mit einem Haustier anscheinend mit einer besseren Gesundheit und einem gesteigerten Wohlbefinden gekoppelt ist. Dass dem „Glücksfaktor" besonders durch Hunde in ihrer Funktion als Kontaktkatalysatoren zu den Mitmenschen im Umfeld eine wichtige Rolle zukommt, ist dabei ziemlich wahrscheinlich.

Der Hund als Familienbereicherung

Es hält sich das hartnäckige Klischee, dass Hunde hauptsächlich als „Partner- oder Kindersatz" gehalten werden. Tatsächlich leben 86 % der deutschen Hunde in intakten Familien (Rehm, 1993). Der Tierarzt Norbert Rehm untersuchte im Rahmen seiner Promotion an der Maximilian Ludwig Universität in München die Funktion von Familienhunden. Hierzu befragte er mit Hilfe von Fragebögen 316 hundehaltende Familien mit insgesamt 555 Kindern und je einem Hund. Seine Spurensuche zeichnete einen deutlichen Stellenwert der Hunde in Familien: Eltern sehen ihn als „ruhenden Pol", der die Stellung im Haus wahrt, während die menschlichen Familienmitglieder kommen und gehen. So bildet er im oft turbulenten Alltag eine Konstante und verkörpert ein Gefühl von „Zuhause sein", das früher wohl die Hausfrau mit ihrer verlässlichen Gegenwart vermitteln konnte. Gleichzeitig erwarten Eltern vom Hund auch eine Erziehungsaufgabe: Er soll Kindern „Sozialverhalten" (89%), „Verantwortungsgefühl" (86%) und „Naturverständnis" (77%) vermitteln. Doch können Hunde diesem Anspruch der Eltern wirklich gerecht werden? Schon der berühmte US-Psychologe Boris Levinson hat die Wirkung von Hunden auf die Persönlichkeitsentwicklung von Kindern untersucht (Lewinson 1978), aktuellere Studien, wie die von Ulrich Gebhard (Gebhard, 1994), bestätigen die positiven Wirkungen auf Kinder. Der Psychologe hat Anfang der Neunziger Jahre einige empirische Studien durchgeführt und untersucht, ob sich der Kontakt zu Hunden in der Kindheit positiv auf die Entwicklung bestimmter sozialer Fähigkeiten auswirken kann. Tatsächlich konnte er feststellen, dass Kinder mit Hund bei soziometrischen Tests signifikant besser abschnitten. Das bedeutet, dass sie häufig besondere soziale Aufgaben in Gemeinschaften erfüllten, z. B. als Schul- oder Klassensprecher, und sie galten als beliebte Spielkameraden. Für Kinder, folgert Gebhart, könnten Hunde so als „soziales Gleitmittel" auf ihrem Weg in die Gesellschaft wirken.

Können schon Kinder Hundegebell richtig einordnen?

Problemstellung

Erwachsene Menschen sind in der Lage, das Gebell von Hunden nach Motivation und den Kontext des Bellens richtig einzuordnen, unabhängig davon, ob sie selber Hundehalter sind oder nicht. Dabei werden tiefe, schnell wiederholte Beller mit Aggression und Mut assoziiert, während hohe, langsam wiederholte Belllaute als fröhliche und verspielte Lautäußerungen zugeordnet werden. Sehr hohe, langsam wiederholte Belllaute werden dagegen als verzweifelte, ängstliche Laute klassifiziert. Dieses Ergebnis älterer Studien soll hier in Bezug auf Kinder überprüft werden. Die Forscher wollten herausfinden, ob die Fähigkeit, innere Zustände eines Hundes anhand von Belllauten zu identifizieren, schon bei Kindern vorhanden ist. Andere Studien hatten im Vorfeld gezeigt, dass Kinder häufig Schwierigkeiten hatten, die Mimik von Hunden, die ihnen auf Fotos präsentiert wurde, richtig einzuordnen. Bilder von aggressiven Hunden assoziierten sie mit Freude, ein Hinweis, warum es im Zusammenleben von Kindern und Hunden zu Missverständnissen kommen kann. Aus diesem Grund wollten die Budapester Forscher um Ádám Miklósi in dieser Studie testen, ob Kinder die Lautäußerungen von Hunden richtig deuten können.

Methoden

Je 20 Teilnehmer in vier Altersgruppen wurden getestet: Sechsjährige, Achtjährige, Zehnjährige und Erwachsene als Kontrollpersonen. Jede Altersgruppe setzte sich zur Hälfte aus 10 Kindern zusammen, die mit einem Hund im Haus lebten, und 10 Kindern, die ohne Hund lebten. Dann wurden den Teilnehmern Belllaute aus den drei verschiedenen Situationen „Fremder an der Tür", „Alleine Zuhause" und „Spielen" vorgespielt und sie wurden gebeten, diese nach den Situationen richtig einzuordnen. Anschließend sollten die Teilnehmer das Bellen Gefühlslagen zuordnen. Dazu wurden ihnen Fotos von Gesichtern von Menschen gezeigt, die Wut, Angst und Freude abbildeten.

Ergebnisse

Die Erfahrung im Umgang mit Hunden hatte keinen Einfluss auf die richtige Zuordnung der Belllaute, wohl aber das Alter: Erst die Gruppe der Zehnjährigen konnte jede Art zu bellen den Situationen richtig zuordnen. Sechsjährige konnten nur die Situation „Fremder an der Tür" richtig interpretieren, Achtjährige ordneten bereits zwei Situationen, nämlich „Fremder an der Tür" und „Alleine Zuhause" richtig zu. Die Zehnjährigen und die Vergleichsgruppe der erwachsenen Zuhörer ordneten alle Belllaute richtig ein. Alle Teilnehmer zeigten die höchste Trefferquote bei der Einschätzung des Bellens „Fremder an der Tür". Bei der Zuordnung von Gefühlen der Belllaute mit Hilfe von Fotos hatten die Kinder größere Probleme, besonders bei der Einordnung von positiven Gefühlen (Spielbellen).

Diskussion

Die Studie hat gezeigt, dass das Alter der Kinder entscheidend dazu beiträgt, Belllaute richtig einordnen zu können. Je älter Kinder werden, desto erfolgreicher waren sie bei der Zuordnung zum richtigen Kontext. Dieses Ergebnis rechnen die Forscher neben der sprachlichen Weiterentwicklung besonders dem gewachsenen Erfahrungsschatz von Kindern im Umgang mit Hunden zu. Die Schwierigkeit der Kinder, spielerisches Bellen den richtigen Gefühlen zuzuordnen, könnte daher kommen, dass Hunde dabei ihre Aufregung deutlich machen möchten. Die Aufregung kann auch unterschiedlich motiviert und von anderen Gefühlen überlagert sein, was eine korrekte Zuordnung alleine durch Hinhören schwierig macht. Die gleichzeitige Darstellung von Spielsignalen wie dem „Play-Bow" dient in diesem Kontext wahrscheinlich dazu, Missverständnissen vorzubeugen und die spielerische Absicht optisch zu unterstreichen. Eine Unterscheidung dieses spielerischen Bellens vom Bellen in Angst ist für ungeübte Ohren wahrscheinlich auch aus diesem Grund schwierig zu machen.

Schlussfolgerung

Es konnte gezeigt werden, dass Kinder im Alter von sechs bis 10 Jahren in der Lage sind, Hundegebell den entsprechenden Situationen richtig zuzuordnen und Bellen mit entsprechenden Gefühlslagen von Menschen in Verbindung zu bringen. Damit bildet das Ergebnis dieser Studie einen interessanten Kontrast zu anderen Studien, in denen Kinder aggressiven Verhaltensäußerungen von Hunden auf Fotos fälschlicherweise die Attribute „Fröhlichkeit" zugeordnet hatten. Dieses Missverständnis könnte daran liegen, dass Kinder dazu neigen, in Gesichter zu schauen und dabei die restliche Körpersprache zu vernachlässigen. Außerdem könnte diese Fehleinschätzung an der unterschiedlichen Anatomie der menschlichen und hundlichen Gesichtsmimik liegen: Wenn Menschen lächeln, zeigen sie die Zähne, Hunde dagegen wollen damit Artgenossen auf Distanz halten. Die Ergebnisse dieser Studie zeigen, dass Hundegebell weniger verwirrend war für die Kinder. Sie konnten besonders gut aggressive und ängstliche Belllaute voneinander unterscheiden.

Quelle: Pongrácz, Peter; Molnár, Csaba; Dóka, Antal; Miklósi, Ádám: Do children understand man's best friend? Classification of dog barks by pre-adolescents and adults. Applied Animal Behaviour Science 135 (2011), 95– 102.

Gleichzeitig können besonders Hunde im „System Familie" durch ihre Anwesenheit bei der Lösung von Konflikten helfen und allgemein die kommunikative Qualität verbessern. Der Kulturwissenschaftler Jörg Bergmann hat 1988 untersucht, wie Haustiere als „kommunikative Ressourcen" wirken und das Familienleben bereichern und erleichtern können. Dazu beobachtete er Familien und Freunde bei Tischgesprächen und zeichnete die Unterhaltungen auf Tonband auf. Deutlich wurde in dieser Studie, dass Haustiere gezielt als „thematische Ressource" (Bergmann, 1988) genutzt werden. Durch ihr souveränes Einbrechen „in die komplex organisierte, von Regelungen, Antizipationen, Kalküle und Indirektheiten bestimmende Sozialwelt der Menschen" (Bergmann, 1988: 304) könnten sie dem Gespräch lebendige Impulse geben. Menschen nutzen auf diese Weise Tiere gezielt, lenken die Aufmerksamkeit der Gruppe auf das Verhalten des Tieres und entzünden daran ein neues Themenfeld. Droht ein Gespräch in einem Konflikt zu enden, nutzten Halter ihre Hunde oft ganz gezielt als „kommunikative Ressource", sie riefen dem Tier dann z. B. etwas zu und ermöglichten auf diese Weise häufig eine Wendung der Unterhaltung.

Hunde sind Geschichtenlieferanten und dienen deshalb auch als „narrative Ressource". Sie haben ihr eigenes Leben, ihre besondere Persönlichkeit und im Zusammenleben mit ihnen ergeben sich immer wieder besondere Erlebnisse und oft auch Peinlichkeiten. Diese Anekdoten aus dem Leben mit Tier sind beliebte Tischgeschichten, mit denen Halter ganze Teegesellschaften unterhalten.

Die Rolle von Haustieren für Familien hat auch die amerikanische Psychologin Ann Ottney Cain 1983 untersucht: Sie schickte 62 amerikanischen Familien Interviewbögen, in denen sie 61 Fragen zum Zusammenleben mit ihren Tieren beantworten sollten. Deutlich wurde bei der Auswertung z. B., dass Hunde oder andere Heimtiere in Konfliktsituationen oft die Rolle des „Dritten" einnehmen, der zwischen zwei Parteien besonders in kritischen Gesprächssituationen vermitteln kann. So schildert sie ein Ergebnis der Befragung, dass Menschen die Problematik häufig mit Tieren anstatt mit dem Konfliktpartner besprechen. Dies wird besonders von Kindern gerne in einer Lautstärke getan, dass die betroffenen Eltern mithören müssen. So kann das Kind seine Position über einen neutralen Dritten seinen Eltern indirekt mitteilen und ermöglicht so einen Zugang, der ihm anders vielleicht nicht so leicht gefallen wäre. Andererseits kann man als Mutter oder Ehepartner aber auch seine Distanz deutlich machen, indem man statt zum Konfliktpartner Kind oder Ehegatte mit dem Hund betont zärtlich und liebevoll interagiert (Cain, 1983). In beiden Fällen werden Tiere instrumentalisiert, um einen Konflikt zu konkretisieren.

Dass Hunde besonders in Konflikt- und Stresssituationen für Kinder zu einer seelischen Stütze werden können, haben Reinhold Bergler und Tanja Hoff von der Universität Bonn untersucht. Sie begleiteten Scheidungskinder mit und ohne Hund durch die Krise und ließen die Mütter und Kinder Fragen zum Leben und zur Bewältigung der Krise beantworten. Das Ergebnis: Hunde haben besondere Fähigkeiten als „Krisenmanager": Die Kinder mit Hund im Haus konnten die Kriese besser überstehen als Scheidungskinder ohne Hund. Sie litten weniger unter Verlustängsten, waren weniger aggressiv und hatten mehr Freude am Alltag. Insgesamt fühlten sie sich seltener einsam (Bergler & Hoff, 2006).

Der Hund als Gefährdung

Bei der großen Freude, die Hunde tagtäglich ihren Besitzern und anderen Menschen schenken können, darf nicht vergessen werden, dass uns schreckliche Einzelfälle immer wieder vor Augen führen, dass Hunde potentiell gefährlich sein können. Eine gründliche Analyse dieser grausamen Vorfälle ist wichtig, um erkennen zu können, welche Faktoren dazu führen, dass aus einem Hund ein gefährlicher Hund werden kann. Doch tiefgründig analysierende Studien der Beißvorfälle oder Tötungen durch Hunde suchte man besonders in Deutschland bislang vergebens. In diesem Jahr hat sich ein interdisziplinäres Forscherteam an die Aufarbeitung von vier Beißvorfällen durch Hunde an Kleinkindern mit Todesfolge gemacht. Dieses interdisziplinäre Team bestand aus Dorit Urd Feddersen-Petersen vom Zoologisches Institut der Christian Albrecht Universität zu Kiel, Sarah Heinze vom Institut für Forensische Pathologie in der Charité Berlin und Klaus Püschel vom Institut für Rechtsmedizin des UKE Hamburg. Die Forscher untersuchten jeden einzelnen Fall akribisch, es wurden bevorzugte Bissteile am

Körper verglichen, anhand von Untersuchungen des Mageninhaltes der Hunde genau dokumentiert, wie viel Gewebe verschlungen worden war. Parallel dazu wurde die rechtliche Schuldfrage der in den Unfall verwickelten Personen analysiert und von der Verhaltensforscherin besonders der Blick auf die Hundehaltung und Beutefangstrategie der Hunde gelegt. Diese für die Forscher emotional stark belastende Aufgabe hat zu wichtigen Erkenntnissen geführt (Feddersen-Petersen et al, 2012):

- Die Mortalitätsrate ist bei kleinen Kindern sehr hoch. Laut einer Studie aus Amerika waren 71% von 35 untersuchten Kinder im Durchschnittsalter von 5,4 Jahren mit Verletzungen an Kopf und Hals getötet worden. Auch die Analyse internationaler Literatur zu diesem Thema ergab eine große Übereinstimmung dieser bevorzugten Bissstellen.
- Das Verhalten läuft in der Regel schnell und rauschhaft ab. Es wird wiederholtes, massives Zubeißen und starkes Beißschütteln gezeigt. Ein Verhaltenskreis, der beim Beutefangverhalten beobachtet wird und das klare Ziel verfolgt, den Gegner zu töten. Deshalb wird, anders als bei aggressivem Verhalten die Kopf- und Halsregion attackiert.
- Kindliches Verhalten wie typisch hektische Bewegungen und Lautäußerungen in bestimmten Frequenzen dienen als Auslöser. Sie unterstützen das angeborene, durch Lernen variierte Beutefangverhalten, das besonders durch Hinfallen letztlich oft ausgelöst wird.
- Bei allen Vorfällen war die deutliche Abgrenzung zum aggressiven Verhalten erkennbar. Während aggressives Verhalten gezeigt wird, um eine Lösung von Konflikten zu erreichen, fehlt dem Beutefangverhalten jede soziale Komponente.

Deutlich wurde bei dieser Untersuchung erneut, dass die von vielen Züchtern betonte angeborene Kinderfreundlichkeit nicht existiert. „Hunde und Kinder müssen lernen, miteinander umzugehen. Sie brauchen Menschen, die Ahnung und Kenntnisse haben, und man muss ihnen sowohl Hunde als auch Kinder anvertrauen können", mahnt Dorit Feddersen-Petersen. Auf Grund der gefundenen Übereinstimmungen in den untersuchten Fallbeispielen und der Literatur empfehlen die Forscher einen Maßnahmenkatalog zur Prophylaxe von gefährlichen Übergriffen durch Hunde:

- Halter müssen ein Hundehaltungszertifikat erwerben (Erziehung der Öffentlichkeit).
- Über alle Unfälle muss ein Register erstellt werden, das als nützliches Bezugssystem zur Gefahrenanalyse dienen kann.
- Ordnungsämter müssen bei problematischer sozialer Situation und tendenziell gefährlichem Kontext, aus dem heraus sich Gefährlichkeit entwickeln kann, einen Blick auf Mehrhundehaltung legen.

Eine nicht artgerechte Hundehaltung, fehlende Sozialisierung und Erziehung und unverantwortlich praktizierte Mehrhundehaltung kann demnach als Wegbereiter für Gefährlichkeit beim Hund dienen. Doch wie immer darf es nicht zu pauschalen Vorurteilen kommen: Die meisten Mehrhundehalter verhalten sich außerordentlich verantwortungsbewusst und rücksichtsvoll. Immer ist es eine Kombination aus vielen ungünstigen Faktoren, aus denen besonders für kleine Kinder große Gefahren entstehen können. Deshalb ist es wichtig, dass die Politik hier vorbeugend eingreift. Doch welche Bedingungen sind entscheidend für eine gute Mensch-Hund-Beziehung? Eine Analyse, die weitere Forscher betrieben haben.

Was die Beziehungsqualität beeinflusst

Ob Hunde gefährliches Potenzial oder aber eine heilsame Wirkungen auf zwischenmenschliche Beziehungen und unsere körperliche und seelische Gesundheit entfalten können, hängt wesentlich von der Erziehung und Sozialisierung der Hunde ab. Wegbereiter für Erziehung und Sozialisierung ist dabei die positive, enge Bindung des Hundes an seinen Menschen. Doch wie können wir eine enge und innige Beziehung zu unseren Hunden entwickeln?

Soziale Passung

Die Faktoren, die zu einer hohen Beziehungsqualität zwischen Mensch und Hund führen, hat die Psychologin Silke Wechsung in ihrer Studie „Mensch und Hund. Beziehungsqualität und Beziehungsverhalten" zu finden versucht. Dazu hat sie verschiedene Erhebungsmethoden kombiniert: Sie führte eine umfassende Online-Befragung durch, sprach in qualitativen, persönlichen Interviews mit Hundehaltern und beobachtete systematisch Halter im Umgang mit ihren Hunden. Insgesamt nahmen auf diese Weise 2.789 Hundehalter an der Studie teil. Aufgrund der gewonnenen Daten konnte Wechsung unter anderem eine „Typologie von Hundehaltern" ermitteln: Psychologisch konnten drei Haltergruppen gebildet werden, die verschiedene Einstellungen und Beziehungen zu ihren Hunden pflegen.

- Demnach gehören 22 Prozent der Halter zum Typ „prestigeorientierter, vermenschlichender Hundehalter". Er nutzt den Hund, um sein Selbstbewusstsein zu stärken, und hofft, mit ihm das persönliche Ansehen bei Mitmenschen aufwerten zu können.
- Zum Typ „auf den Hund fixierter, emotional gebundener Hundehalter" zählt die Psychologin Wechsung 35 Prozent der Hundehalter. Für diese Menschen ist der Hund der engste Freund und Lebensgefährte. Er erhält die volle Aufmerksamkeit und Zuneigung, der Halter tritt rücksichtsvoll in der Öffentlichkeit auf.
- Die größte Gruppe stellen nach Wechsung die „naturverbundenen, sozialen Hundehalter" mit insgesamt 43 Prozent. Sie erhöhen mit dem Hund ihre Naturverbundenheit und kommen durch die aktive Beschäftigung mit vielen anderen Menschen in Kontakt, was diese Gruppe sehr schätzt. Zwischenmenschliche Beziehungen haben für diese Menschen immer noch den höchsten Stellenwert, deshalb legen sie viel Wert auf eine sehr gute Erziehung des Hundes. Die Mensch-Hund-Bindung, Sozialisierung und Gehorsamkeit sind laut Wechsung in dieser Gruppe am höchsten ausgeprägt.

Deutlich wurde bei den Befragungen, dass Erfahrungen mit Tieren in der Kindheit des Hundehalters, sein Alter, Geschlecht, der Familienstand, Schulabschluss, die Wohnsituation, die Berufstätigkeit sowie das Nettoeinkommen in keinem Zusammenhang zur Qualität der Mensch-Hund-Beziehung standen. Für den Hund waren ebenfalls sein Geschlecht oder seine Größe, der Ort des Hundeerwerbs, das Alter des Tiers bei seiner Anschaffung, die Anzahl an Vorbesitzern und negative Erfahrungen bei früheren Besitzern nicht entscheidend für die Intensität der Bindung an seinen Menschen. Eine hohe Qualität in der Mensch-Hund-Beziehung erreichten dagegen Menschen, die mit dem Hund eine große soziale Passung zeigten.

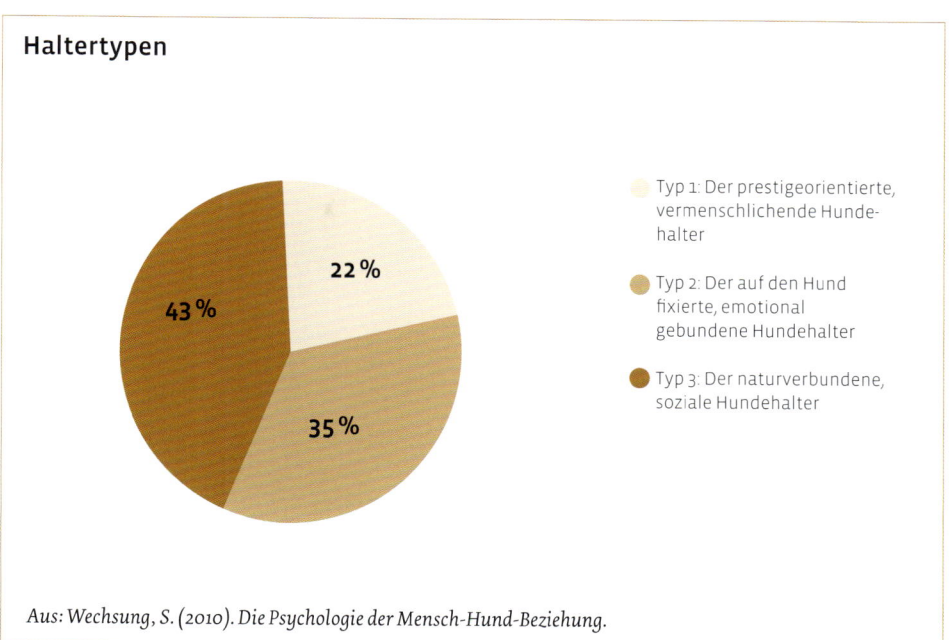

Aus: Wechsung, S. (2010). Die Psychologie der Mensch-Hund-Beziehung.

Mit „sozialer Passung" ist laut Wechsung die maximale Übereinstimmung der Bedürfnisse des Hundes mit den Interessen der Menschen gemeint. Je höher diese Passung, desto harmonischer könnten beide miteinander leben. Zur „sozialen Passung" gehörten demnach neben ähnlichen Bedürfnissen auch zueinander passende Persönlichkeiten von Mensch und Hund und der Rasse angemessene Lebensumstände. Deshalb werden Windhunde am glücklichsten bei einem Sportler, der Phlegmatiker lebt am besten mit einem ruhigen Hund zusammen und der Bernhardiner lebt am liebsten bei einem Menschen, der ebenerdig wohnt.

Geschlecht und Persönlichkeit

Doch neben der sozialen Passung verfügen Hunde auch über die Fähigkeit, sich ihren Menschen und deren Persönlichkeit bis zu einem gewissen Maß anzupassen. Inwieweit die Persönlichkeit und das Geschlecht des Halters die Persönlichkeit des Hundes und die wechselseitige Beziehung beeinflussen, hat ein Team um den Wiener Wissenschaftler Kurt Kotrschal untersucht. Sie baten 11 männliche und 12 weibliche Besitzer nicht kastrierter Rüden zu drei Sitzungen im Abstand einiger Tage. Bei der ersten Sitzung besuchten die Forscher Mensch und Hund in ihrem Zuhause. Dabei lag der Fokus auf dem Verhalten des Hundes gegenüber den Besuchern sowie der Interaktion von Mensch und Hund. Bei einem Spaziergang wurde das Halter-Hund-Gespann gefilmt, in einem Interview sollte der Halter besonders Fragen zur Bindung und Beziehung zu seinem Hund beantworten. Anschließend nahm er am standardisierten Persönlichkeitstest teil. Die nächsten beiden Sitzungen fanden an der Wiener Universität statt, hier mussten Hund und Mensch verschiedene Testsituationen durchlaufen, in denen dem Hund z. B. neue Tricks beigebracht werden soll-

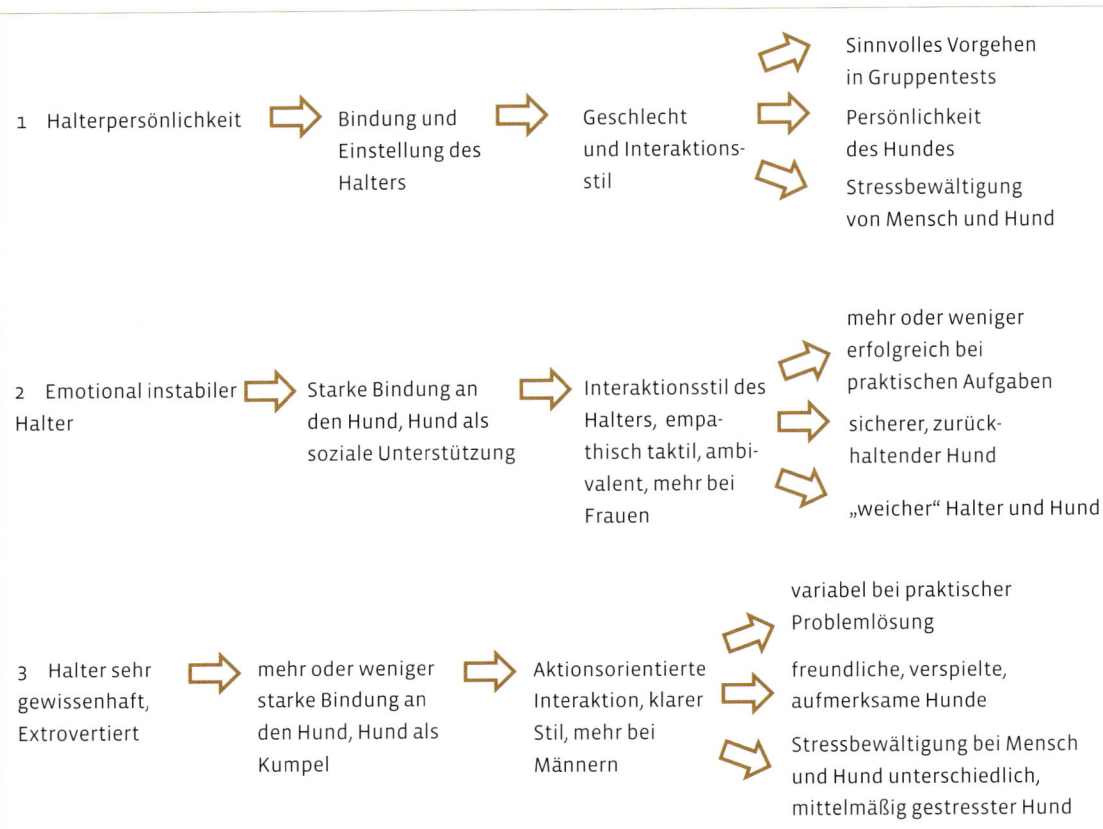

ten oder der Hund durch den Versuchsleiter leicht bedrängt wurde. Alle Sitzungen wurden gefilmt, dazu wurden vor, alle 20 Minuten während der Sitzungen und am Ende des Testtages von Hund und Mensch Speichelproben genommen, um den Gehalt des Stresshormons Cortisol zu messen. Um Vergleichswerte des individuellen Normbereichs an Cortisol im Speichel zu bekommen, mussten die Halter während normaler Alltagssituationen morgens und nachmittags ebenfalls bei sich und ihrem Hund Speichelproben entnehmen. Alle drei Sitzungen wurden gefilmt und analysiert, der Fokus lag dabei auf der Zweierbeziehung zwischen Hund und Mensch und auf der Beobachtung. wie sich diese „Teams" in den verschiedenen Belastungssituationen zusammen verhalten würden. Die Analysen der Videoaufzeichnungen und der Persönlichkeitstests ergaben, dass die Persönlichkeit des Menschen einen großen Einfluss auf das Verhalten des Hundes haben kann:

Hunde von Frauen, die eher zurückhaltend und unsicher waren, zeigten ein freundliches, aber etwas distanziertes Verhältnis zu anderen Menschen. Diese, von den Forschern zum „Neurotizismus" zugeteilten Halterpersönlichkeiten beachteten ihre Hunde sehr intensiv und mehr als andere Halter und beschrieben die Beziehung als Form einer gegenseitigen sozialen Unterstützung. Diese Teams waren nicht besonders engagiert in gemeinsamen Aktivitäten und erreichten keine besonders guten

Werte bei den praktischen Testaufgaben, für die dem Hund ein neuer Trick beigebracht werden sollte. Dieses Ergebnis nach den Videoanalysen gingen eindeutig auf den Interaktionsstil des Halters zurück. Im Gegensatz dazu sahen Menschen, die von den Forschern als „extrovertiert" beurteilt wurden, in ihrem Hund einen Begleiter bei gemeinsamen Aktivitäten. Bei der Auswertung der Cortisolwerte konnte kein deutlicher Zusammenhang zwischen den Teamergebnissen und dem Stresslevel erzielt werden. In anderen Forschungsstudien werden Frauen generell häufiger dem „neurotizistischen Typ", Männer dem „extrovertierten Typ" zugeordnet. In dieser relativ kleinen Erhebungsgruppe konnte solch eine signifikante Zuordnung von Frauen zum Typ des Neurotizismus nicht gemacht werden. Besonders deutlich wurde in dieser Erhebung jedoch, dass die Rüden der Frauen weniger sozial aktiv waren als die Rüden der Männer. Aufgrund ihrer Ergebnisse entwickelten die Wiener Forscher ein Modell, das aus der Persönlichkeit des Halters, seiner Bindungsintensität und Erwartung an den Hund die Fähigkeit zur Stressbewältigung, Hundepersönlichkeit und Trainierbarkeit ermitteln kann. Dabei geben der Leiter der Konrad Lorenz Forschungsstelle für Ethologie in Grünau und sein Team aber zu bedenken, dass auf Grund der geringen Datenlage dieses Modell nur als Hypothese zu sehen ist.

Forscherportrait: Prof. Dr. Kurt Kotrschal

Wie Tiere sich sozial organisieren und zu welchen kognitiven Fähigkeiten diese Lebensweise führt – dies zu erforschen, widmet der Österreicher Kurt Kotrschal seit Jahrzehnten sein wissenschaftliches Arbeiten. Begonnen hat alles mit dem Studium der Biologie an der Universität Salzburg. 1981 promovierte er, sechs Jahre später folgte die Habilitation. Während der Studienjahre hielt er sich nicht nur in Salzburg, sondern auch an den Universitäten in Arizona und Colorado in den USA auf. Im Jahr 1990 übernahm er die Leitung der Konrad Lorenz Forschungsstelle für Ethologie in Grünau (www.klf.ac.at), parallel arbeitet er als Professor für Verhaltensbiologie der Universität Wien. In den letzten Jahren hat er sich mehreren Studien zur Mensch-Tier-Beziehung gewidmet, in denen er besonders die Hund-Halter-Beziehung beleuchtet hat. Zusammen mit Friederike Range und Zsófia Virányi hat er das Wolfsforschungszentrum WSC (www.wolfscience.at) in Zusammenarbeit mit dem Wildpark Ernstbrunn gegründet. Insgesamt hat er etwa 200 Originalartikel in Fachzeitschriften und Büchern veröffentlicht. Geehrt wurde er für sein wissenschaftliches Arbeiten und sein Bemühen um Offenheit der Forschung für alle Menschen im Jahr 2011: österreichische Wissenschaftsjournalisten ernannten ihn zum „Wissenschaftler des Jahres 2010".

Es könne daher nur als Grundlage für eine vertiefende Forschung der Bedingungen für eine Beziehung zwischen Mensch und Hund dienen.

Wahrnehmung von Hundehaltung durch die Öffentlichkeit

Wie die Studien dieses Kapitels gezeigt haben, können Hunde – sofern sie gut ausgebildet und in einer engen Bindung an ihre Menschen leben – zu einer Bereicherung für ihre Besitzer und ihr soziales Umfeld werden. Doch wird Hundehaltung auch entsprechend von der Öffentlichkeit wahrgenommen? Im Auftrag des Futterherstellers Effem erstellte ein Meinungsforschungsinstitut im Jahr 2007 die „Pedigree Studie", die die Bedeutung von Hunden für Hundehalter, Nicht-Hundehalter und die Gesellschaft ermitteln sollte. Dabei wurden in einer repräsentativen Umfrage 22.443 Hundehalter und Nicht-Hundehalter zur Hundehaltung in Deutschland befragt, zusätzlich wurden in vier Großstädten mit insgesamt 50 Hundehaltern tiefenpsychologische Interviews geführt. Die Ergebnisse spiegeln eine Gesellschaft wider, in der die Anwesenheit von Hunden gewollt und begrüßt, aber hart reglementiert wird: Mit der Ansicht, dass Hunde einen festen Platz in unserer Gesellschaft verdienen, sind sich Hundehalter (95 Prozent) und Nicht-Hundehalter (85 Prozent) weitgehend einig. Allerdings macht die Studie auch deutlich, dass sich Hundehalter oftmals ausgegrenzt, in Großstädten durch strenge Gesetze sogar „kriminalisiert" (74 Prozent) fühlen. Betrachtet man die Ergebnisse der hier vorgestellten Studien, die seit mehr als dreißig Jahren unabhängig voneinander immer wieder die positiven Wirkungen von Hunden auf ihre Besitzer und die Gesellschaft zeigen, wird es Zeit, Hunde endlich als das zu sehen, was sie sind: einzigartige Begleiter des Menschen, auf deren Hilfe wir in vielen Situationen angewiesen sind und die mit der richtigen Behandlung und Erziehung zu einer großen Bereicherung unserer Gesellschaft werden können. Hoffen wir, dass ihnen durch sinnvolle Gesetze endlich auch von Seiten der Politik diese Rolle erleichtert wird und sie mit ihrer hochinfektiösen Lebensfreude möglichst viele Menschen anstecken können!

Hundehalter können das Image des Hundes in der Öffentlichkeit positiv beeinflussen.

Service

Literaturverzeichnis

Allen, Karen (2001): Dog ownership and control of borderline hypertension: A controlled randomized trial. Paper, University of Buffalo, New York.

Allen, Karen et al (2001): Cardiovascular Reactivity and the Presence of Pets, Friends, and Spouses: The Truth About Cats and Dogs. Psychosomatic Medicine 64, 727–739.

Anderson, T. M., vonHoldt, B. M., Candille, S. I., Musiani, M., Greco, C., Stahler, D. R. et al. (2009). Molecular and evolutionary history of melanism in North American Gray Wolves. *Science*, 323(5919), 1339–1343.

Anno, R. (2008). *Third-party intervention during play in the Domestic dog*. Masterthesis, University of Michigan, Michigan.

Badino, P., Odore, R., Osella, M. C., Bergamasco, L., Francone, P., Girardi, C. & Re, G. (2004). Modifications of serotonergic and adrenergic receptor concentrations in the brain of aggressive Canis familiaris. *Comparative Biochemistry and Physiology – Part A: Molecular & Integrative Physiology*, 139(3), 343–350.

Barja, I. & Miguel, F. de (2004). Variation in stimulus, seasonal context, and response to urine marks by captive Iberian wolves (Canis lupus signatus). *acta ethologica*, 7(2), 51–57.

Barja, I., Miguel, F. de & Barcena, F. (2004). The importance of crossroads in faecal marking behaviour of the wolves (Canis lupus). *Naturwissenschaften*, 91(10), 489–492.

Barja, I., Miguel, F. de & Barcena, F. (2005). Faecal marking behaviour of Iberian wolf in different zones of their territory. *Folia Zoologica*, 54, 21–29.

Bateson, P. P. G. & Klopfer, P. H. (Eds.) (1991). *Perspectives in ethology*. Vol 9. London: Plenum Press.

Bauer, E. & Smuts, B. (2007). Cooperation and competition during dyadic play in domestic dogs, Canis familiaris. *Animal Behaviour*, 73(3), 489–499.

Beerda, B., Schilder, M., Bernadina, W., van Hooff, J., deVries, H. & Mol, J. (1999b). Chronic stress in dogs subjected to social and spatial restriction. II. Hormonal and immunological responses. *Physiology & Behaviour*, 66, 243–254.

Beerda, B., Schilder, M., van Hooff, J., deVries, H. & Mol, J. (1997). Behavioural, salvia cortisol and heart rate responses to different types of stimuli in dogs. *Applied Animal Behaviour Science*, 58, 365–381.

Beerda, B., Schilder, M., van Hooff, J., deVries, H. & Mol, J. (1999a). Chronic stress in dogs subjected to social and spatial restriction. I. Behavioural responses. *Physiology & Behaviour*, 66, 233–242.

Bekoff, M. & Byers, J. (1981). A critical reanalysis of the ontogeny of mammalian social and locomotor play: An ethological hornet's nest. In K. Immelmann, G. Barlow, L. Petrinovich & M. Main (Eds.), *Behavioural development. The Bielefeld interdisciplinary project* (1st ed.). Cambridge: Cambridge University Press. 296–337.

Bekoff, M. & Byers, J. (Eds.) (1998). *Animal play: Evolutionary, Comparative and Ecological Perspectives.* Cambridge: Cambridge University Press.

Bekoff, M. & Pierce, J. (2010). *Vom Mitgefühl der Tiere: Verliebte Eisbären, gerechte Wölfe und trauernde Elefanten.* Stuttgart: Kosmos Verlag.

Benecke, N. (2000). Alt- und Mittelsteinzeit. In P. Dinzelbacher (Ed.), *Mensch und Tier in der Geschichte Europas* (pp. 1–10). Stuttgart: Kröner.

Bergler, Reinhold; Hoff, Tanja (2006): Heimtiere und Kinder in der elterlichen Scheidungskrise. Schriftenreihe Psychologie der Mensch-Tier-Beziehung, Bd. 2, Regensburg: Roderer.

Bergmann, Jörg (1988): Haustiere als kommunikative Ressouren. In: Soeffner, Hans-Georg, ed: Kultur und Alltag (Soziale Welt, Sonderband 6), Schwartz, Göttingen, pp. 299–312.

Beuten, A. (2010). *Identifizierung flüchtiger Substanzen aus dem Analdrüsensekret und Urin der Canidae.* Bachelorarbeit Biologie, Oldenburg.

Bloch, G. (2010). *Auge in Auge mit dem Wolf: 20 Jahre unterwegs mit frei lebenden Wölfen.* Stuttgart: Kosmos Verlag.

Boenigk, K., Hamann, H. & Distl, O. (2005). Genetische Analyse von Merkmalen des Welpenwesenstests bei Hovawart-Hunden. *Deutsche Tierärztliche Wochenschrift*, 112, 265–271.

Boenigk, K., Hamann, H. & Distl, O. (2006). Genetische Einflüsse auf Verhaltensmerkmale der Nachzuchtbeurteilung bei Hovawart-Hunden. *Deutsche Tierärztliche Wochenschrift*, 113, 182–188.

Boenigk, K., Hamann, H. & Distl, O. (2006). Genetisch-statistische Analyse von Verhaltensmerkmalen der Jugendbeurteilung und Zuchttauglichkeitsprüfung bei Hovawart-Hunden. *Berliner und Münchener Tierärztliche Wochenschrift*, 119, 258–269.

Boitani, L., Francisci, F., Ciucci, P. & Andreoli, G. (1995). Population biology and ecology of feral dogs in central Italy. In J. Serpell (Ed.), *The domestic dog. Its evolution, behaviour and interactions with people* (pp. 217–244). Cambridge: Cambridge University Press.

Bonanni, R., Valsecchi, P. & Natoli, E. (2010). Pattern of individual participation and cheating in conflicts between groups of free-ranging dogs. *Animal Behaviour*, 79(4), 957–968.

Boyko, A., Quignon, P., Li, L., Schoenebeck, J., Degenhardt, J., Lohmueller, K. et al. (2010). A simple genetic architecture underlies morphological variation in dogs. *PLoS Biology*, 8(8), e1000451.

Brade, W. (2003). Neuere Erkenntnisse zur Domestikation und Verhaltensgenetik des Hundes. *Praktischer Tierarzt*, 84, 11–17.

Bradshaw, J., Blackwell, E. & Casey, R. (2009). Dominance in domestic dogs— useful construct or bad habit? *Journal of Veterinary Behavior: Clinical Applications and Research*, 4(3), 135–144.

Bräuer, J., Kaminski, J., Riedel, J., Call, J. & Tomasello, M. (2006). Making Inferences about the Location of hidden Food: Social Dog, Causal Ape. *Journal of Comparative Psychology*, 120(1), 38–47.

Byers, J. (1998). Biological effects of locomotor play: Getting into shape, or something more specific? In M. Bekoff & J. Byers (Eds.), *Animal play. Evolutionary, Comparative and Ecological Perspectives*. Cambridge: Cambridge University Press. 205–221.

Cain, Ann Ottney (1983): A Study of Pets in the Family System. In: Aaron Honori Katcher, Alan Beck: New Perspectives on our Lives with Companion Animals. University of Pennsylvania Press, Philadelphia, 72–81.

Candille, S. I., Kaelin, C. B., Cattanach, B. M., Yu, B., Thompson, D. A., Nix, M. A. et al. (2007) A β-Defensin mutation causes black coat color in domestic dogs. *Science*, 318(5855), 1418–1423.

Clutton-Brock, J. (1995). Origins of the Dogs: Domestication and Early History. In J. Serpell (Ed.), *The domestic dog. Its evolution, behaviour and interactions with people*. Cambridge: Cambridge University Press. 7–20.

Cools, A., van Hout, A. J.-M. & Nelissen, M. H. J. (2008). Canine reconciliation and third-party-initiated postconflict affiliation: Do peacemaking social mechanisms in dogs rival those of higher primates? *Ethology*, 114(1), 53–63.

Coppinger, R. & Schneider, R. (1995). Evolution of Working Dogs. In J. Serpell (Ed.), *The domestic dog. Its evolution, behaviour and interactions with people.* Cambridge: Cambridge University Press. 21–47.

Coppinger, R. & Smith, K. (1995). A model for understanding the evolution of working dogs. In J. Serpell (Ed.), *The domestic dog. Its evolution, behaviour and interactions with people.* Cambridge: Cambridge University Press. 22–47.

Coppola, C., Grandin, T. & Enns, R. (2006). Human interaction and cortisol: Can human contact reduce stress for shelter dogs? *Physiology & Behavior, 87*(3), 537–541.

Cordoni, G. & Palagi, E. (2008). Reconciliation in Wolves (Canis lupus): New Evidence for a Comparative Perspective. *Ethology, 114*(3), 298–308.

Derix, R. & van Hooff, J. (1995). Male and female partner preferences in a captive wolf pack (Canis Lupus): Specificity versus spread of sexual attention. *Behaviour, 132*(1), 127–149.

Derix, R., van Hoof, J., deVries, H. & Wensing, J. (1993). Male and female mating competition in wolves: female suppression vs. male intervention. *Behavioural Biologie, 127*, 141–174.

deWaal, F. B. (1990). *Peacemaking among primates.* Cambridge: Harvard University Press.

Dinzelbacher, P. (Ed.) (2000). *Mensch und Tier in der Geschichte Europas.* Stuttgart: Kröner.

Doré, F. & Goulet, S. (1998). Comparative analysis of object knowledge. In J. Langer & M. Killen (Eds.), *Piaget: Evolution, and Development.* Mahwah, N.J.: Lawrence Erlbaum Associates. 55–72.

Dunbar, I. (1977). Olfactory preferences in dogs: the response of male and female beagles to conspecific odors. *Behavioural Biology, 20*(4), 471–481.

Dunbar, I. & Carmichael, M. (1981). The response of male dogs to urine from other males. *Behavioural and Neural Biology, 31*(4), 465–470.

Dunbar, R. & Bever, J. (1998). Neocortex size predicts group size in carnivores and some insectivores. *Ethology, 104*(8), 695–708.

Elsing, N., Spitzley, I. & Gansloßer, U. (2011). Der Einfluss des Maulkorbes auf das Verhalten des Hundes. *KTBL Schrift, 489*, 275–276.

Elsing, N., Spitzley, I. & Gansloßer, U. (2012). Untersuchungen zur Auswirkung des Maulkorbtragens auf Hunde. In U. Gansloßer (Ed.), *Hund, Wolf & Co.* Fürth: Filander Verlag.

Fallani, G., Prato Previde, E. & Valsecchi, P. (2007). Behavioural and physiological responses of guide dogs to a situation of emotional distress. *Physiology & Behaviour, 90*(4), 648–655.

Feddersen-Petersen, D. (1991). The ontogeny of social play and agonistic behaviour in selected canid species. *Bonner zoologische Beiträge, 42*, 97–114.

Feddersen-Petersen, D. (2006). Vom Wolf zum Hund. In U. Gansloßer & C. Sillero-Zubiri. (Ed.), *Wilde Hunde*. Fürth: Filander Verlag. 337–354.

Feddersen-Petersen, D. (2007). Social Behaviour of Dogs and related Canids. In P. Jensen (Ed.), *The Behavioural Biology of Dogs*. Oxfordshire: CAB International. 105–119.

Feddersen-Petersen, D. (2008). *Ausdrucksverhalten beim Hund: Mimik und Körpersprache, Kommunikation und Verständigung*. Stuttgart: Kosmos.

Fengler, M. (2009). *Konfliktmanagement bei sozialen Caniden. Abbruchsignale und Versöhnung: Bedeutung gruppendynamischer Prozesse für Artenschutzmaßnahmen*. Diplomarbeit Biologie, Bonn.

Finlayson, C. (2005). Biogeography and evolution of the genus Homo. *Trends in Ecology & Evolution*, 20(8), 457–463.

Fischer, S. (2007). *Abbruchsignale der Hunde*. Diplomarbeit Biologie, Universität Würzburg, Würzburg.

Frank, H. & Gialdini Frank, M. (1982). Comparison of problem-solving performance in six-week-old wolves and dogs. *Animal Behaviour*, 30(1), 95–98.

Friedmann, Erika et al (1980): Animal companions and one-year survival of patients after discharge from a coronary care unit. Public Health Report, July-August, No. 95(4), 307–312.

Gácsi, M., McGreevy, P., Kara, E. & Miklósi, Á. (2009). Effects of selection for cooperation and attention in dogs. *Behavioral and Brain Functions*, 5(1), 31–38.

Gansloßer, U. (Ed.) (2004). *Verhaltensgerechte Bärenhaltung: Beiträge des 1. Worbiser Bärenforums 2002* (1st ed.). Fürth: Filander Verlag.

Gansloßer, U. (Ed.) (2012). *Hund, Wolf & Co.* Fürth: Filander Verlag.

Gansloßer, U. & Sillero-Zubiri, C. (Ed.) (2006). *Wilde Hunde*. Fürth: Filander Verlag.

Gebhard, Ulrich. Kind und Natur. Die Bedeutung der Natur für die psychische Entwicklung. Westdeutscher Verlag, Opladen 1994.

Goddard, M. & Beilharz, R. (1984a). A factor analysis of fearfulness in potential guide dogs. *Applied Animal Behaviour Science*, 12(3), 253–265.

Goddard, M. & Beilharz, R. (1984b). The relationship of fearfulness to, and the effects of sex, age and experience on exploration and activity in dogs. *Applied Animal Behaviour Science*, 12(3), 267–278.

Goddard, M. & Beilharz, R. (1986). Early prediction of adult behaviour in potential guide dogs. *Applied Animal Behaviour Science*, 15(3), 247–260.

Hare, B., Brown, M., Williamson, C. & Tomasello, M. (2002). The Domestication of Social Cognition in Dogs. *Science*, 298(5598), 1634–1636.

Hare, B., Plyusnina, I., Ignacio, N., Schepina, O., Stepika, A., Wrangham, R. & Trut, L. (2005). Social cognitive evolution in captive foxes is a correlated by-product of experimental domestication. *Current Biology*, 15(3), 226–230.

Hart, B. (1995). Analysing breed and gender differences in behaviour. In J. Serpell (Ed.), *The domestic dog. Its evolution, behaviour and interactions with people.* Cambridge: Cambridge University Press. 65–78.

Headey, Bruce and Markus M. Grabka (2007): Pets and human health in Germany and Australia: National Longitudinal Results. In: Social Indicators Research. Vol. 80 (2), January, 297 – 311.

Heinrich, B. (1999). *Mind of the Raven: Investigations and Adventures with Wolf-Birds:* Harper Perennial. London.

Hennessy, M., Voith, V., Hawke, J., Young, T., Centrone, J., McDowell, A. et al. (2002b). Effects of a program of human interaction and alterations in diet composition on activity of the hypothalamic-pituitary-adrenal axis in dogs housed in a public animal shelter. *Journal of the American Veterinary Medical Association, 221*(1), 65–91.

Hennessy, M., Voith, V., Young, T., Hawke, J., Centrone, J., McDowell, A. et al. (2002a). Exploring human interaction and diet effects on the behavior of dogs in a public animal shelter. *Journal of Applied Animal Welfare Science, 5*(4), 253–273.

Hennessy, M., Williams, M., Miller, D., Douglas, C. & Voith, V. (1998). Influence of male and female petters on plasma cortisol and behaviour: can human interaction reduce the stress of dogs in a public animal shelter? *Applied Animal Behaviour Science, 61*(1), 63–77.

Horowitz, A. (2009). Attention to attention in domestic dog (Canis familiaris) dyadic play. *Animal Cognition, 12*(1), 107–118.

Horowitz, A. (2002). *The behaviours of theories of mind and a case study of dogs at play.* A dissertation submitted in partial satisfaction of the requirements for the degree Doctor of Philosophy in Cognitive Science, University of California, San Diego.

Horváth, Z., Dóka, A. & Miklósi, Á. (2008). Affiliative and disciplinary behaviour of human handlers during play with their dog affects cortisol concentrations in opposite directions. *Hormones and Behavior*, 54(1), 107–114.

Hydbring-Sandberg, E., vonWalter, L., Höglund, K., Svartberg, K., Swenson, L. & Forkman, B. (2004). Physiological reactions to fear provocation in dogs. *Journal of Endocrinology*, 180(3), 439–448.

Immelmann, K., Barlow, G., Petrinovich, L. & Main, M. (Eds.) (1981). *Behavioural development: The Bielefeld interdisciplinary project* (1st ed.). Cambridge: Cambridge University Press.

Ito, H., Nara, H., Inoue-Murayama, M., Shimada, M., Koshimura, A., Ueda, Y. et al. (2004). Allele Frequency Distribution of the Canine Dopamine Receptor D4 Gene Exon III and I in 23 Breeds. *Journal of Veterinary Medical Science*, 66(7), 815–820.

Jacobs, C., van Den Broeck, W. & Simoens, P. (2007). Neurons expressing serotonin-1B receptor in the basolateral nuclear group of the amygdala in normally behaving and aggressive dogs. *Brain Research*, 1136, 102–109.

Jensen, P. (Ed.) (2007). *The Behavioural Biology of Dogs*. Oxfordshire: CAB International.

Jones, A. & Gosling, S. (2005). Temperament and personality in dogs (Canis familiaris): A review and evaluation of past research. *Applied Animal Behaviour Science*, 95(1–2), 1–53.

Jones, A. & Josephs, R. (2006). Interspecies hormonal interactions between man and the domestic dog (Canis familiaris). *Hormones and Behaviour*, 50(3), 393–400.

Kaiser, H. Ein Hundeleben: Von Bauernhunden und Karrenkötern. In *Materialien zur Volkskultur*.Cloppenburg.

Karlsson, E. & Lindblad-Toh, K. (2008). Leader of the pack: gene mapping in dogs and other model organisms. *Nature Reviews Genetics*, 9(9), 713–725.

Katcher, A. H. & Beck, A. M. (Eds.) (1983). *New perspectives on our lives with companion animals*. Philadelphia: University of Pennsylvania Press.

Kitchenham-Ode, K. *Lebensbegleiter Hund: Motive zur Hundehaltung in der Stadt*. Magisterarbeit, Universität Hamburg, Hamburg.

Konno, A., Inoue-Murayama, M. & Hasegawa, T. (2011). Androgen receptor gene polymorphisms are associated with aggression in Japanese Akita Inu. *Biology Letters*, 7(5), 658–660.

Kubinyi, E., Turcsán, B. & Miklósi, Á. (2009). Dog and owner demographic characteristics and dog personality trait associations. *Behavioural Processes*, 81(3), 392–401.

Kummer, H. (1978). On the value of social relationships to nonhuman primates: A heuristic scheme. *Social Science Information*, 17(4–5), 687–705.

Langer, J. & Killen, M. (Eds.) (1998). *Piaget: Evolution, and Development*. Mahwah, N.J.: Lawrence Erlbaum Associates.

Lefebvre, D., Giffroy, J.-M. & Diederich, C. (2009). Cortisol and behavioural responses to enrichment in military working dogs. *Journal of Ethology*, 27(2), 255–265.

Leonard, J. A. (2002). Ancient DNA Evidence for Old World Origin of New World Dogs. *Science, 298*(5598), 1613–1616.

Lindblad-Toh, K., Wade, C., Mikkelsen, T., Karlsson, E., Jaffe, D., Kamal, M. et al. (2005). Genome sequence, comparative analysis and haplotype structure of the domestic dog. *Nature, 438*, 803–819.

Lindemann, H. (2004). Gemeinschaftshaltung von Bären und Wölfen. In U. Gansloßer (Ed.), *Verhaltensgerechte Bärenhaltung. Beiträge des 1. Worbiser Bärenforums 2002* (1st ed. Fürth: Filander-Verlag. 111–116.

Lisberg, A. & Snowdon, C. (2009). The effects of sex, gonadectomy and status on investigation patterns of unfamiliar conspecific urine in domestic dogs, Canis familiaris. *Animal Behaviour, 77*(5), 1147–1154.

Lisberg, A. & Snowdon, C. (2011). Effects of sex, social status and gonadectomy on countermarking by domestic dogs, Canis familiaris. *Animal Behaviour, 81*(4), 757–764.

Lorenz, K. (1965). *So kam der Mensch auf den Hund*. München: dtv.

Ludwig, W. (2007). *Zum Sozialverhalten des Rothundes (Cuon alpinus PALLAS, 1811) unter Gehegebedingungen: Strategien von Kohäsion und Suppression*. Kassel: Kassel Univerity Press.

Macdonald, D. & Carr, G. (1995). Variation in dog society: between resource dispersion and social flux. In J. Serpell (Ed.), *The domestic dog. Its evolution, behaviour and interactions with people*. Cambridge: Cambridge University Press. 199–216.

Macdonald, D. & Sillero-Zubiri, C. (Eds.) (2004). *The biology and conservation of wild canids*. Oxford: Oxford University Press.

Macdonald, D., Creel, S. & Mills M.G.L. (2004). Society. In D. Macdonald & C. Sillero-Zubiri (Eds.), *The biology and conservation of wild canids*. Oxford: Oxford University Press. 85–106.

Mc Gregor Reid, G., Macdonald, A., Fidgett, A., Hiddinga, B. & Leus, K. (Eds.) (2009). *Das Forschungspotential in Zoos und Aquarien: Die Forschungsstrategie der EAZA*. Fürth: Filander Verlag.

Mech, L. (2000). Leadership in Wolf, Canis lupus, Packs. *Canadian Field-Naturalist, 114*, 259–263.

Mech, L. D. (1999). Alpha status, dominance and division of labor in wolf packs. *Canadian Journal of Zoology*, 77(8), 1196–1203.

Mech, L. D. & Boitani, L. (Eds.) (2003). *Wolves: Behaviour, ecology and conservation.* Chicago: University of Chicago Press.

Meyer, M. (2006). *Die Beschwichtigungssignale der Hunde.* Diplomarbeit Biologie, Technische Universität München.

Miklósi, Á. (2011). *Hunde: Evolution, Kognition und Verhalten.* Stuttgart: Kosmos.

Miklósi, Á., Kubinyi, E., Topál, J., Gácsi, M., Virányi, Z. & Csányi, V. (2003). A Simple Reason for a Big Difference: Wolves do not look back at humans, but dogs do. *Current Biology*, 13(9), 763–766.

Mitchel, R. & Thompson, N. (1991). Projects, routines and enticements in dog-human play. In P. P. G. Bateson & P. H. Klopfer (Eds.), *Perspectives in ethology. Vol 9.* London: Plenum Press. 189–216.

Nelson, R. J. (2005). *An introduction to behavioural endocrinology* (3rd ed.). Sunderland: Sinauer Associates.

Niemitz, C. (2004). *Das Geheimnis des aufrechten Gangs: Unsere Evolution verlief anders.* München: Beck.

Odendaal, J.S. und Meitjes, R. (2003): Neurophysiological correlates of affiliative behaviour between humans and dogs. Veterinary Journal, 165, 296–301.

Oeser, E. (2004). *Hund und Mensch: Die Geschichte einer Beziehung.* Darmstadt: Primus.

Ohr, Renate & Zeddies, Götz (2006): Ökonomische Gesamtbetrachtung der Hundehaltung in Deutschland. Göttingen, www.user.gwdg.de/~lstohr/Aktuelles/BetrachtungHundehaltung.pdf.

Olsen, S. J. (1985). *Origins of the domestic dog: The fossil record.* Tucson: University of Arizona Press.

Olsen, U. (2008). *Zusammenhänge zwischen Hundeverhalten und unterschiedlicher Einschränkung des Hundes durch die Leine.* Dissertation Veterinärmedizin, Freie Universität Berlin, Berlin.

Osthaus, B., Lea, S. E. G. & Slater, A. M. (2005). Dogs (Canis lupus f. familiaris) fail to show understanding of means-end connections in a string-pulling task. *Animal Cognition*, 8(1), 37–47.

Osthaus, B., Slater, A. M. & Lea, S. E. (2003). Can dogs defy gravity? A comparison with the human infant and a non-human primate. *Developmental Science*, 6(5), 489–497.

Ovodov, N. D., Crockford, S. J., Kuzmin, Y. V., Higham, T. F. G., Hodgins, G. W. L., van der Plicht, J. & Stepanova, A. (2011). A 33,000-Year-Old Incipient Dog from the Altai Mountains of Siberia: Evidence of the Earliest Domestication Disrupted by the Last Glacial Maximum. *PLoS ONE*, 6(7), e22821.

Packard, J. (2003). Wolf behaviour: reproductive, social and intelligent. In L. D. Mech & L. Boitani (Eds.), *Wolves. Behaviour, ecology and conservation.* Chicago: University of Chicago Press. 35–65.

Pal, S. K. (2010). Play behaviour during early ontogeny in free-ranging dogs (Canis familiaris). *Applied Animal Behaviour Science, 126*(3), 140–153.

Pal, S., Ghosh, B. & Roy, S. (1998). Agonistic behaviour of free-ranging dogs (Canis familiaris) in relation to season, sex and age. *Applied Animal Behaviour Science, 59,* 331–348.

Palagi, E. & Cordoni, G. (2009). Postconflict third-party affiliation in Canis lupus: do wolves share similarities with the great apes? *Animal Behaviour, 78*(4), 979–986.

Passalacqua, C., Marshall-Pescini, S., Barnard, S., Lakatos, G., Valsecchi, P. & Prato Previde, E. (2011). Human-directed gazing behaviour in puppies and adult dogs, Canis lupus f. familiaris. *Animal Behaviour, 82*(5), 1043–1050.

Perez-Guisado, J. & Munoz-Serrano, A. (2009). Factors linked to dominance aggression in dogs. *Journal of Animal and Veterinary Advances, 8,* 336–342.

Peschke, A. (2008). *Dynamik sozialer Beziehungen von Paaren des Iberischen Wolfs und Mähnenwolfs.* Diplomarbeit Biologie, Universität Würzburg, Würzburg.

Pongrácz, Peter; Molnár, Csaba; Dóka, Antal & Miklósi, Ádám: Do children understand man's best friend? Classification of dog barks by pre-adolescents and adults. Applied Animal Behaviour Science 135 (2011) pp. 95– 102.

Pulst, J. (2009). *Triadische Intervention: Helfen die Kummerschen Regeln auch bei Caniden?* Diplomarbeit Biologie, Universität Osnabrück, Osnabrück.

Reimer, M. (2007). *Investigation of appreasement signals in domestic dogs.* Masterthesis Applied Social Psychologie, University of Sussex.

Rooijakkers, E. F., Kaminski, J. & Call, J. (2009). Comparing dogs and great apes in their ability to visually track object transpositions. *Animal Cognition, 12*(6), 789–796.

Rooney, N. J. & Bradshaw, J. W. S. (2003). Links Between Play and Dominance and Attachment Dimensions of Dog-Human Relationships. *Journal of Applied Animal Welfare Science, 6*(2), 67–94.

Rooney, N. J., Bradshaw, J. W. & Robinson, I. H. (2000). A comparison of dog–dog and dog–human play behaviour. *Applied Animal Behaviour Science, 66*(3), 235–248.

Rooney, N. J., Bradshaw, J. W. & Robinson, I. H. (2001). Do dogs respond to play signals given by humans? *Animal Behaviour, 61*(4), 715–722.

Rüfenacht, S., Gebhardt-Heinrich, S. & Gaillard, C. (2004). Sind die Verhaltensmerkmale der Wesensprüfung erblich? *Hunde, 7*, 1–4.

Saetre, P., Strandberg, E., Sundgren, P.-E., Pettersson, U., Jazin, E. & Bergstrom, T. F. (2006). The genetic contribution to canine personality. *Genes, Brain and Behaviour, 5*(3), 240–248.

Salmon, Jo and Timperio, Anna (2011): Childhood obesity and human animal interaction, in How animals affect us : examining the influence of human–animal interaction on child development and

human health, American Psychological Association, Washington D.C., 139–152.

Savishinsky, J. S. (1983). Pet ideas: The Domestication of Animals, Human Behaviour, and Human Emotions. In A. H. Katcher & A. M. Beck (Eds.), *New perspectives on our lives with companion animals*. Philadelphia: University of Pennsylvania Press. 112–131.

Savolainen, P. (2007). Domestication of Dogs. In P. Jensen (Ed.), *The Behavioural Biology of Dogs*. Oxfordshire: CAB International. 21–37.

Savolainen, P., Zhang, Y.-p., Luo, J., Lundeberg, J. & Leitner, T. (2002). Genetic Evidence for an East Asian Origin of Domestic Dogs. *Science*, 298(5598), 1610–1613.

Schreiber, A. (2009). *Konfliktmanagement beim Afrikanischen Wildhund (Lycaon pictus)*. Diplomarbeit Biologie, Göttingen.

Seitz, J. (2009). *Untersuchungen des Konfliktvermeidungsverhaltens an einem im Bärenpark Worbis gehaltenen Wolfsrudel anhand ausgewählter Verhaltenselemente*. Diplomarbeit Biologie, Jena.

Serpell, J. (Ed.) (1995). *The domestic dog: Its evolution, behaviour and interactions with people*. Cambridge: Cambridge University Press.

Serpell, J. & Hsu, Y. (2001). Development and validation of a novel method for evaluating behaviour and temperament in guide dogs. *Applied Animal Behaviour Science*, 72(4), 347–364.

Siniscalchi, M., Sasso, R., Pepe, A., Dimatteo, S., Vallortigara, G. & Quaranta, A. (2011). Sniffing with the right nostril: lateralization of response to odour stimuli by dogs. *Animal Behaviour*, 82(2), 399–404.

Smith, S. L. (1983). Interactions between Pet Dogs and Family Members: An Ethological Study. In A. H. Katcher & A. M. Beck (Eds.), *New perspectives on our lives with companion animals*. Philadelphia: University of Pennsylvania Press. 29–36.

Spinka, M., Newberry, R. & Bekoff, M. Mammalian play: Training for the unexpected. *The Quarterly Review of Biology*, 76, 141–168.

Stöhr, V. (2008). *Olfaktorische Kommunikation bei Hunden: Untersuchung des Markierverhaltens einer Gruppe verwilderter Haushunde in der Toskana*. Diplomarbeit Biologie, Marburg.

Strandberg, E., Jacobsson, J. & Saetre, P. (2005). Direct genetic, maternal and litter effects on behaviour in German shepherd dogs in Sweden. *Livestock Production Science*, 93, 33–42.

Strodtbeck, S. & Gansloßer, U. (2010). *Kastration und Verhalten beim Hund*. Stuttgart: Müller Rüschlikon.

Stuhrmann, S. (2009). *Triadische Intervention bei Caniden – Analysen in Spielgruppen von Haushunden*. Diplomarbeit Biogeographie, Trier.

Svartberg, K. (2002). Shyness–boldness predicts performance in working dogs. *Applied Animal Behaviour Science*, 79(2), 157–174.

Svartberg, K. (2005). A comparison of behaviour in test and in everyday life: evidence of three consistent boldness-related personality traits in dogs. *Applied Animal Behaviour Science, 91*(1–2), 103–128.

Svartberg, K. (2006). Breed-typical behaviour in dogs – Historical remnants or recent constructs? *Applied Animal Behaviour Science, 96*, 293–313.

Svartberg, K., Tapper, I., Temrin, H., Radesäter, T. & Thorman, S. (2005). Consistency of personality traits in dogs. *Animal Behaviour, 69*(2), 283–291.

Tóth, L., Gácsi, M., Topál, J. & Miklósi, Á. (2008). Playing styles and possible causative factors in dogs' behaviour when playing with humans. *Applied Animal Behaviour Science, 114*(3–4), 473–484.

Trut, L. (1999). Early Canid Domestication: The Farm-Fox Experiment. Foxes bred for tamability in a 40-year experiment exhibit remarkable transformations that suggest an interplay between behavioural genetics and development. *American Scientist, 87*, 160–169.

Tuber, D. S., Hennessy, M. B., Sanders, S. & Miller, J. A. (1996). Behavioural and glucocorticoid responses of adult domestic dogs (Canis familiaris) to companionship and social separation. *Journal of Comparative Psychology, 110*(1), 103–108.

Tuber, D. S., Miller, D. D., Caris, K. A., Halter, R., Linden, F. & Hennessy, M. B. (1999). Dogs in Animal Shelters: Problems, Suggestions and Needed Expertise. *Psychological Science, 10*(5), 379-386.

Turcsán, B., Kubinyi, E. & Miklósi, Á. (2011). Trainability and boldness traits differ between dog breed clusters based on conventional breed categories and genetic relatedness. *Applied Animal Behaviour Science, 132*(1–2), 61–70.

Vilá, C. & Leonard, J. (2007). Origin of Dog Breed Diversity. In P. Jensen (Ed.), *The Behavioural Biology of Dogs*. Oxfordshire: CAB International. 38–58.

von Holdt, B. M., Pollinger, J. P., Lohmueller, K. E., Han, E., Parker, H. G., Quignon, P. et al. (2010). Genome-wide SNP and haplotype analyses reveal a rich history underlying dog domestication. *Nature, 464*(7290), 898–902.

Ward, C., Bauer, E. B. & Smuts, B. B. (2008). Partner preferences and asymmetries in social play among domestic dog, Canis lupus f. familiaris, littermates. *Animal Behaviour, 76*(4), 1187–1199.

Warstat, V. (2008). *Zuteilungsbeziehungen und hierarchischen Strukturen beim Zugang zur Ressource Futter am Beispiel der verwilderten Haushunde des San Rossore Naturparks Migliarino, Italien im Rahmen des „Tuscany Dog Project"*. Diplomarbeit Biologie, Bonn.

Watson, J. S., Gergely, G., Csanyi, V., Topal, J., Gacsi, M. & Sarkozi, Z. (2001). Distinguishing logic from association in the solution of an invisible displacement task by children (Homo sapiens) and dogs (Canis familiaris): Using negation of disjunction. *Journal of Comparative Psychology, 115*(3), 219–226.

Wechsung, S. (2010). Die Psychologie der Mensch-Hund-Beziehung. Dreamteam oder purer Egoismus? Cadmos. Schwarzenbek.

Wechsung, S. (2008). Mensch und Hund. Beziehungsqualität und Beziehungsverhalten. Roderer Verlag. Regensburg

Weiss, E. (2002). Selecting Shelter Dogs for Service Dog Training. *Journal of Applied Animal Welfare Science*, 5(1), 43–62.

Wells, D. (2004). A review of environmental enrichment for kennelled dogs, Canis familiaris. *Applied Animal Behaviour Science*, 85(3–4), 307–317.

Wieloch, E. (2007): *Untersuchungen zur Rangordnungsbildung und Stabilisierung bei Rothund (Cuon alpinus) im zoologischen Garten Schwerin*. Diplomarbeit Biologie, Universität Köln, Köln.

Wirant, S. & Mc Guire, B. (2004). Urinary behaviour of female domestic dogs (Canis familiaris): influence of reproductive status, location and age. *Applied Animal Behaviour Science*, 85(3–4), 335–348.

Zimen, E. (1992). *Der Hund: Abstammung – Verhalten – Mensch und Hund*. München: Goldmann.

Zum Weiterlesen

Bloch, Günther & Elli H. Radinger: **Affe trifft Wolf**. Kosmos 2012

Bloch, Günther & Elli H. Radinger: **Wölfisch für Hundehalter**. Kosmos 2010

Bloch, Günther & Peter A. Dettling: **Auge in Auge mit dem Wolf**. Kosmos 2012

Feddersen-Petersen, Dorit: **Ausdrucksverhalten beim Hund**. Kosmos 2008

Feddersen-Petersen, Dorit: **Hundepsychologie**. Kosmos 2004

Fischer, Martin S. & Karin E. Lilje: **Hunde in Bewegung**. Kosmos 2011

Gansloßer, Udo & Claudio Sillero-Zubiri: **Wilde Hunde**. Filander 2007

Gansloßer, Udo & Petra Krivy: **Verhaltensbiologie für Hundehalter – das Praxisbuch**. Kosmos 2011

Gansloßer, Udo: **Verhaltensbiologie für Hundehalter**. Kosmos 2007

Grewe, Michael & Inez Meyer: **Hoffnung auf Freundschaft**. Das erste Jahr des Hundes. Kosmos 2012

Handelman, Barbara: **Hundeverhalten**. Kosmos 2010

Horowitz, Alexandra: **Was denkt der Hund? Wie er die Welt wahrnimmt und uns**. Spektrum 2012

Kaminski, Juliane & Juliane Bräuer: **So klug ist Ihr Hund**. Kosmos 2011

Kappeler, Peter M.: **Verhaltensbiologie**. Springer Verlag 2011

Kitchenham, Kate: **HundeGlück**. Kosmos 2013

Kitchenham, Kate: **Hundehaltung in der Stadt**. Müller-Rüschlikon 2006

Miklósi, Ádám: **Hunde – Evolution, Kognition und Verhalten**. Kosmos 2011

Strodtbeck, Sophie & Udo Gansloßer: **Kastration und Verhalten beim Hund**. Müller-Rüschlikon 2011

Wachtel, Hellmuth: **Hundezucht 2000**. Kynos 2006

Nützliche Adressen

Gesellschaft zur Förderung Kynologischer Forschung (gkf)
Mozartstr. 13
53919 Weilerswist
info@gkf-bonn.de
Service-Telefon: 01 80/3 34 74 94
www.gkf-bonn.de

Forschungskreis Heimtiere in der Gesellschaft
Postfach 286161
D- 28361 Bremen
www.mensch-heimtier.de

Society for Companion Animal Studies (SCAS)
The Blue Cross
Shilton Road
Burford
Oxon OX18 4PF
www.scas.org.uk

Gesellschaft zum Schutz der Wölfe (GzSdW)
Dr. Peter Blanché
Indersdorfer Str.51
85244 Großinzemoos
Tel: +49 8139/1666
Peter.Blanche@gzsdw.de
www.gzsdw.de

Gesellschaft zur Erhaltung alter und gefährdeter Haustierrassen e. V. (GEH)
Walburger Straße 2
37213 Witzenhausen
Tel.: +49 5542/1864
info@g-e-h.de
www.g-e-h.de

Dogworld TierheimStiftung
Thomas Baumann
Ziegelei 1
14822 Nichel
Tel.: +49 33748/23855
dogworld@t-online.de
www.dogworld.de

Verhaltensmed. Beratung Einzelfelle
PD Dr. Udo Gansloßer & Sophie Strodtbeck
Filander Verlag
Bremer Str. 21a
90765 Fürth
Tel.: +49 911/9795800
info@einzelfelle.de
www.einzelfelle.de

Kate Kitchenham
Wissenschaftsjournalistin, Coaching für Hundehalter in Lüneburg
Mehr Informationen unter: www.kitchenham.de

Agenturen für Seminarveranstaltungen
Animal Info
Ulla Bergob
Kölnerstr. 336
40227 Düsseldorf
mail@animal-info.de
www.animal-info.de

Tiertime
Brita Günther
Obergarschagen 18a
42899 Remscheid
Tel.: 0170/8001897
www.tiertime.de

Fellomenal
Prof.-Schmid-Str. 2b
82140 Olching/OT Geiselbullach
Tel.: +49 8142/487334
info@fellomenal.de
www.fellomenal.de

KOSMOS.
Mehr Wissen. Mehr Erleben.

Verliebte Eisbären, gerechte Wölfe und trauernde Elefanten

Tiere sind uns ähnlicher, als die Wissenschaft wahrhaben wollte. Marc Bekoff und Jessica Pierce haben das Sozialleben der Tiere viele Jahre erforscht und zeigen, dass Tiere ein großes Repertoire an „moralischen" Verhaltensweisen besitzen – bis hin zu Gerechtigkeitssinn, Mitgefühl, Vergebung, Treue und Urteilsvermögen. Ob es sich um trauernde Gorillas, verliebte Eisbären oder hilfsbereite Elefanten handelt – die Schilderungen im Buch berühren und zeigen, dass der Unterschied zwischen Tier und Mensch gar nicht so groß ist.

Bekoff • Pierce | Vom Mitgefühl der Tiere
224 S., 8 Abb., €/D 19,95

Kommunikation und Körpersprache

Vorderkörper tief, das Hinterteil nach oben gestreckt – so fordern Hunde zum Spielen auf. Doch warum spielen Hunde überhaupt und welchen Nutzen hat es? Wie erkennt man die Grenzen zwischen Spiel und Aggression? Und welchen Einfluss hat Spiel auf die Rangordnung? Mechtild Käufer beschreibt auf spannende Weise die Hintergründe des Spielverhaltens und schildert, was die neuesten wissenschaftlichen Erkenntnisse für das alltägliche Zusammenleben von Hund und Mensch bedeuten.

Käufer | Spielverhalten bei Hunden
176 S., 220 Abb., €/D 24,95

kosmos.de

Danksagung

Udo Gansloßer dankt zunächst seinem Schreibteam, sowie Daniela Carstens BSc und Sandra Dollhäupl BSc für die Literaturrecherchen und die Erstellung der Infokästen. Dank gebührt des Weiteren den vielen Trainer/innen, deren praktische Erfahrungen geholfen haben, aus der reinen Theorie rund um den Hund eine breit abgestützte anwendungsnahe Gesamtschau werden zu lassen, und all denen, deren Fragen und Fallbeispiele in vielen Veranstaltungen Denkanstöße für Forschungsprojekte und Vortragsthemen gaben. Meine Familie hat seit dem letzten Jahrtausend akzeptiert, dass Hundeleute ihre Fortbildungen fast nur am Wochenende haben wollen, und mich immer wieder losziehen lassen … auch dafür herzlichen Dank.

Kate Kitchenham richtet diese Danksagung besonders an die beste Mutter der Welt: Sie steht mir bis heute zur Seite und hatte zu meinem großen Glück überhaupt kein Problem damit, dass ihre zweijährige Tochter immer bei unseren Labradorwelpen in der Wurfkiste ihren Mittagsschlaf halten wollte. An diesem kuscheligen Ort, eingezwängt zwischen den warmen Bäuchen und zuckenden Pfoten von „Bloke" und „Pluto", hat meine tiefe Verbindung zu Hunden ihren Anfang genommen und mich bis heute nicht mehr losgelassen. Außerdem danke ich meinen Kindern Ruby und Taran für ihre große Geduld mit einer Mutter, die so schlecht kochen kann und niemals Taschentücher dabei hatte, freue mich sehr über die zuverlässige Hilfe von Jannes, Manfred und Christina und danke im Besonderen Rupert, Erna und den vielen anderen tollen Hunden, die mein Leben seit dem Verlassen der Wurfkiste täglich inspirieren und so wunderbar bereichern.

Wir danken beide Hilke Heinemann für die kompetente und freundschaftliche Betreuung beim Verlag … und uns gegenseitig für die tolle Zusammenarbeit. Schade, dass es vorbei ist!

Die Autoren

Udo Gansloßer (*1956) ist Privatdozent für Zoologie an der Universität Greifswald. Seine wissenschaftliche Tätigkeit begann mit der Beschäftigung mit Baumkängurus, möglicherweise, weil deren recht unbeholfene Kletterversuche ihn an seine eigene sportliche Begabung erinnerten. Nach der Dissertation in Heidelberg kehrte er zum Bodenleben zurück und beschäftigte sich mit dem Sozialverhalten der Kängurus allgemein.

Am Zoologischen Institut Erlangen erhielt er 1991 die Lehrbefugnis. Seither hat er seine fachlichen Interessen auf andere Großsäuger ausgedehnt. Seine Arbeitsgruppe beschäftigt sich mit sozialen Mechanismen im Zusammenhang von Naturschutz und Zuchtmanagement. Er ist Mitglied einiger Gremien der Europäischen Zoo Assoziation EAZA und führt regelmäßig Kurse in Verhaltensbiologie und Tiergartenbiologie durch. Derzeit übt er neben diversen Unterrichts- und Seminartätigkeiten, Be-

ratungen für Zoos und Tierparks aus und ist Autor und Übersetzer von zoologischen Schriften. Seit WS 2006/07 ist er Privatdozent für Zoologie am Zoologischen Institut und Museum der Universität Greifswald und seit SS 2007 auch Lehrbeauftragter am Phylogenetischen Museum und Institut für Spezielle Zoologie der Universität Jena. Seit mehreren Jahren betreut er zunehmend mehr Forschungsprojekte über Hunde, seien es Haus- oder Wildhundeartige. Dabei geht es vor allem um Fragen von Sozialbeziehungen und sozialen Mechanismen.

Kate Kitchenham (*1974) hat in Hamburg Kulturanthropologie und Zoologie mit dem Schwerpunkt Verhaltensforschung studiert und mit der Arbeit „Lebensbegleiter Hund. Motivation zur Hundehaltung in der Stadt" abgeschlossen. Sie hat mehrere Fachbücher zum Thema Hund veröffentlicht, schreibt als Wissenschaftsjournalistin für Fachzeitschriften zu den Themen Verhalten, Erziehung, Rassen und Medizin, unterstützt als Coach Hundehalter bei Trainings- und Verhaltensfragen, hält Vorträge in Hundeschulen und ist regelmäßig als Hundeexpertin im Fernsehen zu sehen. Kate Kitchenham lebt mit ihrer Familie und Hündin „Erna" in Lüneburg.

Register

Abbruchsignale 186 f.
Abstammungslinien 14
Additive genetische Komponente 41
Adrenalin 91
Aggressionsprobleme 44 f.
Aggressivität 39
Akustische Kommunikation 134
Akutstressbelastung 95, 105 f.
Analdrüsensekret 87
Anführer-Gefolgschafts-Beziehung 55 f.
Angst 93
Anpassungsfähigkeit 132
Arbeitsgeschichte 35
Archäologische Funde 12
Artgenossen, Anwesenheit von 180
Asa, Cheryl 79
A-Typen 112 ff.
Ausbildungsstand 98, 150
Ausschlussprinzip 155 f.

Beach, Frank Ambrose 76
Beerda, Bonne 94
Bekoff, Marc 164
Bellen 20 f.
Beobachtungsgabe 140
Beschwichtigungsverhalten 183 ff.
Besitzrespektierung 137
Betreuung, intensive 105
Beutetrieb 41
Beziehungspflege 177 ff.
Beziehungsqualität, Beeinflussung der 210 ff.
Beziehungsverhalten 210
Bindungsdemonstrierendes Signal 82
Blickkontakt 140
Bloch, Günther 173
Bluthochdruck 202 f.
Botenstoffe, verhaltenssteuernde 43
Brutpflegestimmung 67
B-Typen 112 ff.

Canine genome Projekt 15
Charakterzüge 117 f.
Cockerwut 48

Consolation 192
Corticosteron 91
Cortisol 47, 91, 96, 176
Csanyi, Vilmos 154

Danebenmarkieren 86 f.
Dog Mentality Assessment (GMA) 115 ff.
Domestikation 14
Domestikationsbedingte Verhaltensänderungen 20 ff.
Domestikationsfähigkeit 24
Dominanz, formale 54 f., 183
Dominanz, situative 54 f.
Dominanzbeziehungen 178, 184 f.
Dominanzkonzept 54
Dominanzstrukturen etablieren 170 f.
Dominanzverhalten 183 ff.
Dopamin 43
Dopamin-Bindungsstellenproblematik 43
Dreierbeziehungen 189 ff.
Duftdrüsen 74
Duftmarken 70 ff.
Duftmarken, Verarbeitung von 87
Duftorgane 74
Durchsetzungsfähigkeit 52
Dyaden 180

Eignungsprüfungen 128 f.
Einfühlungsvermögen 132
Einschränkungen im Alltag 110
Entwicklung Mensch-Hund 12 ff.
Erblichkeit 38 ff.
Erfolgsdruck 103 f.
Erscheinungsbild 41 f.
Erziehung 146 f.
Eu-Melanin 47
Extrovertiertheit 35

Fähigkeiten zum Überleben 157
Familienbereicherung 205 ff.
Fast Mapping 135
Feddersen-Petersen, Dorit Urd 167
Fellfarbe 47 ff.
Fitnesstraining 165
Forschung, Def. und Bedeutung 7 f.
Fortpflanzungszustand 56

Fragebogenerhebung 124 f.
Fremdbezähmung 26
Fruchtbarkeitsstatus 56
Furcht 93
Futter-Aufteilung zw. Elterntieren und Welpen 52 f.
Futterrangordnung 50 ff.

Gefährdungspotential 174
Gehegewölfe 55
Gehorsam und Aufmerksamkeit 136 f.
Genetik und Verhalten 31 ff.
Genetische Struktur 27
Gerüche 70 ff.
Geschlecht 99
Gewöhnungseffekte 119
Gosling, Morris 73
Gosling, Samuel 104
Gruppeneinteilung 27
Grußrituale 180

Halter, Geschlecht und Persönlichkeit des 211 f.
Haltereinfluss 126 f.
Haltertypen 210 ff.
Haltungsbedingungen 126
Haltungsumgebung 108
Hare, Brian 23
Heilungsprozesse beschleunigen 204
Herkunftslinien 14
Herzschlagfrequenz 96
Hilfeanforderung 34
Hormone 98
Hund als Gefährdung 208 f.
Hunde als Gesundmacher 202 ff.
Hunde als sozialer Katalysator 199 ff.
Hundeaufgaben 198
Hundeerziehung 210
Hundegebell einordnen 206
Hunde-Genom 14
Hundehaltung in der Öffentlichkeit 214
Hundehaltung, Auswirkungen 199
Hundehaltung, Vorteile der 202 ff.

Imitation 143 f.
Individualdistanz 180

Individualerkennung 83 f.
Industrialisierung 29
Intelligenz, hundliche 157
Interpretation menschlichen Verhaltens 145 ff.
Interpretationsvermögen 140
Inzuchtkoeffizient 41

Jagd 66
Jahreszeitlicher Wechsel 56
Jugendentwicklung 150
Jungenaufzucht 66 f.

Kaminski, Juliane 156
Koevolution von Hund und Mensch 25 f.
Kommunikation 70 ff.
Kommunikation, chemische 71 ff.
Kommunikation, olfaktorische 81 f., 134
Kommunikation, optische 34
Kommunikation, visuelle 134
Kommunikationsfähigkeiten 134 f.
Kommunikationskanäle 133
Kommunikative Hinweise 140
Konfliktmanagement 177 ff., 186 f.
Konfliktvermeidung 183 f.
Konkurrenz und Gruppenbildung 62 f.
Konkurrenz, innerartliche 62
Konkurrenz, zwischenartliche 62
Konkurrenz-Duftvergleichshypothese 73
Kooperation 157
Kooperationsbereitschaft 22
Kopfstärke und Bindung 65 f.
Körperkontakt 106
Kotrschal, Kurt 213
Kummer, Hans 181

Lebensweise 99
Leine 110
Lernbereitschaft 35
Lernprozesse 41
Limbisches System 93
Lorenz, Konrad 26

Macdonald, David 64
Markieren in Gesellschaft 71 f.
Markieren mit Kot 87 f.

Markieren, Optische Signale beim 75 ff.
Markierpositionen 77
Markierverhalten 69 ff.
Markierverhalten, Beeinflussung von 84 f.
Markierverhalten, Geschlechterunterschiede im 82
Marktplatzmodell der Sozialen Beziehungen 54
Maulkorb 101 f., 110
Mech, David 53
Menschen um Hilfe bitten 139
Menschenkontakt 105
Mensch-Hund-Beziehung 198 ff.
Mentale Unterstützung 189
Miklósi, Ádám 133
Mills, Daniel 95
Mitgefühl und Selbstkenntnis entwickeln 166 f.
Mitochondriale DNA 14
Molekularbiologische Uhr 13 ff.
Monoamin-Metabolit-Spiegel 44 f.
Moral und Fairness trainieren 168 f.

Nachahmung 143 f.
Nahrung 50 ff.
Nahrung und Rudelgröße 60 f.
Noradrenalin 91

Objekt-Choice-Aufgabe 140
Objektpermanenz 153 f.
Objektspiel 161
Ökologie 58 f.
Oxytocin 202

Palagi, Elisabeth 192
Partnerwahl bei Wölfen 178 f.
Perianaldrüsen 74
Persönlichkeit des Hundes 32, 111 ff., 151
Persönlichkeits- oder Temperamentsstruktur, rassetypische 121
Persönlichkeitsachsen 120 ff.
Persönlichkeitstypen 97, 112 ff.
Persönlickeitsforschung 112 ff.
Phaeo-Melanin 47
Physikalische Probleme 150

Play Bow 162
Populationsbiologie 58 f.
Prägephase 40 f.
Prägung auf den Menschen 19
Problemlöseverhalten, eigenständiges 34 f., 150 f.
Problemlöseverhalten, persönliches 34 f.

Radiokarbonmethode 12
Range, Friederike 144
Rasseeigenschaften 146 f.
Rassen, Entstehung der 26 f.
Rassen, Unterschiede innerhalb der 32 f., 38 ff. ., 99, 121, 148 151
Reizentzug 108
Ressourcen 50 ff.
Ressourcen, kommunikative 207
Ressourcen, narrative 208
Ressourcenverteidigungshypothese (RDH) 68
Ressourcenzugang 49 ff.
Retrieverwut 48
Reviergrenzen 72 f.
Ritualisierte Verhaltensweisen 181 ff.
Rollenwechsel 170
Rudel und Revier 57 ff.

Savishinsky, Joel 25
Schädelform 35
Scharren 77
Scheu-Wagemutig-Schema 39
Schlichtung 193 f.
Selbstbezähmung 26
Selbstbild, Chemisches 83 f.
Selbstbild, Geruchliches 83 f.
Selektion auf Zahmheit 22
Senioren 68
Serotonin 43 ff.
Signale deuten 140 f.
Signale zur Vermeidung von Eskalation 186
Silberfuchsstudie 22, 42
Sommerfeld-Stur, Irene 40
Sozialbeziehung 54 f., 178
Soziale Intelligenz 131 ff.
Soziale Interaktion 157

Soziale Passung 211
Soziale Rückendeckung 192 f.
Soziale Struktur 56 f.
Soziale Unterstützung 180
Soziale Verständigung 70
Sozialisierung 210
Sozial-kommunikative Fähigkeiten 26
Sozialspiel 160 f.
Sozialstruktur 49 ff., 63 f.
Speichelcortisolwert 95
Spiel zwischen Mensch und Hund 172 ff.
Spiel, Nutzen von 160
Spiel, Rangordnung während dem 170
Spiel, sexuelles 161
Spiel, Sinn des 160 ff.
Spiel, Verhaltensprobleme durch 174 f.
Spielarten bei Caniden 160 ff.
Spielerische Betätigung 103
Spielfreude 174
Spielfunktionen 165 ff., 176
Spielsignale 162, 172 f.
Splitting 57
Sportliche Betätigung 103
Stress 89 ff.
Stress, äußere Bedingungen 99 f.
Stress, Begriffsdefinition 90
Stress, körperliche Reaktionen 91 f.
Stress, negativer 90
Stress, positiver 90
Stressbelastung, chronische 105 f.
Stressfaktor 94
Stresshormon 47, 91
Stressindikator Cortisol 100
Stressminderung 105 ff.
Stressuntersuchung 94 ff.
Svartberg, Kenth 114

Temperament und Persönlichkeit 122 f.
Territorium 57 ff.
Theory of Mind 137, 168
Tierheim 105 ff.
Timberwölfe 47
Toskanahunde 51 f.
Trainierbarkeit 35, 129
Training für Überraschungen 165 f.

Trainingsart 150
Triadische Beziehungen 57

Überforderung 90
Übermarkieren 86 f.
Umweltanreicherung 109 f.
Umweltbelastungen 90
Umweltfaktoren 38
Umweltreiz, überfordernder 90
Unterwerfung 54
Unterwerfung, aktive 183
Urinierverhalten 75
Urinmarkierung 74

Vererbung von Einzelmerkmalen 43 ff.
Vergleichs-Genommodell 15
Verhalten und Fellfarbe 47 ff.
Verhalten, genetische Einflüsse 30 ff.
Verhaltensänderung 71 f.
Verhaltensänderungen, domestikationsbedingte 20 ff.
Verhaltensbeeinflussung 43 ff.
Verhaltensmerkmale, Erblichkeit 36 f.
Verhaltensprobleme 44 f.
Verhaltenstests 115
Versöhnungsverhalten 185
Vorderkörpertiefstellung 162

Wachtel, Hellmuth 33
Wells, Deborah 109
Welpentest 40
Wesensänderung 26
Wesensprüfung 36 f.
Wesenstest 22, 115 f.
Wölfe 24 f.
Wurfumwelt 40 f.

Xenophobie 119

Zähmung von Welpen 18
Zeigegesten, Reaktion auf 34 f.
Zeigetest 35
Zerrspiele 174
Zucht, zielgerichtete 26
Zweierbeziehungen 183 ff.
Zwinger 105 ff.

Bildnachweis

Mit 83 Farbfotos von Günther Bloch (3; S. 57, 59, 79), Fotolia (11; S. 19, 29, 48, 55, 63, 91, 129, 142, 177, 189, 196), Huw Hamilton (2; S. 3, 118), Kate Kitchenham (27; 6, 7, 9, 11, 30, 32, 71, 72, 75, 92, 93, 111, 234, 147, 162, 171, 185, 198, 218, 221, 223, 225, 226, 229, 232, 234), Rolf Otzipka (1; S. 235), Schmidt-Röger/Kosmos (7; S. 67, 77, 78, 99, 113, 140, 215), Sabine Stuewer/Kosmos (23; S. 39, 43, 50, 69, 83, 88, 89, 103, 107, 131, 145, 149, 151, 153, 159, 175, 176, 182, 197, 201, 203, 214, 230), Viviane Venzke/Kosmos (7; S. 46, 49, 80, 100, 102, 119, 139), Karl-Heinz Widmann (1; S. 34) und Doreen Zorn / Tierfotoagentur (1; S. 14).
Die Fotos der Forscherporträts wurden freundlicherweise von den jeweiligen Wissenschaftlern zur Verfügung gestellt. Foto S. 95 von Andy Weekes.

Mit 6 Grafiken von Wolfgang Lang (2; S. 13, 161), David MacDonald et al (1; S. 61), I. R. Reisner et al (1; S. 45), University of California (1; S. 27) und S. Wechsung (1; S. 211).

Impressum

Umschlaggestaltung von eStudio Calamar unter Verwendung von vier Farbfotos von Juniors Bildarchiv (1; Vorderseite) und Sabine Stuewer/Kosmos (3; Rückseite).
Das Foto auf der Vorderseite zeigt einen Weimaraner und einen Basenji.

Mit 108 Farbfotos und 6 Grafiken.

> Alle Angaben in diesem Buch erfolgen nach bestem Wissen und Gewissen. Sorgfalt bei der Umsetzung ist indes dennoch geboten. Der Verlag und die Autoren übernehmen keinerlei Haftung für Personen-, Sach- oder Vermögensschäden, die aus der Anwendung der vorgestellten Materialien und Methoden entstehen könnten.

Unser gesamtes lieferbares Programm und viele
weitere Informationen zu unseren Büchern,
Spielen, Experimentierkästen, DVDs, Autoren und
Aktivitäten finden Sie unter **kosmos.de**

Gedruckt auf chlorfrei gebleichtem Papier

© 2012, Franckh-Kosmos Verlags-GmbH & Co. KG, Stuttgart
Alle Rechte vorbehalten
ISBN 978-3-440-13006-3
Redaktion: Hilke Heinemann
Gestaltungskonzept: eStudio Calamar
Gestaltung und Satz: DOPPELPUNKT, Stuttgart
Produktion: Eva Schmidt
Printed in Slovakia / Imprimé en Slovaquie